东北地区
园林绿化养护手册

邹江宁　主编

中国建筑工业出版社

图书在版编目（CIP）数据

东北地区园林绿化养护手册 / 邹江宁主编 . — 北京：中国建筑工业出版社，2021.11

ISBN 978-7-112-26754-5

Ⅰ.①东⋯ Ⅱ.①邹⋯ Ⅲ.①园林植物—园艺管理—东北地区—手册 Ⅳ.① S688.05-62

中国版本图书馆 CIP 数据核字（2021）第 211271 号

责任编辑：杜 洁
责任校对：李美娜

东北地区园林绿化养护手册

邹江宁 主编

*

中国建筑工业出版社出版、发行（北京海淀三里河路9号）
各地新华书店、建筑书店经销
北京点击世代文化传媒有限公司制版
北京富诚彩色印刷有限公司印刷

*

开本：787毫米×1092毫米 1/16 印张：19½ 字数：411千字
2022年1月第一版 2022年1月第一次印刷
定价：**185.00** 元

ISBN 978-7-112-26754-5
（38111）

编委会

主编单位： 易发成林生态技术有限公司

参编单位： 东北农业大学

主　　编： 邹江宁

副 主 编： 张海珍

参　　编： 汤慧营　马　峘　邹江阳　李质皓
吴　岩　徐春亮　胡　为　侯国辉
李　洋　黄新成　韩　鹏　陈美革
于洪江

书籍设计： 蒋子轩

前 言

《东北地区园林绿化养护手册》是辽宁易发成林生态技术有限公司在近 20 年园林绿化养护实践基础上总结出来的与园林绿化养护管理和施工有关的一本实用手册。在园林绿化施工过程中，当园林植物种植工作完成以后，就进入园林植物的养护和管理阶段，养护管理在园林绿化过程中占有重要地位，是必须而漫长的过程，只有科学高效的养护管理，才能够达到园林项目所期望的可持续绿化美化目的，获得最大的生态效益、社会效益和美学价值。

《东北地区园林绿化养护手册》包括东北地区常用乔木、灌木、一二年生花卉、宿根花卉、球根花卉、水生花卉、藤本植物、草坪和地被植物等园林植物习性介绍及其日常养护，常用园林机械、园林常见病虫害、园林植物养护管理工作月历等，共 11 个部分。全书力争做到图文并茂，可读性强，易于理解。可作为园林绿化工作人员的培训教材，也可作为园林植物养护过程中解决养护管理中有关技术、技巧和技能方面的参考资料。手册在编制过程中，参考了相关的文献资料，并得到了相关专家的指导和帮助，在此一并表示感谢。

本手册难免有不足之处，请读者和专家、学者使用后批评指正，我们会在再编时进一步完善。

目　录

第 1 章

乔木养护与管理

乔木是指由根部发生独立的主干，树干和树冠有明显区分，具有明显的高大主干，通常高达 6m 至 10 余米的木本植物。针对乔木日常养护的主要措施有浇水、施肥、修剪、灾害防护等工作。

1.1 浇水

1.1.1 乔木浇水要求

1. 土壤湿度直观判断

确定植物是否需要浇水，主要以土壤的干湿程度为参考，土壤干湿程度辨别方法如下：

（1）取土：取土深度 25 ~ 35cm。地被 / 灌木取土深度 15 ~ 20cm。

（2）土样分析：土壤手握不成团，较松散时，为严重缺水状态，要及时浇水；土壤手握成团，手摊开后部分松散，根据植物喜水程度及长势情况有选择性的浇水；土壤手握成团，手摊开后不散，水分含量较高，不需浇水，注意排涝（图 1-1）。

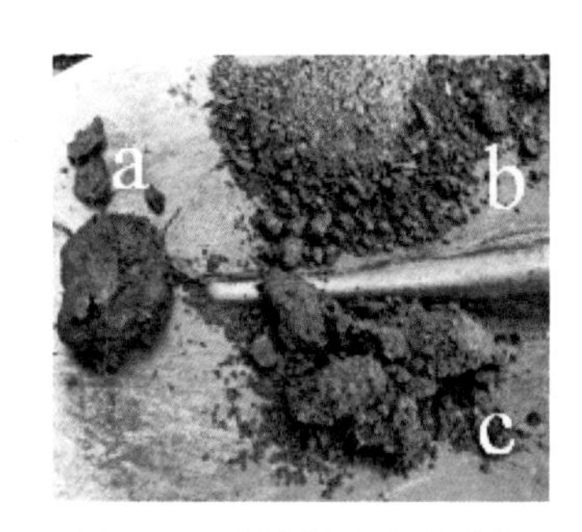

图 1-1　土壤湿度直观分析

a 水分含量高；b 严重缺水；c 水量适中

2. 浇水时间确定

一般情况下，当年 11 ~次年 4 月低温期浇水在每日的 9：00 ~ 16：00 进行，5 ~ 10 月高温期在 10：00 以前或 16：00 以后进行浇水。

3. 浇水次数确定

浇水次数应根据地域、土壤、天气、苗木生长习性等综合因素确定浇水时间及次数。

（1）喜湿润的植物应少量多次浇灌，始终保持土壤湿润，如垂柳、枫杨等。

（2）喜干旱的植物浇水次数要少，浇水间隔期内可数日耐干旱，如白蜡、油松等。

（3）中生植物浇水要"见干见湿"，土壤干燥才浇水，浇水就一次浇透。

（4）浇灌必须浇透根系层，但不要因积水造成苗木根系萎缩、腐烂。

4. 新栽植树木的浇水方法

（1）新栽植的树木要浇定根水，栽植后在支撑固定后立即浇一次透水，一般情况下 2 ~ 3 天后浇第二次水，3 ~ 5 天后再浇第三次水，沈阳地区种植后定根水在 10 天内浇水不少于三遍，以有墒无积水为准。

（2）新植树木在连续 3 ~ 5 年内都需适时充足灌溉，土质保水较差或树根生长缓慢树种可适当延长灌水年限。

（3）沈阳地区在冬季树木大部分落叶、土壤封冻前（11 月上旬）灌足封冻水，浇封冻水后及时封穴，在春季土壤渐化冻时（3 月中旬）灌足返青水。

（4）每年在 3 ~ 4 月要对栽植的乔木浇一次透水（返青水，前提是有规则的围堰），促使其返青复壮，进入正常生长。

（5）5 ~ 10 月（生长季节），是做好树木养护的关键时期。夏季雨天要注意排涝，防止树木因长时间积水造成死亡。在土壤干旱的情况下要及时进行浇水，进入雨季要控制浇水。

夏季浇水最好在早、晚进行。每次要浇透水，防止浇半截子水和表皮水。秋季适当减少浇水，控制植物生长，促进木质化，以利越冬。

1.1.2　乔木浇水方式

对于乔木，浇水方式主要有：漫灌、滴灌、喷灌、渗灌。因漫灌用水极不经济，滴灌成本较高，一般很少使用。喷灌和渗灌是园林树木浇水的主要方式。

喷灌主要目的为清洗树木地上部分积尘以及增加空气湿度；渗灌可使水分充分到达根部，需做浇水围堰（图 1-2）或打钢钎孔，浇水围堰高度不低于 10cm，有铺装地块的浇水盘直径以预留池为准，无铺装地块的，浇水围堰直径以树干胸径 10 倍左右为准，并保证不跑水、不漏水、外表美观。

图 1-2　浇水围堰

1.1.3　浇水其他注意事项

1. 使用再生水浇灌绿地时，水质必须符合园林植物灌溉水质要求。

2. 浇水要无遗漏，无大面积积水，树木周围有积水应予排除，对于低洼地可采取用 PVC 管打透气孔的方式排水（图 1-3）。

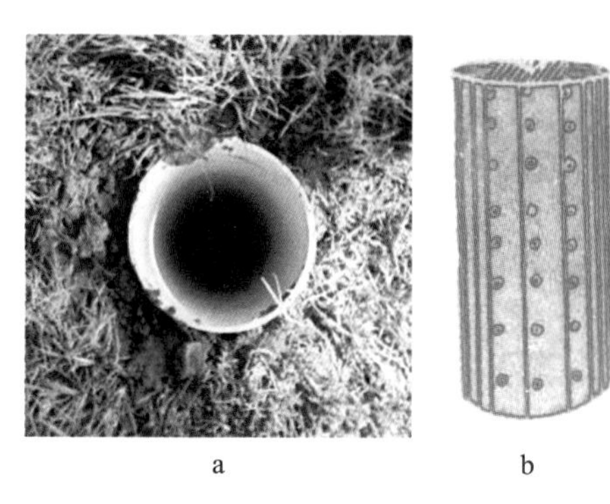

a　　　　b

图 1-3　PVC 排水管

a PVC 管道；b 透气孔示意图

3. 用水车浇灌树木时，应接软管，进行缓流浇灌或洒成散雾状，保证一次浇足浇透，严禁用高压水流冲刷。

4. 使用喷灌设施和移动喷灌时应开关定时，要有专人看管，以地面达到径流为准。

5. 使用喷灌时注意周围植物是否喜水，若周围有需要控水的植物，停止喷灌改用水管定点浇水。

1.2　施肥

施肥，是指将肥料施于土壤中或喷洒在植物上，提供植物所需养分，并保持和提高土壤肥力的农业技术措施。合理和科学施肥是保障园林植物健康生长的主要手段之一。施肥的主要依据是土壤肥力水平、植物类型、气候环境以及肥料特点，从而选择合适的肥料，估算所需要肥料用量，并确定施肥时间和施肥模式。依据施肥时间的不同，可分为基肥和追肥，依据施肥模式的不同可分为撒施、冲施、穴施、条施等。撒施和冲施有利于养分的扩散，施用方便，但养分损失大，利用率较低；穴施和条施养分损失少，利用率高，但要消耗一定的机械能。

目前园林上常用肥料种类有：有机肥、速溶性复合肥、复合肥、磷钾肥、控释肥、缓释肥、中微量元素肥、叶面肥等，这些肥料应根据现场苗木实际情况灵活应用。

1.2.1　施肥要求

1. 施肥种类

施肥种类应视树种、生长期及观赏特性等要求而定，早期欲扩大树的冠幅，宜在春季施高氮、低磷、中钾复合肥，观花、观果树种应增施磷、钾肥。肥料种类可采用肥效长的全价化肥，在有条件的情况下施用有机肥。

2. 施肥量

施用量根据苗木品种、规格以及肥料种类及土壤肥力状况而定。在生长季节适当追肥，方法是营养生长阶段可结合浇水或借雨天施用氮肥，进入生殖生长阶段和立秋以后，适当施用磷、钾肥。促进苗壮花多，防止徒长倒伏造成死亡。确保安全越冬。

3. 具体步骤

（1）生长季节可根据需要进行土壤追肥或叶面喷肥，在树木休眠期以有机肥为主。

（2）施肥后踏实，并平整场地。

（3）用铁、钢、木材等材质制成的树篦子等完全封闭的树堰，应预留专门的灌溉和施肥口。

1.2.2　施肥时间

每年施底肥 1 ~ 2 次，在早春、晚秋进行。

1. 在 3 ~ 4 月生长期，根据长势在植物尚在休眠期或刚刚解除休眠时穴施成品有机肥一次，长势较差的解除休眠后可再施用高氮、低磷、中钾复合肥一次。

2. 乔木在 9 ~ 11 月内植物休眠前根据长势，穴施成品有机肥（长势较好植株施用）或磷钾含量较高的复合肥（长势较差植株施用）一次 。

3. 休眠期禁止施肥，但观花乔木在孕蕾期前及花期后可进行肥料补充，主要是磷钾肥或有机类肥料。

4. 乔木穴施肥料应注意方向与位置，避免春、秋在同一点施肥，长势较弱乔木春季可穴施两次，此后结合草坪与地被追肥时适当撒施，约每月 1 次。

1.2.3　施肥方法

1. 穴施、环施

乔木施缓释肥和棒肥时采用穴施法（图 1-4c），其他肥料采用环施法（图 1-4a、图 1-4b），避免烧根。穴施、环施技术要点如下：

图 1-4　树木施肥

a 环施（闭合）示意图；b 环施（非闭合）示意图；c 穴施示意图

（1）开穴位置：栽植两年以内的苗木开穴为树坨的 0.5 倍距离，栽植两年以上的苗木开穴为树坨的 1 倍距离。

（2）穴施：胸径 30cm 以上大树开穴 8 个，一次施缓施肥 4 ~ 5kg；胸径 20 ~ 30cm 大树开穴 6 个，一次施肥 2 ~ 2.5kg；胸径 20cm 以下大树开穴 4 个，一次施缓释肥 1 ~ 1.5kg。施肥后以草皮覆盖，恢复原貌。

（3）环施：沟深 15 ~ 20cm，宽 10 ~ 15cm，保持上下底同宽，施肥时均匀撒播，避免肥料堆积在一起导致烧根。胸径 30cm 以上大树一次施复合肥 3 ~ 3.5kg，胸径 20 ~ 30cm 大树一次施复合肥 2 ~ 3kg，胸径 20cm 以下大树一次施复合肥 0.5 ~ 1kg（若施用缓释肥可增加 1 倍量）。

施肥后以草皮覆盖，恢复原貌。

2. 喷施叶面肥

在根部施肥的同时喷施叶面肥会起到事半功倍的效果，叶面肥喷施除一些中微量元素单独喷施外，氮、磷、钾元素四季补充与根部施肥相近。另外可与很多中性或酸性杀虫、杀菌药混合喷施，但是落叶树叶片枯黄后及春季第一批新叶老成前不用，常绿树零度以下基本不用。对不了解的配方喷施前须先做各植物品种小区实验，20 天以后经观察无不良反应再使用。

1.2.4 注意事项

1. 施肥一般在修剪后一两天进行，不宜在修剪前和刚修剪完施肥，施完肥后须马上浇水，以避免造成灼伤。

2. 施肥要先打穴或开沟施用后及时回土，无肥料裸露。

3. 施肥时须将肥料充分粉碎，与土壤混合后均匀撒施，随即浇水；注意植物对肥料的适应性及喜好。

4. 注意植物对肥料的需求，如复叶槭、杨树、金叶榆等生长速度快的种类就比油松、圆柏等生长速度慢的种类需肥量大。

5. 注意不同肥料种类在不同土质中对植物的影响，如硫酸钾类复合肥在中性或弱碱性土质中表现较好，但在酸性土质中会引起一些植物酸中毒。

1.3 修剪

通过合理的修剪，可以培养出优美的树形。树木修剪多在早春和晚秋进行全面修剪，剪除枯死枝、徒长枝、下垂枝、虫病枝、交错枝、重叠枝，使枝条分布均匀、节省养分、调节株势、控制徒长、接受光照、空气流通，从而达到株形整齐、姿态优美的目的。

1.3.1 修剪周期和时间

1. 修剪周期

（1）休眠期修剪

在 12 ~次年 3 月进行，为来年春季生长做好准备。休眠期修剪是从植物落叶经过休眠到下次发芽前的修剪，主要针对落叶树。一般来说，冬季修剪多短截回缩，可以增强植株的生长势，修剪时须兼顾考虑枝干的观赏效果。

（2）生长期修剪

生长期修剪是从植物发芽到落叶期间的修剪，可细分为春、夏、秋季修剪：

1）春季一般在开花前后修剪，包括抹芽、摘叶、花后复剪，主要为培养树形，弥补冬季修剪的不足。

2）4 ~ 10 月为植物生长旺盛季节，一般为疏除或回缩旺长枝、抹梢，适当疏除部分过密枝、内膛枝、萌蘖枝、病枯枝等，主要为了改善通风透光、促进花芽形成等；对于不宜冬季重剪的苗木，夏初为主要修剪时期。

3）秋季对贪青徒长的幼嫩部分进行摘心，主要为了促进新梢充实。一般来说，秋季修剪量不要太大。

2. 修剪时间

（1）12 ~次年 2 月适应性强的落叶树修剪以整形为主，可略重剪；常绿树及在当地耐寒性差的苗木除栽植时修剪外，整形修剪选在春季回温后、萌芽前更为适宜。

（2）3 ~ 11 月在生长期内以调整树势为主宜轻剪；有伤流的树种应在 5 ~ 10 月进行修剪，避过春季伤流期。

1.3.2 乔木修剪方法

1. 除蘖

苗木生长季期间要随时除去萌蘖，及枝条上多余的芽体，如每年夏季对行道树主干上萌发的隐芽进行抹除，一方面可使行道树主干通直，增加观赏性；另一方面可以减少不必要的营养消耗，增强其生长势，保证树体健康的生长发育。

2. 疏枝

疏枝能减少树冠内部的分枝数量，使枝条分布趋向合理与均匀，改善树冠内膛的通风与透光，增强树体长势，减少病虫害的发生，并促进苗木生长或开花结果。

3. 疏剪

主要修剪徒长枝、病虫枝、交叉枝、并生枝、下垂枝、树身萌蘖枝、折断枝、过密枝、内向枝、内膛枝、枯枝等（图 1-5）。

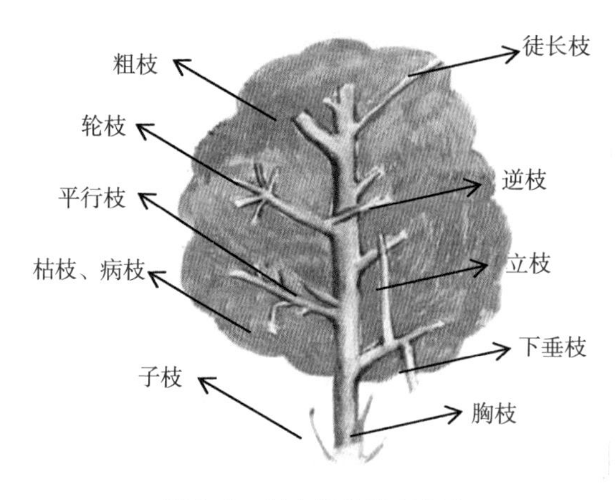

图 1-5　树木修剪枝条示意

徒长枝：具有生长优势的枝条会与主干竞争养分并破坏树形。

病虫枝：破坏美观、传染疾病。

粗枝：太粗的枝干，破坏树形。

轮枝：修剪后易发生，保留方向过当的枝条。

平行枝：易使树冠太密。

子枝：树基部长出的枝条要及早剪除。

逆枝：与原来伸长方向相反枝条，易使树冠太密。

立枝：与主干平行的枝干，破坏树形。

下垂枝：影响树下的活动，破坏树形。

胸枝：主干截锯后易发生，破坏美观。

1.3.3　修剪要求

1. 在进行修剪之前要注意修剪工具的检查，保证修剪工具和器械灵活不松动、安全可靠，修剪工作区域有警示牌与防护措施，操作人员遵守劳动纪律。

2. 在进行树木修剪时，应遵循“先内后外、去弱留强、去老留新”原则，保持树冠丰满。

3. 要做到因地制宜，因树修剪，除特殊要求外，应保持苗木原本固有形态或规定造型进行修剪。

4. 内膛小枝应适量疏剪，强壮枝应适当短截，下垂细弱枝及地表萌生的萌蘖枝应彻底疏除，生长于树冠外的徒长枝应及时疏除。

5. 直径 3cm 以内的枝条及残枯枝条要求从根部修除，超过 3cm 的枝条修剪时根部留 0.5cm 左右的残桩保护树干。

6. 修剪的剪口必须平滑，不得劈裂，并且剪口位置和留芽的方位准确。

7. 对于粗壮的大枝应采取分段截枝法，以免撕裂树干或损伤皮脊。

8. 修剪完成后，所有修剪的伤口必须是椭圆形圆滑的，无劈裂，贴近树的主枝或主干保持树木的美观性，枝干或根部剪口直径在 2cm 以上的，在伤口处必须涂抹伤口愈合剂。尤其易感染腐烂病、溃疡病、干腐病的树种（杨树、柳树、梨树、山里红、樱花、海棠花、苹果等）应立即涂抹（图 1-6）。

9. 同一棵树应在当天工作日内修剪完毕，以免影响美观。

10. 雨水天气及有露水时，苗木不宜进行修剪。

图 1-6　涂伤口愈合剂

1.3.4　常见乔木树形及修剪

树形是园林构景的基本元素之一，它对园林创作的境界起着巨大的作用。不同形状的树木经过妥善的配植和安排，可以产生韵律感、层次感等种种艺术组景的效果。

树形由树冠及树干组成，树冠由一部分主干、主枝、侧枝及叶幕组成。不同的树种各有其独特的树形，主要由树种的遗传性而决定，但也受外界环境因子的影响，在园林中，人工养护管理因素起决定作用。

一个树种的树形并非永远不变，它随着生长发育过程而呈现规律性的变化，园林工作者必须掌握这些变化的规律，对其变化能有预见性，方能使之充分发挥其特殊的美化作用。

1. 杯状形（图 1-7 ）

（1）树形特点

这种树形无中心主干，仅有较短一段高度的树干，自主干上部分生 3 个主枝，再各自分生 2 个枝而成 6 枝，6 枝而成 12 枝，简称“3 股 6 叉 12 枝”，这种几何状的规整分枝较整齐美观，冠内不允许有直立枝、内向枝的存在，一经发现必须剪除。

（2）树形应用

桃树、海棠、杏树等蔷薇科观赏果树及行道树中有架空线时常采用杯状树形，如白蜡、悬铃木等；

（3）修剪要点

养护期主要修剪萌蘖枝、过密枝、内向枝、交叉枝、内膛枝、折断枝、徒长枝、病枯枝，保持优美树形。上方有架空线的苗木还要控制其生长量，保持植物与管线的安全距离。

图 1-7　杯状形

图 1-8　自然开心形

2. 自然开心形（图 1-8）

（1）树形特点

无中心主干，中心也不空，但分枝较低，3 个左右的主枝分布有一定间隔，自主干上向四周放射而出，中心又开展，故为自然开心形，如苹果、梨、紫叶李等观花、观果树木。

（2）修剪要点

栽植前期修剪主要为形成优美树形，促进生长；恢复树势以后，修剪主要是为了保持优美树形，既要考虑生长又要考虑观花观果效果；养护期主要修剪萌蘖枝、过密枝、交叉枝、平行枝、内向枝、折断枝、徒长枝、病枯枝、并列枝。

3. 尖塔形或圆锥形（图 1-9）

（1）树形特点

尖塔形或圆锥形苗木有明显中央领导干，主干自下而上发生多数主枝，下部较长，逐渐向上缩短，如毛白杨、云杉、冷杉等。

（2）修剪要点：养护期主要修剪折断枝、影响景观的下垂枝、萌蘖枝、病枯枝，保持树形。

4. 圆柱形或圆筒形（图 1-10）

圆柱、圆筒形苗木有中心主干，自近地面的主干基部向四周均匀地发生许多主枝，而主枝长度自下向上相差甚少，故整个树形几乎上下同粗，如圆柏、新疆杨等。养护期修剪以保持枝形为主。

5. 自然圆头形（图 1-11）

（1）树形特点

自然圆头形苗木多为幼树主干长到一定高度时短截，在剪口下选留 4 ~ 5 个强健枝作主枝，主枝间有一定距离，各朝一定方向，不交叉、不重叠，如馒头柳。

图 1-9　圆锥形

图 1-10　圆柱形图

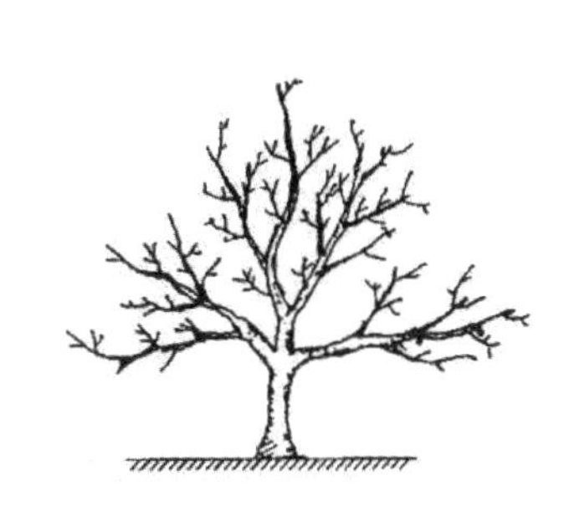

图 1-11　自然圆头形

（2）修剪要点

养护期主要修剪折断枝、徒长枝、内膛枝、萌蘖枝、病枯枝，以保持树形。

6. 伞形

（1）树形特点

伞形有明显主干，所有侧枝下弯倒垂，逐年由上方芽继续向外延伸扩大树冠如龙爪槐、垂榆、黑松等。

（2）修剪要点

修剪时注意枝条芽眼的走向，留取高扬或平行向上的芽眼，有利于扩大树冠；留取朝向左右的芽眼有利于填补空间，下行芽一般可剪除。

7. 自然轮生分枝形

（1）树形特点

自然轮生分枝形苗木主干挺直，主枝自然分层轮生于主干四周，层层分明有序，水平向四周开展，各层主枝数量相近，层次间排列不密，光线通透，如灯台树。

（2）修剪要点

养护期主要保持中央主干，修剪主干分生枝，即修剪各层次间的赘生枝、层内过密枝、交叉枝、平行枝、内向枝、内膛枝、折断枝、徒长枝、萌蘖枝、病枯枝。

8. 圆球类苗木（图 1-12）

（1）树形特点

常表现为一段极短的主干，在主干上分生多数主枝，主枝分生侧枝，各级主侧枝均相互错落排开，叶幕层较厚，如水蜡球、圆柏球等。

（2）修剪要点

养护期每年留取部分新枝作为更新与扩大冠幅用，如冠幅过大，可在春季芽苞刚刚开始膨大时一次性回缩到位。

图 1-12　圆球形

9. 造型类（图 1-13）

造型树有云片、蘑菇头造型两种，如造型榆、京梅等。修剪时以原有造型为基础，收放结合，疏密有度，逐年、逐月、逐次优化造型，修剪后达到层次清晰、分布均匀。

图 1-13　造型树

1.3.5　乔木修剪注意事项

1. 主轴明显的树种修剪

（1）修剪时应注意保护中央领导枝，使其向上直立生长。

（2）原中央领导枝受损、折断时，应利用顶端侧枝重新培养新的领导枝。

（3）修剪只能疏枝，不准短截，对轮生枝可分阶段疏除。

2. 逐年调整树干与树冠的合理比例，同一树龄和品种的林地，分枝点高度应基本一致，位于林地边缘的树木分枝点可稍低于林内树木。

3. 道路中央分隔带修剪以挡住人的视线 1 ~ 1.2m 高为宜，不同树种采用不同方法。

4. 对由于受意外伤害折断而枯黄的枝叶应及时清剪，对消耗树体过多水分及养分的果实应摘除。

5. 更新修剪必须在休眠期进行，抗寒性差的、易抽条的树种修剪宜于早春进行，常绿树的修剪应避开生长旺盛期。

6. 其他特殊类型苗木修剪

（1）针叶树（除设计要求外）应剪除基部垂地枝条，随树木生长可根据需要逐步提高分枝点，并保护主干顶尖直立向上生长。

（2）有严重伤流和易流胶的树种修剪应避开生长季和落叶后伤流严重期。

7. 工人修剪操作管理

（1）操作者必须是经过项目养护负责人培训合格的人员，穿戴好工作服和劳保用品，如防护眼镜、手套、工作鞋、安全帽、安全绳等。

（2）养护工不经主管批准，不得擅自改变原植株的造型，不得擅自截剪直径 5cm 以上的枝条。

（3）乔木修剪应两个人以上配合，用梯子及高枝剪、高枝锯进行，原则上不得爬树修剪，如确需爬树修剪时一定要系好安全带后方可操作。

总之，乔木修剪整形后，应达到均衡树势、完整枝冠，促进生长，观花、观果等要求。同时树冠完整美观，主侧枝分布均匀、数量适宜，内枝不乱，通风透光较好，无枯枝、折断枝、修剪后的废留枝。

1.4 环境灾害防护措施

园林植物常遭受的自然环境危害主要有低温危害、日灼、水分胁迫（水淹与干旱）及大风危害等。

1.4.1 低温危害

冻害和霜害为最常见的低温伤害。

1. 冻害

冻害是温度低于 0℃时，对植物产生的伤害。为防止冬季严寒对新移植或不耐寒苗木造成冻害，现场管理人员需根据当地的气候特点、苗木的特性及种植年限，制定详细的防寒方案及具体措施，做好防寒物资材料的准备，合理落实各项防寒工作。

（1）一般防寒措施

1）防寒计划。根据气候确定防护树种，在转冷前再一次确认去年越冬时出现问题的植物种类，做好防寒物资计划和具体防寒方案。

2）提高防寒能力。合理安排修剪时期和修剪量，使树木枝条充分木质化，有效控制病虫害的发生，提高抗寒能力，确保树木安全越冬。

3）浇水。返青水和封冻水应适时浇灌，并浇足浇透。对不耐寒的树种和树势较弱的植株应分别采取不同防寒措施。气温降到 5℃土壤上冻前浇透一次越冬水，早春再浇一次返青水，气温降到 5℃以下不需浇水。

4）施肥。以施钾肥为主叶面追肥可增加植物抗性，秋季以施有机肥为主的根部施肥可增强根系活力和抗逆能力。

5）除雪。在易积雪成灾的地区，需在下雪前给苗木大枝设立支柱。

在下大雪期间或之后，应把树枝上的积雪及时打掉，并把受压的枝条提起扶正，以免雪压过久过重，导致树枝弯垂，甚至折断或劈裂。尤其是枝叶茂密的常绿树，更应及时组织人员，持竿打雪，防雪压折树枝，枝条过密者应进行适当修剪。对已结冰的枝，不能敲打，可任其不动。如结冰过重，可用竿支撑，待化冻后再拆除支架。

6）培土保温。覆 25 ~ 30cm 高度土保温（翌年温度回升后去除）或用地膜覆盖后覆上一层土，可以有效保持地温，避免受冻。该法较适用于月季等株形低矮、抗寒性较差的花灌木，对树下种满地被的树木不进行此项作业（图 1-14）。

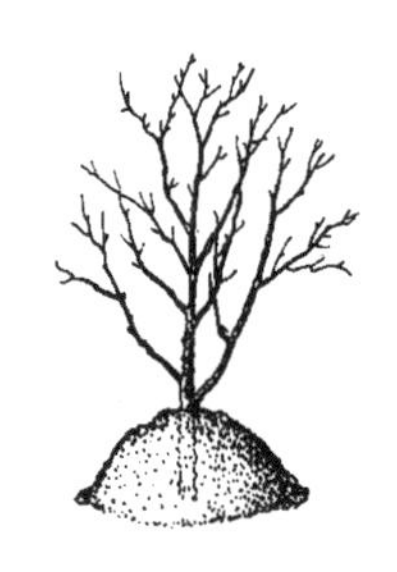

图 1-14　培土防寒

图 1-15　缠干防寒

（2）重点防寒措施

1）缠干

用无纺布、麻袋和草绳包裹茎干，以能包多高就包多高为原则。包裹前对树干和包裹材料进行消毒杀菌，完工后定期对包裹材料消毒杀菌防虫（图 1-15）。

① 包裹的材料：外层以墨绿色无纺布（80 ~ 120g/m^2）为主，里面根据实际气候加层（薄膜、草帘、无纺布）。

② 包裹的方法：先根据搭架子情况裁定绿色无纺布并用粗针对其进行缝接；覆盖物要扯平，在支架边角毛糙部位要衬垫防止薄膜或无纺布破损，支架间用细绳绑扎，外用颜色相近结实的绳子（绿色的打包绳）绑压。离地要留出 15 ~ 20cm 绿色无纺布，用土压实。也可留出活动的观察口或透气降温部位。

③ 包裹的时间：植物进入休眠，夜间温度在 0 ℃以上，或早霜、早雪来临前。可在 1 ~ 2 个风障内挂气温计，结合天气预报观察。圆柏、紫杉等可以采取迎风面搭挡风障，不用全部覆盖。

2）搭风障

一般宽度与树木冠幅相当，高度约比树木高 50 ~ 60cm，然后在框架材料上盖绿色无纺布充当围护结构。冬季太阳照射部位较多方向的遮挡材料应设置成可收起和放下的形式。

① 作业时间：10 月下旬到 11 月下旬，夜间温度在 0℃以上，或早霜来临前。

② 架子的材料：常用竹竿、铁杆、松木做主骨架，以竹片、铁丝做填空。

③ 架子的结构：架子一般为方柱形或圆柱形，架子高度高于树木约 30cm，宽于冠幅

10 ~ 15cm，立杆下部埋土 30 ~ 60cm，相邻立杆间间隔约 1m 绑一横杆，以使支架牢固不摇晃；过空的部位可以加竹片或钢丝。

风障去除时间一般在第二年春季 4 月气温稳定在 3℃~ 5℃（晚霜）后逐步拆除。拆除时白天底部掀起 20 ~ 40cm 高或打开背风面，晚上再盖好，可逐日加高，5 ~ 7 天后可完全拆除。

（3）注意事项

1）种植两三年以上，已基本适应当地气候的乔灌木可适当考虑降低防寒要求或不做防寒工作，对贵重苗木、南树北移苗木、长势不良苗木等需重点做好防寒工作。

2）对不耐寒的树种和树势较弱的植株应分别采取不同防寒措施，贵重植物应单独对其搭建风障、保温棚以保证顺利越冬。

3）密切关注天气变化，根据天气情况及时增加保暖或通风降温。

4）在防寒初期，应充分考虑到防寒材料的二次回收利用。

① 搭架时，在尖锐部位垫上软物，防止刺破薄膜和无纺布。

② 在拆除防寒材料时，对已经缝制好的无纺布罩做好标记，编号存放，来年搭同样大小的架子，直接上盖。

③ 松木杆、钢管在仓库堆放时，应做好防潮、防霉、防锈处理，所有能够二次回收利用的材料都应妥善保存。

5）防寒效果须同时兼顾美观。

2. 霜害

（1）霜害的表现

早春萌芽或处于花期的花卉受霜冻后，易发生霜害，出现叶片变红脱落、萎蔫、变黑甚至死亡的情形（图 1-16）。

图 1-16　霜冻危害

（图片来源：引自《辽宁树木病害图志》）

（2）霜害的预防措施

景观苗木防霜可以通过及时采取防霜冻措施，改变小气候条件进而保护苗木，具体方法如下：

1）喷水法：可利用人工降雨与喷雾设备在即将发生霜冻的黎明，向树冠喷水。

2）遮盖法：在实际生产中，为了防霜冻多采用遮盖法，即用蒿草、芦苇、苫布等苫盖树冠，也可使用塑料薄膜、稻草等保护幼苗。这样既可使外来寒流袭击受阻，又可保留植物散发的湿气，增加湿度，起到较好的防护效果。

3）根外追肥：根外追肥以增加细胞液浓度，达到抗冻效果。在霜冻发生后，及时进行叶面喷肥以恢复树势，对花灌木尤为有效。

4）伤口保护与修复：树木遭受低温危害的伤口需要及时修整、消毒并涂伤口愈合剂，以加快伤口愈合。

（3）霜后养护管理

1）为了减少灾害造成花灌木与果树霜冻发生时或过后的损失，可进行叶面喷肥。叶面喷肥能增加细胞液浓度，达到抗冻的效果。

2）霜冻过后不能忽视水肥的供应，要适时、适量。

3）对于观果苗木，还可以进行人工授粉，利用晚开的花与腋花芽等提高坐果率，以弥补损失。

1.4.2　日灼

夏季或冬季受温度剧变（过高或过低），向阳面枝干及果实易发生日灼。

1. 夏季日灼

在夏季水分供应不足，炎热干燥的条件下，植物的蒸腾作用减弱，日光直射裸露的果树枝干和果实，使表面温度达 40℃以上时，即可引起灼伤，果实和枝条因向阳面剧烈增温而遭受伤害。

受害特征：果实上出现淡紫色或淡褐色的干焰斑，严重时表现为果实开裂、枝条表面出现裂斑，在苹果、桃、梨和葡萄等果实和叶片上均有发生。

2. 冬季日灼

在白天有强烈辐射的条件下，因剧烈变温而引起伤害。苗木的主干和大枝的向阳面由于阳光的直接照射，日间平均气温在 0℃以下时，白天阳光直射的树干皮层部分温度可升高至 20℃，使原来处于休眠状态的细胞解冻，但到夜间树皮温度急剧降到 0℃以下，细胞内又发生结冰现象，常发生于初冬或早春。

受害特征：树干皮层细胞死亡，在树皮表面呈现浅紫红色块状或长条状日灼斑，严重时可危及木质部，并可导致树皮脱落、病害寄生和树干朽心。

3. 日灼的预防措施

（1）对易发生日灼的苗木进行缠干、喷波尔多液或石灰水等处理。

（2）修剪时在树体西南方向多留枝条也可减轻危害。

（3）夏季可通过增加水分供应减轻危害。

1.4.3 干旱危害及抽梢

1. 旱害

夏秋两季苗木在高温、干旱、苗木蒸腾量大时，水分流失严重，呈受旱情形。轻度缺水时幼叶嫩梢表现为耷拉下垂状，严重缺水表现为叶片萎蔫、卷曲、根区表面的土壤发白，地被、草坪等矮小植物明显不及周围植物颜色。

抗旱措施有以下几点：

（1）对于新植苗木应适当修枝剪叶，并及时浇足水分。

（2）对于种植一年以上的苗木应浇足水肥，待树木根部土壤干旱后及时松土保墒，浇水时间一般在清晨或傍晚。

（3）给树冠喷水降温，避免高温灼伤叶片。

（4）高温干旱时，对一些抗旱性较差的植物，可适当采取遮荫棚的方法防止苗木受阳光直射，但搭建的高度必须按规范，至少比苗木上部高 20 ~ 30cm，保持苗木的通风。

（5）使用营养剂，例如抗蒸腾剂，本办法与适当的疏枝剪叶方法配合使用，效果会更好。

2. 抽梢

抽梢是植物干旱的特殊表现形式，常表现为枝干抽干失水，表皮皱缩，木质部干枯，芽不能正常萌发，造成树冠残缺不全，严重时，整株树冠干枯死亡。随着枝条年龄增加，抽梢率会下降。新种植树木根系少，抽梢现象比较严重；长势过旺，组织不充实的枝条抽梢较重。

（1）抽梢的原因

1）气候因素：由于冬、春期间，土壤水分冻结或土温过低，根系尚未活动，不能吸收水分或很少吸收水分，而地上部枝条因空气干燥多风而强烈蒸腾，造成明显的水分失调，引起枝条生理干旱，从而使枝条由上而下抽干。早春土壤严重缺水，空气干燥多风，加剧枝条蒸腾失水，同时延缓地温的回升，将影响树体对于土壤水分的吸收，加重抽条现象的发生。

2）肥水管理不当：管理后期没及时控制氮肥施用、灌水频繁或降雨量大、排水不及时，造成树体贪青徒长，枝梢停长晚，养分积累少，枝条发育不充实，树体和枝条抗寒能力较弱。另外，早春灌水次数多或培土去除不及时，影响了地温的上升和根系对水分的吸收，造成枝条失水过多，加重抽梢的发生。

（2）抽梢的防治方法

1）喷布蒸腾抑制剂：入冬和早春对树冠喷抑制蒸腾剂，喷布400倍羧甲基纤维素或20%、30%的聚乙烯醇，使枝干上形成一层保护膜，可有效地抑制水分蒸发，减轻抽梢。一般喷两次为宜，要求喷匀喷到，不漏枝条。

2）剪口保护：直径大于2cm的剪锯口要及时涂抹油漆或伤口涂抹剂抑制水分蒸发。

3）缠裹法：用稻草、薄膜、保鲜膜、无纺布对枝条进行包裹，缠裹前对当年生，不要的细弱枝条进行剪除（留截3cm）。需注意选择的缠裹材料不会造成枝条折断，并注意缠裹时保护枝条上的芽不受破坏。此操作只适合落叶树种。

4）树盘覆盖：地膜覆盖在根系分布范围，以减少水分蒸发，提高根际土壤含水量，促进早春地温的上升。

5）早春灌水：在冬春特别干燥，土壤水分蒸发量很大时，早春灌水也可缓解抽梢的发生，特别是对保水差的沙土更为重要。一般在土壤开始化冻时灌水，既可提高地温促使土壤尽快解冻，也可补充土壤水分。

6）合理追肥：萌芽前，用1%的尿素液加1%磷酸二氢钾溶液或500～1000倍液体氮磷钾复合叶面肥，均匀喷在枝干上，以不滴水为宜，间隔两天一次，连喷3次，增加树体的养分供应。

1.4.4 涝害

涝害是指苗木的土壤中含水量过高，缺少氧气，厌氧菌迅速滋生，使苗木根系不能进行正常呼吸，吸水吸肥受阻。同时，根呼吸产生的中间产物及微生物活动而生成的有机酸（如乙酸）和还原性物质（如甲烷、硫化氢）对树体造成毒害，导致根系窒息、腐烂甚至死亡，从而导致植株生长不良甚至死亡的现象。

1. 涝害发生的原因

（1）水淹并持续一定的时间。

（2）持续下雨或持续过量浇水。

（3）土壤黏性大、不透水、使土壤长时间保持较大的含水量。

（4）苗木栽植过深。

2. 涝害的表现症状

（1）梢叶表现症状：受涝程度轻时，叶片和叶柄偏向正面弯曲，新梢生长缓慢，先端生长点不伸长或弯曲下垂，严重时梢叶呈水黄状、萎蔫，叶片会卷曲，嫩梢发黄下垂，梢叶缓慢干枯，干枯后不脱落。

（2）树干表现症状：根先枯死，一般是从下往上逐渐干枯。

（3）地下部（根）表现症状：根发黑（深蓝色）腐烂，黑带点蓝灰，且有酒糟味，危害从低部位开始逐渐向上发展，根的部位越低，危害越严重，根部颜色由蓝黑—蜡黄—

浅黄色变化。

3. 涝害的预防措施

（1）雨期前应组织有关人员对现场设施、机电设备、水系统等进行检查，针对检查出的具体问题，应采取相应措施，及时整改。

（2）种植面低的苗木应填土提高种植平面。

（3）开好排水沟，从而降低水位。

（4）对通透性较差的黏性土壤，在苗木移植时可考虑在植穴底层加 10 ~ 20cm 的砂石层来预防和减少水涝危害，长期积水的区域要更换疏松透水的土壤。

（5）选择耐涝的品种，如银中杨、垂柳、枫杨、白桦等，但需要注意的是它们只是耐涝品种，并不是水生植物，不宜种植在长期水淹的地方。

1.4.5 风害

在多风地区，树木常遭受风害，出现偏冠和偏心现象（图 1-17）。偏冠会给树木整形修剪带来困难，影响景观效果，偏心的树易倒伏或干梢、干枯死亡。春季的寒风，常将新梢嫩叶吹焦，缩短花期；夏、秋季沿海地区的树木又常遭台风危害，使枝叶折损，大枝折断，将树吹倒，尤以阵发性大风，对高大的树木破坏性更大。

图 1-17　树木遭受风害形成的偏冠现象

1. 减轻风害的措施

（1）增加土球：苗木移栽时，特别是移栽大树，如果土球起得小，而树身大，则易遭风害。

（2）种植穴：在多风地区种植穴应适当加大，如果小坑栽植，树会因根系不舒展，发育不好，重心不稳，易受风害。

（3）种植设计：要注意在风口、风道等易遭风害的地方选抗风树种和品种，适当密植，采用低干矮冠树形。

（4）修剪：及时剪除树木上的枯枝、病虫枝，以防大风期间断枝伤及行人，对树冠过于浓密或可能对周边建筑物造成影响的乔木进行适当的疏枝，以减少受风面积，达到防风保苗的效果。

（5）管理措施：应根据当地实际情况采取相应防风措施，如排除积水，改良栽植地点的土壤质地，培育壮根良苗，采取大穴换土，适当深植，合理修枝，控制树形，定植后及时支架杆。对结果多的树要及早吊枝或顶枝，减少落果，对幼树、名贵树种可设置风障等。

2. 风害的防范

对高大乔木，在大风来临前进行加固支撑，并及时加固各种防护设施；对小型花木，可适当建风屏。

3. 灾后处理

（1）对于遭受大风危害、折枝、伤害树冠或被刮倒的树木，要根据受害情况，及时维护。

（2）对风倒树及时顺势扶正，修去部分和大部分枝条，架杆要支牢固。

（3）对裂枝要顶起或吊枝，捆紧基部伤面，或涂激素药膏促其愈合，并加强肥水管理，促进树势的恢复。

1.4.6 事故灾害应急及防护措施

重大事故灾害发生后，应立即拍照留存，上报上级管理部门及负责人，轻微的事故可自行组织处理。

1. 树木倒伏发生伤害事故

要保护好事故现场，及时抢救伤员，配合相关管理部门做好取证，认真做好事故现场的调查与分析，做好倒伏树木的处理与加固，落实安全措施。

2. 树木倒伏砸压电力线路

树木砸压电力线路或者高压线断折落地，未经电力部门的同意，在未采取安全措施前，任何人员不准进入危险区域，防止触电事故发生。

3. 火灾

若发现绿化植物发生火灾要立即上报上级管理部门及负责人，同时向 119 和 110 报警，立即组织抢险人员携带抢险工具、灭火器材和车辆，奔赴火灾事故现场进行火灾扑救和抢险。在现场要协助公安交管部门做好人员疏散和交通管制，配合公安消防部门进行火灾的扑救，对火灾事故现场做好保护，配合公安机关做好火灾事故现场的调查分析，落实安全措施。

1.5 其他常见养护措施

1.5.1 补种

1. 苗木死亡或失去景观效果后须及时报损、挖除，大型乔木宜分段截除，被截除树干截断之前须用绳索人为牵引或与下部主干牵连，以防被截树干掉落伤人。

2. 苗木挖除后须补植的，原则上应选用与原有苗木品种、规格相同的苗木。

3. 苗木补种要求同绿化施工中苗木种植要求，补种时要注意成品保护。

1.5.2 支撑

大树移植后通常需要设立支撑，以避免大树因大风吹刮造成树干摇摆松动，使根系不能良好生长，在树干基部周围形成空洞，产生“吊根现象”，天气干旱时易造成根部缺水，遇雨易积水而影响根系生长。因大树移植后根系较浅、分布面积小，架立支撑后可以防止树体受力不均而倒伏。养护过程中支撑工作有：

（1）对已松动的支撑按规范加固；

（2）对施工遗漏需支撑的乔、灌木进行支撑。

1.5.3 树洞、伤口处理

1. 树洞处理

因各种原因造成的伤口长久不愈合，长期外露的木质部受雨水浸渍，逐渐腐烂，形成树洞，严重时树干内部中空，树皮破裂。由于树干的木质部及髓部腐烂，输导组织遭到破坏，因而影响水分和养分的运输及贮存，严重削弱树势，影响景观效果，甚至导致树木死亡。

（1）常见树洞处理方式

1）开放法

如果树洞不深或树洞很大，给人以奇特之感，欲留做观赏时可采用此法。方法是将洞内腐烂木质部彻底清除，刮去洞口边缘的死组织，直至露出新的组织为止，用药剂消毒并涂防护剂。同时改变洞形，以利排水，也可以在树洞最下端插入排水管。以后需经常检查防水层和排水情况，防护剂每隔半年左右重涂一次。

2）封闭法

树洞经处理消毒后，在洞口表面钉上板条，以油灰和麻刀灰封闭（油灰是用生石灰和熟桐油以 1∶0.35 混合而成），再涂以白灰乳胶，颜料粉面，以增加美观，还可以在上面压树皮状纹或钉上一层真树皮。

3）填充法

填充物最好是水泥和小石砾的混合物，如无水泥，也可就地取材。填充材料必须压实，为加强填料与木质部连接，洞内可钉铁钉，并在洞口内两侧挖一道深约 5cm 的凹槽，填充物从底部开始，每 20 ~ 25cm 为一层，用油毡隔开，每层表面都向外略斜，以利排水，填充物边缘应不超出木质部，使形成层能在它上面形成愈伤组织。外层用石灰、乳胶、颜色粉涂抹，为了增加美观，富有真实感，在最外面钉一层真树皮。

（2）树洞处理的方法与步骤

主要包括清理、整形、消毒、涂漆、填充 5 个步骤：

1）树洞的清理

小心地去掉腐朽和虫蛀的木质部，保护障壁。

2）树洞的整形

消除内部水袋，防止积水。

3）树洞加固：

① 螺栓加固：钻孔的位置至少离伤口健康皮层和形成层带 5cm；垫圈和螺帽必须完全进入埋头孔内，其深度应足以使形成的愈合组织覆盖其表面；所有的钻孔都应消毒并用树木涂料覆盖。

② 螺丝杆加固：对于长树洞，还应在上下两端健全的木质部上安装螺栓或螺杆以加固。

4）消毒与涂漆

① 消毒：对树洞内表面的所有木质部涂抹木馏油或 3% 的硫酸铜溶液。

② 涂漆：消毒之后，所有外露木质部和预先涂抹过紫胶漆的皮层都要涂漆。

5）树洞的填充

① 洞口覆盖：用金属或新型材料板覆盖洞口。覆盖物的表面涂漆防水，还可进行适当的装饰。

② 树洞填充：大而深或容易进水、积水的树洞，以及分叉位置或地面线附近的树洞应进行填充。使填充物更好地固定填料，可在内壁纵向均匀地钉上用木馏油或沥青涂抹过的木条。

2. 伤口处理

（1）对枝干上因病、虫、冻、日灼或修剪等造成的伤口，首先应当用锋利的刀刮净削平四周，使皮层边缘呈弧形，然后用药剂（2% ~ 5% 硫酸铜液或石硫合剂原液）消毒。修剪造成的伤口，应将伤口削平然后涂以保护剂，选用的保护剂要求容易涂抹，粘结性好，受热不融化，不透雨水，不腐蚀树体组织，同时又有防腐消毒的作用，如油漆、伤口涂抹剂等均可。大量应用时也可用黏土加少量的石硫合剂的混合物作为涂抹剂，如用激素涂剂对伤口的愈合更有利，用含有 0.01% ~ 0.1% 的 α - 萘乙酸膏涂在伤口表面，可促进伤口愈合。

（2）由于风折使树木枝干折裂，应立即用绳索捆缚加固，然后消毒涂保护剂。遭受雷击使枝干受伤的树木，应将烧伤部位锯除并涂保护剂。

1.5.4　树干涂白

树干涂白是乔木重要的养护措施，涂白具有杀（防）菌、杀（防）虫、防止冻害和日灼等多种功能。

1. 涂白剂的主要成分及配制方法

生石灰 10 份，水 30 份，食盐 1 份，胶粘剂（如乳白胶、动物油等）1 份，石硫合剂原液 1 份。其中生石灰和硫磺具有杀菌治虫的作用，食盐和胶粘剂可以延长作用时间，还可以加入少量有针对性的杀虫剂。先用水化开生石灰，滤去残渣，倒入已化开的食盐，最后加入石硫合剂、胶粘剂等搅拌均匀。涂白液要随配随用，不宜存放时间过长。

2. 涂白的作用

（1）杀菌、防止病菌感染，并加速伤口愈合。

（2）杀虫、防虫。涂白杀死树皮内的越冬虫卵和蛀干昆虫。由于害虫一般都喜欢黑色、肮脏的地方，不喜欢白色、干净的地方，所以树干涂上了雪白的石灰水，土壤里的害虫便不敢沿着树干爬到树上来捣蛋，还可防止树皮被动物咬伤。

（3）涂白有防冻害和日灼、避免早春霜害的作用。冬天，夜里温度很低；到了白天，受到阳光的照射，气温升高，而树干是黑褐色的，易于吸收热量，树干温度也上升很快。这样一冷一热，树干容易冻裂。尤其是大树，树干粗，颜色深，而且组织韧性又比较差，更容易裂开。涂了石灰水后，由于石灰是白色的，能够使 40% ~ 70% 的阳光被反射掉，因此树干在白天和夜间的温度相差不大，就不易裂开。涂白还可以延迟果树萌芽和开花期，防止早春霜害。

（4）方便晚间行路，树木刷成白色后，会反光，夜间的行人，可以将道路看得更加清楚，并起到美化作用，给人一种很整齐的感觉。

1.6　乔木养护标准

1. 生长势强，树冠完整美观，主侧枝分布均匀、数量适宜，内膛不乱，通风透光较好，没有 20cm 及以上的枯枝、折断枝、修剪废留枝。

2. 乔木枝干无机械损伤，基部无萌蘖枝，无杂草杂物。

3. 乔木叶色、叶片大小、厚度正常，无焦叶、卷叶，无非正常落叶，有虫便、虫网、宿存老叶或病叶数占比在 5% 以下。

4. 无蛀干害虫、蚧壳虫危害，食叶害虫咬食的叶片，每株在 7% 以下。

5. 乔木修剪截口与枝位齐全，直径 5cm 以上截口要封蜡或涂抹愈合剂。

6. 乔木的支撑架杆要完整、牢固、美观。

1.7 常见乔木及养护管理特性

1.7.1 海棠花［*Malus spectabilis*（Ait.）Borkh.］蔷薇科 苹果属（图 1-18）

1. 形态特征

海棠花为乔木，高可达 8m；小枝粗壮，圆柱形，幼时具短柔毛，逐渐脱落，老时红褐色或紫褐色，无毛；冬芽卵形，先端渐尖，微被柔毛，紫褐色，有数枚外露鳞片。叶片椭圆形至长椭圆形。花期 4 ~ 5 月，果熟期 9 月。

图 1-18 海棠花

2. 生长习性

海棠花性喜阳光，也能耐半阴，耐寒，对环境要求不严，适于疏松肥沃、土层深厚、排水良好的砂质土壤中生长。

3. 分布

海棠花原产中国，在山东、河南、陕西、安徽、江苏、湖北、四川、浙江、江西、广东、广西等省（区）都有栽培。本种为中国著名观赏树种，华北、华东各地习见栽培。

4. 病虫害防治

（1）海棠锈病（图 1-19）

该病害是各种海棠的常见病害，危害贴梗海棠、垂丝海棠、西府海棠以及梨、木瓜等观赏植物。在我国各个省市均有发生，发病严重时，海棠叶片上病斑密布，致使叶片枯黄早落。该病同时还会危害圆柏、侧柏、龙柏、铺地柏等观赏树木，引起针叶及小枝枯死，影响园林景观。

图 1-19 海棠锈病

（2）防治方法

1）避免将海棠、松柏种在一起。园林风景区内，注意海棠种植区周围，尽量避免种植圆柏等转主植物，减少发病。如景观需要配植圆柏时，则以药剂防治为主来控制该病发生。

2）春季当针叶树上的菌瘿开列，即柳树发芽、桃树开花时，降雨量为 4 ~ 10 mm 时，应立即往针叶树上喷洒药剂：1：2：100 的波尔多液，0.5 ~ 0.8 波美度的石硫合剂。在担孢子飞散高峰，降雨量为 10 mm 以上时，向海棠等阔叶树上喷洒 1% 石灰倍量式波尔多液，或 25% 的粉锈宁可湿性粉剂 1500 ~ 2000 倍液。秋季 8 ~ 9 月锈孢子成熟时，往海棠上喷洒 65% 代森锰锌可湿性粉剂 500 倍液，或粉锈宁。

1.7.2 山楂（*Crataegus pinnatifida* Bge.）蔷薇科 山楂属（图 1-20）

1. 形态特征

山楂为落叶乔木，树皮粗糙，暗灰色或灰褐色；刺长 1 ~ 2cm，有时无刺；当年生枝紫褐色，老枝灰褐色；冬芽三角卵形，先端圆钝，无毛，紫色。叶片通常两侧各有 3 ~ 5 羽状深裂片，暗绿色有光泽，托叶草质，镰形，边缘有锯齿。 花期 5 ~ 6 月，果熟期 10 月。

图 1-20 山楂

2. 生长习性

山楂适应性强，喜凉爽，湿润的环境，既耐寒又耐高温，在极端低温均能生长，喜光也能耐阴，生于山坡林边或灌木丛中。海拔 100 ~ 1500m。一般分布于荒山秃岭、阳坡、半阳坡、山谷，坡度以 15° ~ 25° 为好。耐旱，水分过多时，枝叶容易徒长。对土壤要求不严格，但在土层深厚、质地肥沃、疏松、排水良好的微酸性砂壤土生长良好。

3. 分布范围

山楂产于我国黑龙江、吉林、辽宁、内蒙古、河北、河南、山东、山西、陕西、江苏等地。朝鲜和俄罗斯西伯利亚也有分布。

4. 园林应用

山楂树叶型美丽，初夏开花，满树洁白，秋季红果累累，是良好的观叶、观花和观果植物，可作行道树或庭荫树等，园林应用广泛。

5. 病虫害防治

（1）红蜘蛛

防治红蜘蛛使用阿维螺螨酯 1500 倍液均匀喷洒。

（2）轮纹病

防治轮纹病在谢花后 1 周喷 80% 多菌灵 800 倍液，以后在 6 月中旬、7 月下旬、8 月上中旬各喷 1 次杀菌剂。

（3）白粉病

对白粉病发病较重的山楂园在发芽前喷 1 次石硫合剂，花蕾期、6 月各喷 1 次 600 倍 50% 可湿性多菌灵或 50% 可湿性甲基托布津。

1.7.3 李（*Prunus salicina* Lindl.）蔷薇科 李属（图 1-21）

1. 形态特征

李为落叶乔木；树冠广圆形，树皮灰褐色，起伏不平；老枝紫褐色或红褐色，无毛；

小枝黄红色，无毛；冬芽卵圆形，红紫色，有数枚覆瓦状排列鳞片。叶片长圆倒卵形、长椭圆形，稀长圆卵形，先端渐尖、急尖或短尾尖，基部楔形，边缘有圆钝重锯齿，常混有单锯齿，托叶膜质，线形，先端渐尖，边缘有腺，早落；叶柄长 1 ~ 2cm，通常无毛。花期 4 月，果熟期 7 ~ 8 月。

图 1-21　李树

2. 生长习性

李对气候的适应性强，对土壤只要土层较深，有一定的肥力，不论何种土质都可以栽种。对空气和土壤湿度要求较高，极不耐积水，果园排水不良，常致使烂根，生长不良或易发生各种病害。宜选择土质疏松、土壤透气和排水良好，土层深和地下水位较低的地方建园。

3. 分布

李产于我国辽宁、吉林、陕西、甘肃、四川、云南、贵州、湖南、湖北、江苏、浙江、江西、福建、广东、广西和台湾地区等地。生于山坡灌丛中、山谷疏林中或水边、沟底、路旁等处，海拔 400 ~ 2600m。中国各省及世界各地均有栽培。

4. 园林应用

李是良好的观叶园林植物，尤以变形紫叶李和黑叶李在园林绿化中多被选用。

5. 病虫害防治

（1）炭疽病

危害叶部，早春发芽前喷 5 波美度的石硫合剂，或喷 1∶1∶100 的波尔多液。

（2）流胶病

危害干、枝树皮，夏、秋季对已感病的树用800倍代森铵或甲基托布津喷洒，并刮除病部。

（3）蚜虫

危害新梢，可用烟叶浸出液，连续喷洒 2 ~ 3 次，每隔 7 ~ 10 天喷洒一次。

（4）红蜘蛛

防治红蜘蛛，均匀喷洒阿维螺螨酯 1200 倍液。

1.7.4 紫叶李［*Prunus cerasifera* f. *atropurpurea*（Jacq.）Rehd.］蔷薇科李属（图 1-22）

1. 形态特征

紫叶李是落叶亚乔木，树皮紫灰色，小枝淡红褐色，整树干杆光滑无毛。单叶互生，叶卵圆形或长圆状披针形，先端短尖，基部楔形，缘具尖细锯齿，羽状脉 5 ~ 8 对，两面无毛或背面脉腋有毛，色暗绿或紫红，叶柄光滑多无腺体。

紫叶李树花单生或 2 朵簇生，白色，核果扁球形，腹缝线上微见沟纹，无梗洼，熟时黄、红或紫色，光亮或微被白粉，花叶同放，花期 3 ~ 4 月，果常早落。

图 1-22 紫叶李

2. 生长习性

紫叶李喜温暖、湿润气候。对土壤要求不严，喜肥沃、湿润的中性或酸性土壤，稍耐碱。根系较浅，生长旺盛，萌枝性强。喜年降水量 600 ~ 1000mm 的暖温带至中亚热带气候，在中国长江中下游一带生长最好。抗寒性较强，大苗可耐 –25℃的短期低温，但在湿热气候条件下，往往生长不良。较喜光，幼年稍耐庇荫。大树要求充足的上方光照，否则生长不良或枯萎。对土壤要求不严，酸性土、微碱性土均能适应，深厚肥沃疏松的土壤最适宜其生长，亦可适应黏重的黄土和瘠薄干旱地。耐干旱，不耐水湿。浅根性，抗风力差。对二氧化硫抗性较弱，空气中的高浓度二氧化硫往往会造成植株死亡，尤其是 4 ~ 5 月间发新叶时更易造成伤害。

3. 分布

紫叶李原产中亚及中国新疆天山一带，现栽培分布于北京以及山西、陕西、河南、江苏、山东、浙江、上海等省市。

4. 园林应用

紫叶李在园林中的用途非常广泛重要，主要在园林中用作行道树和景观绿化。紫红色的叶子鲜艳美丽，有时候比花朵都要艳丽，所以具有很高的观赏价值。

5. 修剪

紫叶李最佳的树形是“疏散分层形”。在对各层主枝进行修剪的时候，应适当保留一些侧枝，起到使树冠充实，却又不空洞的效果。在树形基本形成后，每年只需要适当修剪，比如剪除过密、下垂、重叠和枯死枝。

6. 病虫害防治

（1）黄刺蛾

幼虫危害紫叶李、月季、海棠、苹果、梨、桃、李、杏、茶、桑、柳等。被孵幼虫在寄主叶背群集啃食叶肉，形成白色圆形半透明小斑，几日后小斑连成大斑，大龄幼虫将叶食成缺刻，严重时将叶片吃光。毒毛刺入痛痒，极扰民。

预防控制措施：

1）夏季和冬春季结合修剪等田间生产作业，剪除虫茧或掰掉虫茧。

2）在低龄幼虫群集危害时剪除虫叶，杀死幼虫。

3）在幼虫低龄期喷洒 20% 敌灭灵悬浮剂、20% 灭幼脲 3 号悬浮剂或于整个幼虫期喷洒 Bt 乳剂、青虫菌等。

4）必要时在幼虫期喷洒灭杀剂，辛硫磷、杀螟松等杀虫剂。

5）注意保护利用广肩小蜂、姬蜂、螳螂等天敌。

（2）白粉病

危害紫叶李、李等的叶片。受害株的叶面上生白粉状霉层。

预防控制措施：

1）搞好园地卫生，秋后清扫落叶，集中深埋。

2）发病初期喷洒 77% 可杀得可湿性粉剂，0.3 波美度石硫合剂或 25% 粉锈宁可湿性粉剂等。

1.7.5　红花碧桃（*Amygdalus persica 'Rubro-plena'*）蔷薇科 桃属（图 1-23）

1. 形态特征

红花碧桃为亚乔木，有主干，分枝点较低，冠形开展。树皮棕褐色，略有光泽；单叶互生，条状披针形，具细齿，先端尖锐，长 8 ~ 12cm，基部宽约 2 ~ 3cm；花期 4 ~ 5 月，花白色和粉红色，果熟期 7 ~ 8 月，熟后橙褐色，自然脱落。

2. 生长习性

红花碧桃阳性喜光，耐寒耐旱，苗期不耐水涝，有短期冻稍发生后会在当年被邻近侧枝替代，不影响主干形成，树体萌蘖力极强，尤其是苗期，根部易形成萌条，若根部受损则萌条更新。红花碧桃生长发育有 3 个突出特点：即耐旱不耐涝，耐干不耐洼，多萌枝耐修剪。

图 1-23 红花碧桃

3. 分布

红花碧桃原产中国，分布在西北、华北、华东、西南等地。在我国至少有 3000 年以上的栽培历史。汉代时传到波斯、印度，继而传至欧洲，最后又传到日本。现世界各国均已引种栽培。

4. 园林应用

红花碧桃开花芳菲烂漫，宜植在石旁、河畔、墙际、庭园内和草坪边缘栽植。与垂柳间植在水滨，春天时桃红柳绿，独具风采。

5. 栽培管理

红花碧桃为阳性喜光树种，作永久性配置定植须选择向阳、不易积水的地段，若选低洼地，必须客土填培，以保证良好的生长环境。作丛式配置时，如地段属多见光地段，则无需考虑其他植物的配置密度，因红花碧桃自身的生长优势即可保证其生长发育正常进行。

6. 病虫害防治

（1）细菌性穿孔病（图 1-24）

1）加强综合管理，增强树势，提高抗病能力。

在地下水位高或低洼地，土壤黏重和雨水较多时，要筑台田，改土排水。同时要合理整形修剪，改善通风透光条件。冬夏修剪时，及时剪除病枝，清扫枯枝落叶，集中烧毁或深埋。

2）药剂防治

展叶后至发病前喷布 10% 农用链霉素可湿性粉剂 500 ~ 1000 倍液，或 20% 的噻枯唑可湿性粉剂 800 倍液。

图 1-24　细菌性穿孔病　　　　图 1-25　红花碧桃流胶病

（2）红花碧桃流胶病（图 1-25）

1）加强土、肥、水管理，改善土壤理化性质，提高土壤肥力，增强树体抵抗能力。

2）剪锯口、病斑刮除后涂抹保护剂，如 843 康复剂、伤口涂补剂等。

3）落叶后树干、大枝涂白，防止日灼、冻害，兼杀菌治虫。涂白剂为大豆汁∶食盐∶生石灰∶水 =1∶5∶25∶70。先把优质生石灰用水化开，再加入大豆汁和食盐，搅拌成糊状即可。病情严重者，还可再加入废机油 0.2kg，石硫合剂原液 2kg。也可以在发芽期把流胶处老翘皮刮去，用 1% 硫酸铜消毒伤口，或用 3 ~ 4 波美度石硫合剂与猪油熬制成糊状涂上，注意不要刮及内皮，以免烧坏树干。

4）芽膨大前期喷 5 波美度石硫合剂，铲除越冬病菌。花芽露红期喷 1∶1∶100 倍波尔多液，兼治其他病害。

5）高温多湿地区，在防治蚜虫、红蜘蛛时，加入代森锰锌、三唑酮（粉锈宁）等杀菌剂。

6）人工摘除流胶块，用刀片切割流胶位置树皮至木质部，将患处切割成网格状，用 30 倍甲基硫菌灵液对伤口涂抹。

（3）红花碧桃炭疽病（图 1-26）

图 1-26　红花碧桃炭疽病

萌芽前喷 3 ~ 5 波美度石硫合剂，铲除病原。花前喷布 70% 甲基托布津可湿性粉剂 800 ~ 1000 倍液，或 50% 多菌灵可湿性粉剂 600 ~ 800 倍液，或 50% 菌丹可湿性粉剂 400 ~ 500 倍液，每隔 10 ~ 15 天喷洒 1 次，连喷 3 次。药剂最好交替使用。

（4）桃瘤蚜

1）桃芽萌动后，95% 机油乳剂 100 ~ 150 倍液，兼治蚧壳虫、红蜘蛛。

2）桃树落花后，蚜虫集中在新叶上危害时，及时细致地喷洒 10% 吡虫啉可湿性粉剂 3000 ~ 4000 倍液，或 10% 浏阳霉素乳剂 1500 ~ 2500 倍液，或 EB-82 灭蚜菌 200 倍液。

3）秋季桃蚜迁飞回桃树时，用 20% 氰戊菊酯乳油 3000 倍液或 2.5% 溴氰菊酯乳剂 3000 倍液。秋季迁飞时用塑料黄盘涂粘胶诱集。

4）蚜虫的天敌有瓢虫、食蚜蝇、草蛉、寄生蜂等，对蚜虫发生有很强的抑制作用。因此要保护天敌，尽量少喷广谱性农药。

1.7.6 山杏［*Armeniaca sibirica*（L.）Lam］蔷薇科 杏属（图 1-27）

1. 形态特征

灌木或亚乔木，树皮暗灰色；小枝无毛，灰褐色或淡红褐色。叶片卵形或近圆形，先端长渐尖至尾尖，基部圆形至近心形，叶缘有细钝锯齿，两面无毛。花单生，先于叶开放；花萼紫红色；萼片长圆状椭圆形，先端尖，花后反折；花瓣近圆形或倒卵形，白色或粉红色。花期 3 ~ 4 月，果期 6 ~ 7 月。

图 1-27　山杏

2. 生长习性

山杏适应性强，喜光，根系发达，深入地下，具有耐寒、耐旱、耐瘠薄的特点。在 –40℃ ~ –30℃的低温下能安全越冬生长，在 7 ~ 8 月干旱季节，当土壤含水率仅达 3% ~ 5% 时，山杏却叶色浓绿，生长正常。在深厚的黄土或冲积土上生长良好，在低温和盐渍化土壤上生长不良。定植 4 ~ 5 年开始结果，10 ~ 15 年进入盛果期，寿命较长。花期遇霜冻或阴雨易减产，产量不稳定。常生于干燥向阳山坡上、丘陵草原或与落叶乔灌木混生。

3. 分布

山杏产于中国黑龙江、吉林、辽宁、内蒙古、甘肃、河北、山西等地。蒙古东部和东南部、俄罗斯远东和西伯利亚也有分布。

4. 病虫害防治

（1）杏星毛虫（图 1-28）

可在早春和夏季新幼虫孵化期间，用 90% 敌百虫 0.5kg，兑水 750 ~ 1000kg 喷雾；花谢后，摘除包叶消灭幼虫；早春刮树皮，集中烧毁，消灭结茧越冬幼虫。

图 1-28　杏星毛虫

图 1-29　球坚蚧壳虫

（2）球坚蚧壳虫（图 1-29）

发现害虫后，对于球坚蚧壳虫，在开花前，若虫开始活动，喷 3 ~ 5 波美度石硫合剂，结合修枝，剪去有虫树枝烧毁。可配制狂杀介 1500 倍液均匀喷洒。

1.7.7　油松（*Pinus tabuliformis* Carriere）松科　松属（图 1-30）

1. 形态特征

油松为常绿乔木，青壮龄树冠塔形，老龄树冠常为平顶形或伞形。树干挺拔，树皮

图 1-30　油松

灰褐色，鳞片状开裂，裂缝红褐色，小枝粗壮，浅灰色。针叶2针1束，粗硬，叶长5～7cm，叶色深绿。球果卵形或卵圆形，长4～9cm，鳞背隆起，熟时枯褐色。花期5月，球果第二年10月上、中旬成熟。

2. 分布

油松是中国特有树种，产吉林南部、辽宁、河北、河南、山东、山西、内蒙古、陕西、甘肃、宁夏、青海及四川等省。

3. 生长习性

油松是强阳性树种，耐寒，耐干旱，喜光，生长速度中等，寿命超长，可达千年。

4. 园林应用

油松树姿苍劲、态美古雅、四季苍翠，是园林绿化中的优良观赏树种，也是具有传统种植文化的园景树种，可孤植或散植于草地上、路边、向阳坡地，作园景观赏树种，应用于公园、居住区、校园、街道、广场、机关单位等众多项景观项目中。

5. 养护管理

（1）油松栽上后，在10天内浇3次水，以后可松土、保墒，根据天气及土壤干湿度情况而选择浇水，不旱不浇。8月施硫酸亚铁1次，采用穴施，单株用量15～20g。松土锄草，可20天进行1次，除草深度5～6cm，要求土松无泥土块，草除净、拾净尤其草根必须除净。

（2）油松整形和换头

1）油松整形

油松塔状的树形属性一般来说适当保证中心领导干的顶端优势较低为合适，对于塑造工艺型枝还要采取拉枝、摘心等技术实施。同时疏去过密的枝条；回缩过长的枝；补充偏冠的缺枝。

2）油松换头

油松在生长过程中，因一些外部因素（机械损伤、人为损坏等）头会损坏或处于弱势，需选一强健的侧技拉上、捆好，以后成为中心优势，这个过程就是换头。

（3）肥水管理

油松在移植成活后的一年中，在生长季节平均每2个月浇水1次，具体根据土壤、天气等实际情况而定。施肥时，高3.5m以下的植株采取穴施肥，一年施肥2～3次，以早春土壤解冻后、春梢旺长期和秋梢生长期供肥较好。对于高3.5m以上植株在成活后1～3年内可采取以上施肥方式，之后以叶面追肥较合适，施肥工具可用机动喷雾器，在生长季每月喷施1次即可。

6. 病虫害防治

对油松病虫害防治应遵循“发现及时、积极防治、治小治了、综合防治”的原则，在生长季发现病虫害后，要及时组织用药防治。冬季树干要涂白或喷石硫合剂，消灭树干虫卵及蛹。

（1）油松松针锈病（图 1-31）

图 1-31 油松松针锈病

1）发生规律

以菌丝在油松针叶中越冬，主要危害油松针叶，引起针叶枯黄早落，使新梢生长缓慢或死亡。在树冠下部发病较重。

2）防治时间

8 月中下旬油松发病季节。

3）化学防治

喷洒 1 : 800 百菌清、1 : 800 代森锰锌或 15% 粉锈宁 1000 倍液，隔半月 1 次，共喷 2 ~ 3 次。

4）生物防治

避免营造油松和黄波罗的混交林。

（2）油松落针病

1）发病原因

根系呼吸不畅，土壤湿度较大。

2）防治时间

4 ~ 6 月子囊孢子散发高峰之前。

3）化学防治

首先采取根部松土，松土深度不低于 8 ~ 10cm，以不伤根为宜，然后喷洒 1 ： 800 的百菌清或 50% 退菌特 500 ~ 800 倍液、70% 敌克松 500 ~ 800 倍液、代森猛锌 800 倍液、45% 代森铵 200 ~ 300 倍液等。

4）生物防治

① 加强营林措施，多营造混交林，避免纯林。

② 加强幼林管理，及时清除生长重病枝条。

5）发生规律

病原为散斑壳菌，通常侵害二年生针叶。病菌多以菌丝体或子囊盘在落地或树上针叶上越冬。

1.7.8 华山松（*Pinus armandii* Franch.）松科 松属（图 1-32）

1. 形态特征

华山松为常绿高大乔木，树冠呈圆锥形。树干端直挺拔，树皮光滑呈灰绿色，大枝粗壮斜向上生长，小枝呈绿色或灰绿色。叶针形，细长柔软，长 8 ~ 15cm，5 针 1 束，叶色灰绿。雌雄同株，球果呈圆锥形，长 10 ~ 20cm，熟前绿色，熟后黄褐色。花期 4 ~ 5 月，球果第二年 9 ~ 10 月成熟。

图 1-32 华山松

2. 分布

华山松产于我国中部及西南地区。现主要分布在我国西南、中部、西北、华北、东北南部地区。

3. 生长习性

华山松为阳性树，但幼苗略喜一定庇荫。喜温和凉爽、湿润气候，耐寒力强，不耐炎热，喜排水良好，能适应多种土壤。

4. 园林应用

华山松树姿端正优美，枝叶茂密，是优秀的园景观赏树种，宜孤植或自由组合栽植于视线开阔处，应用于街道、公园、居民区、广场、校园等诸多景观项目中。

5. 养护管理

（1）除草

本着除早、除小、除了的原则，做到树下水圈内无杂草，除草同时进行松土。

（2）浇水

遵循见干见湿原则，根据实际土壤墒情情况浇水，浇要浇透，宜早、晚进行。在移植成活后的一年中，在生长季节平均每2个月浇水1次，而后每年浇水不低于4次。

（3）施肥

高3.5m以下的植株采取穴施肥，一年施肥2～3次，以早春土壤解冻后、春梢旺长期和秋梢生长期供肥较好。对于高3.5m以上植株在成活后1～3年内可采取以上施肥方式，之后以叶面追肥较合适，施肥工具可用机动喷雾器，在生长季每月喷施1次即可。

6. 病虫害防治

（1）主要病害

华山松的常见病害有松瘤病、叶枯病等。

防治立枯病可用百菌灵或代森猛锌1000倍液喷施。

（2）主要病虫害

虫害主要有华山松大小蠹、松叶蜂、油松毛虫、松梢螟、蚜虫等。

1）蚜虫（图1-33）

常引起枝叶变色，叶卷曲皱缩或形成虫瘿，影响林木生长。同时因蚜虫大量分泌蜜露、玷污叶面，不但影响正常的光合作用，还会诱发煤污病的发生。可用5%川保3号粉剂、溴氰菊酯1500～2000倍液或杀虫优油剂1号150～500倍超低量喷雾防治。

2）华山松大小蠹（图1-34）、油松毛虫

可用50%敌杀死乳油1000～1500倍液喷杀。

图1-33 华山松蚜虫

图1-34 华山松大小蠹

3）松梢螟（图1-35）

可用25%乙酰甲胺磷乳油或敌杀死1500倍液喷杀。

4）松叶蜂（图1-36）

可用溴氰菊酯1500～2000倍液喷杀防治。

图 1-35 松梢螟

图 1-36 松叶蜂

1.7.9 樟子松（*Pinus sylvestris* var. *mongolica* Litv.）松科 松属（图 1-37）

1. 形态特征

樟子松为常绿高大乔木，幼树树冠尖塔形，老龄树冠呈平顶形。大树树干皮厚，树干下部为灰褐色或深褐色，深纵列，树干上部树皮呈黄褐色或麻黄色，树皮裂成薄片状脱落，内皮金黄色。叶线形，黄绿色，有光泽；针叶 2 针 1 束，长 4 ~ 9cm，针叶常扭曲。球果卵圆形或长卵圆形，长 3 ~ 6cm。果鳞盾肥厚，成熟前呈深绿色，果熟后呈黄褐色或熟褐色。花期 5 ~ 6 月，球果第二年 9 ~ 10 月成熟。

图 1-37 樟子松

2. 分布

樟子松原产我国东北大兴安岭，是当地主要的森林树种。辽宁、吉林、黑龙江、内蒙古、新疆、青海、甘肃、陕西、河北、北京等地区均有分布。蒙古国也产。

3. 生长习性

樟子松为强阳性树种，耐寒、喜光、抗风沙、生长速度快。

4. 园林应用

（1）园景观赏树

可孤植或丛植于草坪开阔处，山谷坡地作园景观赏树种。

（2）搭配造景

在景观设计中，樟子松是良好的组合造景树种，宜与色叶乔木及花灌木混植，作背景树种，树形高大，端庄茂密，搭配效果良好。

（3）风景林树种

可作为山地旅游景区造景树种。

（4）防护林树种

樟子松树形高大、抗风能力较强，是东北及华北地区重要的防护林树种，防风固沙，保持水土。

（5）山地造林树种

樟子松生长迅速，是东北、河北以及内蒙古地区重要的造林树种以及经济林树种。

5. 养护管理

为改善土壤通气状况，减少水分和养分的消耗，减少病虫源，保证绿地清洁美观，每年应松土除草两三次。在夏季，中耕可结合除草进行。合理施肥为增强树势，提高其抗性和观赏性，必须每年在生长期追肥一两次。追肥可结合降水进行，否则应在追肥后及时灌水，提高肥效。水分控制在生长季节，主要以抗旱灌水为主。同时，由于樟子松不耐水湿，故在强度降雨或持续降雨后，应注意地势低洼处积水的及时处理。整形修剪樟子松为不宜修剪整形类，故多采用自然式整形修剪，即按照其自然生长特性，仅对树冠的形状作辅助性的调整和促进，对冠内的过密枝、下垂枝、受伤枝、枯腐枝、衰弱枝进行修剪，从而保证树体通风透光状况良好。

6. 病虫害防治

（1）松梢螟

樟子松少数时会有此虫，发现后防治方法同华山松松梢螟。

（2）松纵坑切梢小蠹虫（图 1-38、图 1-39）

樟子松、油松等皆受其害。主要危害松梢和健康树干基部。

图 1-38　松纵坑切梢小蠹虫危害状

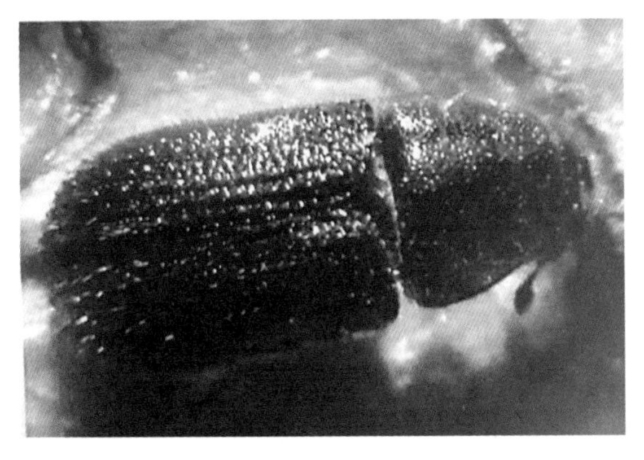

图 1-39　松纵坑切梢小蠹虫

1）农业防治

加强林区管理。及时清除虫害木、被压木、倒伏木，注意保持绿地卫生。绿地设置饵木，于4月底以前放在樟子松树林中空地，6月下旬至7月上旬在新的成虫飞出之前进行剥皮处理。

2）药剂防治

必要时用20%菊马乳油500倍、20%速灭杀丁乳油喷干防治；对于在土层或根际越冬的成虫，可在该虫飞出之前喷洒20%杀螟松或敌百虫1500倍液、氧化乐果1000～1500倍液。

1.7.10 云杉（*Picea asperata* Mast.）松科 杉属（图1-40）

1.形态特征

云杉为常绿高大乔木，树冠青壮年时尖塔状，老龄树呈不规则形。树干通直，树皮灰色或灰褐色，有裂纹，小枝浅黄褐色，常有短毛，有少许白粉。叶呈条形，长1～2cm，先端尖，横断面为四棱状形，叶色灰绿，紧密排列生于枝条上。球果圆柱形，长5～10cm，球果下垂，成熟前呈绿色，熟后呈黄褐色或熟褐色。花期4～5月，球果9～10月成熟。

图1-40 云杉

2.分布

云杉产于中国西部甘肃、陕西以及四川等地。分布较广，华北、西北、西南以及东北部分地区均有种植。

3.生长习性

云杉喜凉爽湿润气候，喜光，耐阴，耐干冷，喜排水良好区域。

4.园林应用

（1）山地风景林树种

云杉树形高大挺拔、枝叶繁茂、群植效果良好，宜应用于风景旅游景区、山地公园的景观绿化中。

（2）陵园绿化树种

云杉宜列植或树阵形式植于公园中，特别是应用于纪念公园或陵园中，庄严肃穆，增加场所气氛。

（3）搭配造景

在景观设计中，与其他树种组合造景，因其树形高大、四季常青，端庄茂密，搭配效果良好，宜作背景林树种。

（4）山地造林树种

云杉材质优良，是西北、华北、西南重要的山地造林树种。

5. 养护管理

（1）浇水

树体地上部分（特别是叶面）因蒸腾作用而易失水，必须及时喷水保湿。喷水要求细而均匀，喷及地上各个部位和周围空间，为树体提供湿润的小气候环境。可采用高压水枪喷雾，或将供水管安装在树冠上方，根据树冠大小安装 1 个或若干个细孔喷头进行喷雾，效果较好，但较费工、费料。后加强喷水、遮荫、防病治虫等养护工作，保证嫩芽与嫩梢的正常生长。

（2）土壤通气

保持土壤良好的透气性有利于根系萌发。为此，一方面要做好中耕松土工作，以防土壤板结；另一方面经常检查土壤通气设施。发现通气设施堵塞或积水的，及时清除，以经常保持良好的通气性能。

（3）施肥

施肥有利于恢复树势，大树移植初期，根系吸肥力低，宜采用根外追肥，半个月施 1 次。用尿素、硫酸铵、磷酸二氢钾等速效性肥料配制成浓度为 0.5% ~ 1% 的肥液，选早晚或阴天进行叶面喷洒，遇降雨应重喷 1 次。根系萌发后，可进行土壤施肥，要求薄肥勤施，慎防伤根。

（4）防冻

新植云杉大树的枝梢、根系萌发迟，年生长周期短，积累的养分少，因而组织不充实，易受低温危害，应做好防冻保温工作。入秋后，要控制氮肥，增施磷、钾肥，并逐步延长光照时间，提高光照强度，以提高树体的木质化程度，提高自身抗寒能力。在入冬寒潮来临之前，做好树体保温工作，可采取覆土、地面覆盖、设立风障等方法加以保护。

6. 病虫害防治

应坚持以防为主，根据树种特性和病虫害发生发展规律，勤检查，做好防范工作。一旦发生病情，对症下药，及时防治。

（1）主要虫害

1）松皮天牛（图 1-41）

危害多种松类植物。幼虫蛀食木质部，成虫咬食叶片，造成植株枯死，还传播松林线虫病，造成线虫萎蔫病的发生，大量植株死亡。

防治方法：

① 在成虫羽化 1 周内，羽化盛期 1 周内，羽化后期，三段时间内各喷施 1 次 50% 杀螟松 200 倍液。喷药要周到全面，不留空白。

② 幼虫孵化时，喷施 25% 国科 3 号 200 倍液或 40% 氧化乐果 1000 倍液。

③ 幼虫蛀入枝干后，应用磷化锌毒扦插入孔中，杀死幼虫。

图 1-41　松皮天牛

图 1-42　松毒蛾

2）松毒蛾（图 1-42）

松毒蛾又名松茸毒蛾，危害多种松类植物。幼虫食叶，从叶片中部取食，造成叶片断裂，严重时，把叶片食光。可用灯光诱杀成虫。幼虫孵化盛期，喷施 3 号灭幼脲 2000 倍液或敌杀死 1500 倍液。

3）云杉蚜虫

可用人工捕捉，药物防治可用乐果 1000 倍液喷洒。

（2）主要病害

1）根腐病

植株没有精神，针叶发黄或针叶突然变为蓝绿，针叶变长，不久针叶细软向四周倾倒，呈灰黑色，有的叶束基部出现少量共同色，以后开始脱针落叶。根腐病防治需进行“控水”处理，并进行根际松土。

2）叶枯病

植株开始时针叶尖端和中部发生一段一段褪色黄斑，以后黄斑颜色转深，并在深褐色斑上长出许多黑色霉点，在气温 25℃左右，多雨，阴湿天气易发。防治方法为发病期喷施波尔多液（即用 500g 硫酸铜及 500g 石灰加 50kg 水配制而成）。

3）茎枯病

用 65% 代森锌可湿粉剂 600 倍液喷洒。

1.7.11 冷杉［*Abies fabri*（Mast.）Craib］松科 冷杉属（图 1-43）

1. 形态特征

冷杉为常绿高大乔木，树冠在青壮年时呈圆锥形，老龄树则呈现广卵形。树干通直挺拔，树皮呈灰褐色或深褐色，表面呈不规则鳞状开裂；小枝灰色，无毛，富有光泽。叶线形，深绿色，有光泽；叶端尖，叶长 2 ~ 4cm，宽 1.5 ~ 2cm，紧密列生于枝条上，枝条下部的叶向上生长。球果柱形，长 6 ~ 12 cm，球果包鳞不外露，果鳞扇形状，成熟前呈深绿色，果熟后呈黄褐色或熟褐色。花期 5 月，球果 10 月成熟。

图 1-43 冷杉

2. 分布

冷杉产于中国东部，是长白山的主要构成树种之一。辽宁、吉林、黑龙江、内蒙古、河北、北京等地区有分布，在俄罗斯和朝鲜半岛也有分布。

3. 生长习性

冷杉喜阴凉湿润气候，阴性树种，耐寒，不耐修剪，抗烟尘能力较差，在肥沃湿润的阴坡栽种，尽力保持不修剪状态，以免影响生长。

4. 园林应用

1）观赏树

根据冷杉喜阴的生长习性，可将其列植于建筑物的阴面区域或者丛植于山地的阴坡，树形高大，端庄秀丽，是良好的山地绿化造林树种和阴性观赏树种。

2）陵园树种

冷杉树形端庄挺拔，宜列植或以树阵形式植于公园中，特别是应用于纪念公园或陵园中，庄严肃穆，增加场所气氛。

3）园景观赏树

冷杉宜栽植在草坪开阔处或自然坡地阴面上，自由丛植，树形优美，枝叶茂密，是园林绿化中优良的观赏树种。

4）搭配造景

在景观设计中，冷杉是优秀的组合造景树种，宜与色叶乔木及花灌木混植，作背景树种，树形高大、端庄茂密，搭配效果良好。

5）山地造林树种

冷杉是东北、河北以及内蒙古东部地区重要的山地造林树种。

5. 病虫害防治

同云杉。

1.7.12 元宝槭（*Acer truncatum* Bunge）槭树科 槭属（图 1-44）

1. 形态特征

落叶乔木，高 8 ~ 10m。树皮灰褐色或深褐色，深纵裂。小枝无毛，当年生枝绿色，多年生枝灰褐色，具圆形皮孔。冬芽小，卵圆形；鳞片锐尖，外侧微被短柔毛。叶纸质，长 5 ~ 10cm，宽 8 ~ 12cm，常 5 裂，稀 7 裂，基部截形稀近于心脏形；裂片三角卵形或披针形，先端锐尖或尾状锐尖，边缘全缘。花期 4 月，果期 8 月。

图 1-44 元宝槭

2. 分布

元宝槭分布于中国吉林、辽宁、内蒙古、河北、山西、山东、江苏北部（徐州以北地区）、河南、陕西及甘肃等省区。

3. 生长习性

落叶乔木，幼苗幼树耐阴性较强，大树耐侧方遮荫，根系发达，抗风力较强，喜深厚肥沃土壤，在酸性、中性、钙质土上均能生长。对二氧化硫、氟化氢的抗性较强，具有较强的吸附粉尘能力。能抗 -25℃左右的低温，耐旱，忌水涝。生长较慢。

4. 园林应用

元宝槭在辽宁东部山区分布甚广，其树形优美，枝叶浓密，入秋后，颜色渐变红，红绿相映，甚为美观，是优良的园林绿化树种。

5. 病虫害防治

主要病害为白粉病，虫害为光肩星天牛。

（1）白粉病

1）叶片症状

幼芽、新梢、嫩叶、均可受害。受害芽干瘪尖瘦；病梢节间缩短，发出的叶片细长，质脆而硬；受害嫩叶背面及正面布满白粉。

2）发生规律

病菌以菌丝冬芽的鳞片间或鳞片内越冬。春季冬芽萌发时，越冬菌丝产生分生孢子经气流传播侵染。5 ~ 9 月为病害发生期。其中 5 ~ 6 月气温较低，枝梢组织幼嫩，为白粉病发生盛期。7 ~ 8 月发病缓慢或停滞，待秋梢出现产生幼嫩组织时，又开始第二次发病高峰。春季温暖干旱，有利于病害流行。

3）防治方法

① 减少菌源。结合冬季修剪，剔除病枝、病芽；早春及进摘除病芽、病梢。

② 加强管理。施足底肥，控施氮肥，增施磷、钾肥，增强树势，提高抗病力。

③ 建议用 20% 国光三唑酮乳油 1500 ~ 2000 倍或用 43% 戊唑醇悬浮剂 3000 倍液，连续交替喷施 2 ~ 3 次即可防治白粉病。

（2）光肩星天牛（图 1-45、图 1-46）

光肩星天牛，属鞘翅目，天牛科。别名光肩天牛。

图 1-45 光肩星天牛幼虫

图 1-46 光肩星天牛成虫

1）危害特点

光肩星天牛幼虫蛀食树干危害，被害树干上留有许多小孔，并且有树液流出，3 龄以后蛀入木质部内，蛀成近“S”形或“U”形的坑道，易造成风折。成虫羽化后，啃食叶柄、叶片吸收营养，严重时，导致树体枯死，被害处易感染病害。

2）防治方法

① 人工防治：捕捉成虫，根据光肩星天牛成虫比较迟钝，在雌成虫产卵前（即 6 ~ 8 月），

组织动员当地群众捕捉成虫。

② 人工砸卵：在 6 ~ 8 月，要经常检查树干上有无产卵核槽及木屑或虫粪，发现后，用小刀剥除或把卵砸破，刮皮的地方要涂上浓的石灰硫磺合剂，以防病菌侵入。

③ 集中连段危害的林木，采用地面常量或超低量喷洒绿色威雷 150 ~ 250 倍液、40% 氧化乐果乳剂 300 ~ 500 倍液杀灭光肩星天牛成虫。主要部位为树干和大侧枝，以微湿为宜。

④ 喷雾防治困难的林木，在成虫羽化高峰期前 1 周左右（约 7 月初），可采用树干打孔注射 40% 氧化乐果原液、20% 康福多等药剂防治成虫。方法是在树干离地面 30cm 处，沿主干各方位均匀打深达木质部的下斜孔，用药量一般 0.3 ~ 0.9ml/cm。

⑤ 插毒签并堵孔：适宜零星发生部位较低的被害树。先用钢丝将虫道内木屑、虫粪挖出来，再把磷化锌毒签插到虫道深处，然后用泥土封口。也可采用磷化铝片堵孔，将磷化铝片 1/6 片塞入虫孔内，以毒杀幼虫。

⑥ 塞虫孔：用钢丝将蘸有 2.5% 溴氰菊酯乳油 10 倍液和 77.5% 敌敌畏乳油 10 倍混合药棉塞入新排粪的虫孔，用药泥（药液混合黏泥）堵住，杀死幼虫。用 50% 杀螟松乳油 150 倍液喷树干。用 50% 杀螟腈乳油 50 倍液和 77.5% 敌敌畏乳油 10 倍液混合用针头注射到排粪孔里，用药泥封孔，杀死幼虫。

⑦ 清理虫害木：对危害严重、无防治价值的衰弱木及时清理，减少虫源。

1.7.13 红花槭（*Acer rubrum* L.）槭树科 槭属（图 1-47）

1. 形态特征

红花槭是落叶大乔木，冠幅达 10 余米，树形直立向上，树冠呈椭圆形或圆形，开张优美。单叶对生，叶片 3 ~ 5 裂，手掌状，叶长 10cm，叶表面亮绿色，叶背泛白，新生叶正面呈微红色，之后变成绿色，直至深绿色，叶背面是灰绿色，部分有白色绒毛 。

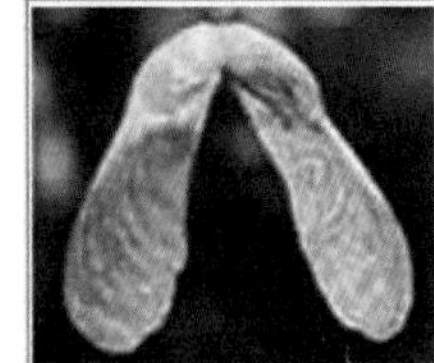

图 1-47 红花槭（图片引自百度百科）

2. 分布

红花槭分布于美国，从佛罗里达沿海到得克萨斯州、明尼苏达州、威斯康星州及加拿大大部分地区。在 2000 年前引入中国。主要分布在辽宁、山东、安徽一带，由于特殊的地理位置使红花槭在北方变色效果很好。

3. 生长习性

适应性较强，耐寒、耐旱、耐湿。酸性至中性的土壤使秋色叶颜色更艳。

4. 园林应用

红花槭是做行道树的理想彩色树之一，园林应用广泛。

5. 养护管理

在养护当中对本树种做到控水控肥，在沈阳地区生长过快，第二年春会出现树干破皮现象，影响观赏效果（图 1-48）。

图 1-48　红花槭树干破皮现象

6. 病虫害防治

（1）黑螨

防治方法：注重氮磷钾肥料的使用并结合修剪，使红花槭生长旺盛，抵抗病虫害。

1）早春树木发芽前用晶体石硫合剂 50 ~ 100 倍液喷树干，以消灭越冬卵。春秋两季喷雾防治两遍。

2）危害严重时，用三唑锡 1500 ~ 2000 倍液防治，阿维螺螨酯 1500 倍液等防治。

（2）光肩星天牛

主要在树的主干产卵，产卵时咬一倒 T 形口，产在树皮内部，卵为乳白色。幼虫取食木质部。每年 3 月开始活动，5 月中旬化蛹，6 ~ 7 月出现成虫。

防治措施：

1）加强树木的栽培管理，增加树木的抗性，注意修剪，及时剪去病残枝。

2）人工捕捉成虫和幼虫，利用成虫羽化后在树干间活动，人工捕捉成虫，在产卵处用锥形物击打产卵槽，是有效的防治手段。

3）药物防治，用聚酯类的药物防治，如溴氰菊酯1500倍液喷树干，或用此药800倍液注射天牛排泄孔防治天牛，具体方法同元宝槭天牛防治。

1.7.14 金叶复叶槭（*Acer negundo*‘*Aurea*’）槭树科 槭属（图1-49）

1. 形态特征

金叶复叶槭为落叶乔木，高10m左右，属速生树种。小枝光滑，奇数羽状复叶，叶较大，对生，小叶3～5，椭圆形，长3～5cm，叶春季金黄色。叶背平滑，缘有不整齐粗齿。先花后叶，花单性，无花瓣，两翅成锐角。喜光，喜冷凉气候，耐干旱、耐寒冷、耐轻度盐碱地，喜疏松肥沃土壤，耐烟尘，根萌蘖强。生长较快，在河南比一般品种速生杨的生长速度还要快。

图1-49 金叶复叶槭

2. 分布

金叶复叶槭原产北美洲。在我国辽宁、内蒙古、河北、山东、河南、陕西、甘肃、新疆，江苏、浙江、江西、湖北等省区的各主要城市都有栽培。在东北和华北各省市生长较好。

3. 生活习性

金叶复叶槭喜阳，耐寒，耐旱，适应能力强，生长能力强，以肥沃，水性良好的土壤为最佳。

4. 园林应用

金叶复叶槭在我国东北沈阳地区、江浙、华南地区均可种植，喜透气性良好的土壤，孤植群植均可。金叶复叶槭毛细根较发达，四季均可移植。成活率很高。

5. 病虫害防治

（1）美国白蛾（图 1-50）

1 年发生 2 代，以蛹结茧，在老树皮下、地面枯枝落叶和表土内越冬。次年 5 月开始羽化，两代成虫发生期分别在 5 月中旬至 6 月下旬，7 月下旬至 8 月中旬。幼虫发生期分别在 5 月下旬至 7 月下旬，8 月上旬至 11 月上旬。9 月初开始陆续化蛹越冬。成虫喜夜间活动和交尾，交尾后即产卵于叶背，卵单层排列成块状，一块卵有数百粒，多者可达千粒，卵期 15 天左右。幼虫孵出几个月后即吐丝结网，开始吐丝缀叶 1 ~ 3 片，随着幼虫生长，食量增加，更多的新叶被包进网幕内，网幕也随之增大，最后犹如一层白纱包缚整个树冠。幼虫共 7 龄，5 龄以后进入暴食期，把树叶蚕食一光后，转移危害。大龄幼虫可耐饥饿 15 天。幼虫蚕食叶片，只留叶脉，使树木生长不良，甚至全株死亡。

防治方法：

1）人工防治。在幼虫 3 龄前发现网幕后人工剪除网幕，并集中处理，掩埋，或烧毁。

2）利用美国白蛾性诱剂或环保型昆虫趋性诱杀器诱杀成虫。在成虫发生期，把诱芯放入诱捕器内，将诱捕器挂设在林间，直接诱杀雄成虫，阻断害虫交尾，降低繁殖率，达到消灭害虫的目的。

3）利用化学药剂喷药防治。在幼虫危害期做到早发现、早防治。分别在 5 月下旬和 8 月上旬幼虫始发期重点检查是否有幼虫危害，幼虫破网前很难发现，发现危害时多在见网初期，所以一旦发现虫网，就要对所辖区域检查一遍，立即防治，防治时用溴氰菊酯乳油 1500 倍液喷杀幼虫，可轮换用药，以延缓抗性的产生。白蛾在 9 月以后甚至在树木生长后期还会对树木叶片造成一定的危害。

图 1-50　美国白蛾及危害状

（2）光肩星天牛

防治主要控制住杂草，不要杂草丛生，这样会给天牛危害提供有利条件，具体防治同元宝槭。

（3）树干破皮现象

同红花槭。

1.7.15 圆柏（*Sabina chinensis* L.）柏科 圆柏属（图 1-51）

1. 形态特征

圆柏为常绿乔木，树冠幼时为锥状，大树则为尖塔形，枝向上直展，密生，幼树多为刺叶，大树多为鳞叶，叶色深绿。全为雄株。

图 1-51 圆柏

2. 生长习性

圆柏喜光，耐寒性强，忌水涝。萌芽力强，耐修剪，寿命长。深根性，侧根也很发达。阻尘和隔声效果良好。

3. 分布

圆柏分布范围在华北及长江下游海拔 500m 以下。圆柏分布甚广，产于内蒙古乌拉山、河北、山西、山东、江苏、浙江、福建、安徽、江西、河南、陕西南部、甘肃南部、四川、湖北西部、湖南、贵州、广东、广西北部及云南等地。

4. 园林应用

因其具有适应性强，护坡固沙，岸边防护，城区净化空气等用途，常植于坡地观赏及护坡，或作为常绿地被和基础种植，增加层次。圆柏匍匐有姿，是良好的地被树种。适应性强，宜护坡固沙，作水土保持及固沙造林用树种。

5. 养护管理

1）浇水时间

圆柏耐干旱，浇水不可偏湿，不干不浇，做到见干见湿。梅雨季节要注意不能积水，夏季高温时，要早晚浇水，保持土壤湿润即可，常喷叶面水，可使叶色翠绿。

2）施肥原则

圆柏不宜多施肥，以免徒长影响树形美观。每年春季 3 ~ 5 月施肥，稀薄腐熟的饼肥水或有机肥 2 ~ 3 次，秋季施 1 ~ 2 次，保持枝叶鲜绿浓密，生长健壮。

3）修剪技术

对徒长枝可进行打梢，剪去顶尖，促生侧枝，保持树冠浓密，姿态美观。

6. 主要虫害

（1）双条杉天牛（图 1-52）

1）危害情况

幼虫在韧皮部蛀成螺旋式或纵横交错的扁圆形不规则坑道。老熟幼虫蛀入木质部，导致圆柏长势衰弱、整株枯死。

2）防治方法

加强圆柏的养护管理，注意防治红蜘蛛、蚜虫等病虫害，以增强树势。适当修剪，增强通风透光，使树生长健壮。3 月中旬至 4 月中旬，成虫羽化、幼虫孵化期，可向圆柏喷 1 ~ 2 次氧化乐果乳油 1000 倍液，喷洒圆柏树干中下部，可有效地杀灭成虫、初龄幼虫。4 ~ 5 月，为防止成虫产卵，尽量不移栽大的圆柏树。圆柏的死枝、死树干内的虫子要集中烧掉。用注射器向圆柏树蛀孔注入 30 ~ 50 倍 80% 的敌杀死乳油，毒杀幼虫。注射前清除虫道内木屑虫粪，注射后用黏土密封虫道口。注意保护和利用益鸟和天敌，如肿腿蜂、柄腹茧蜂、红头茧蜂、白腹茧蜂等。

图 1-52 双条杉天牛

图 1-53 侧柏毒蛾

（2）侧柏毒蛾（图 1-53）

1）危害情况

为圆柏的主要食叶害虫，发生严重时能吃光全株树叶。

2）防治方法

于 6 月中旬和 7 月中、下旬幼虫孵化后，用 90% 的晶体敌百虫或 80% 的敌杀死 800 ~ 1000 倍液杀灭幼虫。5 月下旬和 9 月中旬在树叶、树皮缝处人工捉蛹。6 月上中旬和 9 月中下旬成虫羽化期利用黑光灯诱杀成虫，或用敌敌畏烟雾熏杀。

（3）蚜虫

1）危害情况

蚜虫的成虫和若虫主要刺吸圆柏嫩枝的汁液，严重时株干流黏液，招致黑霉病。

2）防治方法

发生期喷 40% 的乐果乳剂或 25% 的亚胺硫磷乳剂或 80% 的敌杀死乳油毒杀若虫、成虫。保护和利用食牙虻等害虫天敌。

7. 主要病害

圆柏梨锈病、圆柏苹果锈病等。圆柏梨锈病、圆柏苹果锈病以圆柏为越冬寄主。对圆柏本身虽伤害不太严重，但对梨、苹果、海棠等危害较大，注意防治，最好避免在苹果、梨园等附近种植。

（1）梨胶锈菌

寄主是柏科的圆柏，还有欧洲刺柏、翠柏、龙柏等，其中以圆柏，欧洲刺柏和龙柏最易感病。转主寄主是梨树、贴梗海棠、垂丝海棠、山楂等。

圆柏染病后，起初在针叶、叶腋或小枝上出现淡黄色斑点，后稍肿大。次年二三月间，渐次突破表皮露出单生或数个聚生的圆锥形角状物，红褐色至咖啡色，此即病菌的冬孢子角，同时该部位膨胀显著。冬孢子角遇雨吸水膨胀成舌状胶质块，橙黄色，干燥时收缩成胶块。

梨胶锈菌以多年生菌丝体在圆柏病部组织中越冬。病菌侵入圆柏后，10 ~ 12 月出现症状，呈黄色小斑。至第二年二三月间，症状才明显，冬孢子角突破寄主表皮而外露。3 月下旬以后冬孢子才逐渐成熟。气温在 5℃以上时，冬孢子角遇雨即胶化，冬孢子萌发黄粉状的担孢子。它不能危害圆柏，只能危害转主寄主如梨树等，而在转主寄主上形成的性孢子和锈孢子不能再危害梨树等，转而侵害圆柏的嫩叶或新梢，形成新的侵染循环。

（2）山田胶锈菌

它除危害圆柏、新疆圆柏、欧洲刺柏、希腊桧，矮桧、翠柏及龙柏外，转主寄主是苹果、沙果、海棠等。

圆柏染病后，在小枝一侧或周围形成直径 3 ~ 5cm 的瘿瘤。病部呈黄色，起初表面平坦，至春季，菌瘿中心隆起破裂，露出深褐色鸡冠状的冬孢子角。冬孢子角遇雨吸水膨大，呈胶质花瓣状。圆柏受害严重时，小枝枯死。

山田胶锈菌在圆柏上以菌丝体在菌瘿中越冬，翌春形成褐色的冬孢子角，遇雨或空气潮湿时膨大，萌发大量淡黄褐色的担孢子，随风传到转主寄主如苹果等树上，侵染叶片、叶柄、果实及新梢，形成性孢子和锈孢子。锈孢子成熟随风飘至圆柏上，侵害圆柏枝条。

（3）防治方法

加强栽培管理，剪除菌源。冬季剪除圆柏上的菌瘿和重病枝，集中烧毁。果树喷药打断转主循环。两种锈菌的传播范围一般在 2.5 ~ 5km，对于离圆柏近的苹果树和梨园，应在苹果树发芽后到幼果期，梨树萌芽期至展叶后 25 天内，即在担孢子传播、侵染的盛期喷药保护。可用石灰倍量式 160 ~ 200 倍波尔多液或 25% 的粉锈宁可湿性粉剂 1500 倍液喷一两次，均有较好防效。圆柏喷药 10 月中旬至 11 月底，喷施 0.3% 五氯酚钠以杀除传到圆柏上的锈孢子，如用 0.3% 五氯酚钠混合 1° Bé 石硫合剂则效果更好。3 月上中旬，在圆柏上喷施 3° ~ 5° 波美度石硫合剂一两次，或 25% 粉锈宁可湿性粉剂 1000 倍液，可有效抑制冬孢子萌发产生担孢子。

1.7.16　杜松（*Juniperus rigida* Sieb.et Zucc.）柏科 刺柏属（图 1-54）

1. 形态特征

杜松为常绿乔木，高 12m。树冠圆柱形，老时圆头形。大枝直立，小枝下垂。刺形叶条状、质坚硬、端尖，上面凹下成深槽，槽内有一条窄白粉带，背面有明显的纵脊。球果熟时呈淡褐黄色或蓝黑色，被白粉。种子近卵形顶端尖，有 4 条不显著的棱。花期 5 月，球果翌年 10 月成熟。

图 1-54　杜松

2. 生长习性

杜松为喜光树种，耐阴。喜冷凉气候，耐寒。对土壤的适应性强，喜石灰岩形成的栗钙土或黄土形成的灰钙土，可以在海边干燥的岩缝间或沙砾地生长。深根性树种，主根长，侧根发达。抗潮风能力强。是梨锈病的中间寄主。

3. 产地分布

杜松产于中国黑龙江、吉林、辽宁、内蒙古、河北北部、山西、陕西、甘肃及宁夏等省区的干燥山地；海拔自东北 500m 以下低山区至西北 2200m 高山地带。朝鲜、日本也有分布。

4. 园林应用

杜松枝叶浓密下垂，树姿优美，北方各地栽植为庭园树、风景树、行道树和海崖绿化树种。长春、哈尔滨栽植较多。适宜于公园、庭园、绿地、陵园墓地孤植、对植、丛植和列植，还可以栽植绿篱，盆栽或制作盆景，供室内装饰。

5. 病虫害防治

杜松是一种适应能力比较强的植物，所以杜松所遭受的病虫危害比较少。

1.7.17 垂柳（*Salix babylonica* L.）杨柳科 柳属（图 1–55）

1. 形态特征

垂柳为落叶乔木，树冠广圆形；树皮暗灰黑色，有裂沟；枝细长，直立或斜展，浅褐黄色或带绿色，后变褐色，无毛，幼枝有毛。芽微有短柔毛。叶披针形，长 5 ~ 10cm，宽 1 ~ 1.5cm，先端长渐尖，基部窄圆形或楔形，上面绿色，无毛，有光泽，下面苍白色或带白色，有细腺锯齿缘，幼叶有丝状柔毛，葇荑花序直立或斜展。

图 1–55 垂柳

2. 生长习性

垂柳喜光，耐寒，湿地、旱地皆能生长，但以湿润而排水良好的土壤上生长最好。根系发达，抗风能力强，生长快，易繁殖。

3. 分布

垂柳适于各种不同的生态环境，所以在中国分布甚广，是东北、华北、西北及长江流域各省的乡土树种之一。垂直分布在海拔 1500m 以下。

4. 园林应用

垂柳树形优美，放叶开花均早，早春满树嫩绿，是北温带公园中主要树种之一。常用于园林观赏，小区、园林、学校、工厂、山坡、庭院、路边、建筑物前。盛开时，树枝展向四方，使庭院青条片片，具有很高的观赏价值；实为美化庭院之理想树种。对空气污染及尘埃的抵抗力强，适合于都市庭园中生长，尤其于水池或溪流边。园林景观中的水边绿化以柳树最宜，如杭州西湖的“柳浪闻莺”，贵阳花溪的“桃溪柳岸”等。

绿化中常见的柳树有垂柳和朝鲜垂柳，有纤细下垂的枝条，如眉的柳叶。此外其他的绿化树种和品种也有较高的应用价值，如大叶柳、叶大、似木兰、枝紫红、花穗长大、呈红黄色，雌株花柱与柱头红色，有很高的观赏价值；各种灌木柳树，耐修剪，可培育成各种形状灌丛或作绿；高山小柳树，植株高仅 5 ~ 30cm，枝条匍匐或直立，扭曲，形态各异，寿命长，易成活，是制作园林盆景的好材料。

5. 养护管理

（1）浇水

每年在 3 ~ 4 月要对栽植的乔木浇一次（返青水，前提是有规则的围堰）透水，促使其返青复壮，进入正常生长。夏季雨天要防止排涝，防止长时间因积水造成死亡。5 ~ 10 月（生长季节），是做好树木养护的关键时期。在土壤干旱的情况下要及时进行浇水，进入雨季要控制浇水。夏季浇水最好在早、晚进行。每次要浇透水，防止浇半截子水和表皮水。秋季适当减少浇水，控制植物生长，促进木质化，以利越冬。在沈阳 11 月中旬前后开始浇防冻水，要一次性浇透。

（2）施肥

每年施底肥 1 ~ 2 次，早春、晚秋进行。方法是植物周围挖 3 ~ 5 个小坑或开沟，将肥料放入埋好。肥料种类可采用肥效长的全价化肥，在有条件的情况下施用有机肥。施用量根据苗木品种、规格确定。在生长季节适当追肥，方法是营养生长阶段可结合浇水或借雨天施用氮肥，进入生殖生长阶段和立秋以后，适当施用磷、钾肥。促进苗壮花多，防止徒长倒伏造成死亡。确保安全越冬。

（3）修剪

通过合理的修剪，可以培养出优美的树形。树木修剪多在早春和晚秋进行全面修剪，剪除枯死枝、徒长枝、下垂枝、虫病枝、交错枝、重叠枝，使枝条分布均匀、节省养分、调节株势、控制徒长、接受光照、空气流通、从而达株形整齐、姿态优美的目的。所有修剪的伤口必须是椭圆形圆滑的，无劈裂，贴近树的主枝或主干保持树木的美观性，在伤口处涂抹伤口愈合剂。

6. 病虫害防治

沈阳地区常见的柳树病虫害有柳厚壁叶蜂，光肩星天牛，柳树腐烂病，柳蓝叶甲。

（1）柳厚壁叶蜂（图 1-56）

图 1–56　柳厚壁叶蜂危害状

防治方法：

1）实行树种混交

减少和尽量避免单一树种纯林，并适量增种密源植物，为虫害提供食料补充源和寄主。

2）人工防治

幼树生长期，组织动员当地群众，逐树摘除带虫瘿叶片，秋后清除处理落地虫瘿，并焚烧掩埋。

3）药物防治

4 月下旬至 5 月上旬发生严重时，在尽量保障人畜安全情况下，选择适用农药防治：即用 40% 氧化乐果乳油 1000 ~ 1500 倍液或 40% 菊马合剂 2000 倍液全树喷施。采用内吸性药剂灌根防治：即在树木须根最多处，进行根埋药剂防治。药剂可用 3% 呋喃丹颗粒或 15% 涕灭威颗粒剂，干径每厘米用药 1.5 ~ 2g。也可在沟内浇灌 40% 氧化乐果乳油按干径每厘米浇 1000 倍的氧化乐果 1.5 ~ 2kg，渗完后覆土。还可在树干基部周围注射 10 倍的 40% 氧化乐果乳油进行防治。

（2）光肩星天牛（图 1-57）

防治方法同元宝槭

图 1-57　光肩星天牛柳树危害状

图 1-58　腐烂病症状

（3）柳树腐烂病（图 1-58）

防治方法：

采取有效方法增强树势是防治该病的根本措施。要科学整枝，修剪应逐年进行，做到轻修、适时修、合理修。剪口要平滑，修剪下的枝条及时运走和处理。特别要注意剪除病枝、枯枝。对严重感病的杨树应及时清除。对感病较轻的杨树应先刮除病部，然后在枝干喷药或病部涂抹农药。

还可选用下列农药治疗：

1）10% 碱水 / 碳酸钠。

2）40% 福美砷可湿性粉剂 50 倍液。

3）40% 退菌特可湿性粉剂 50 倍液。

4）5% 田安水剂 5 倍液。

5）60% 腐殖酸钠 75 倍液。

6）70% 甲基硫菌灵可湿性粉剂 1 份加植物油 5 份。

（4）柳蓝叶甲（图 1-59）

危害严重的可喷洒 20% 敌杀死乳油 1500 倍液或 50% 辛硫磷乳油 1000 倍液。成虫、幼虫在树上取食危害活动期，尤其是成虫初上树期，喷洒 1.2% 烟参碱 1000 倍液，或 10% 吡虫啉可性粉剂 2000 倍液喷雾，在郁闭度较大林分可施用杀虫烟雾剂。用氧化乐果乳油、吡虫啉等内吸杀虫药剂在树干基部打孔注药，每胸径 1cm 注入药液 1 ~ 1.5ml，一般打孔的深度为 3 ~ 4cm。

图 1-59　柳蓝叶甲及危害状

图 1-60 银中杨

1.7.18　银中杨（*Populus alba* × *P.Berolinensis*）杨柳科 杨属（图 1-60）

1. 形态特征

银中杨是以熊岳的银白杨为母本，以中东杨为父本，经人工杂交选育而成，该品种为雄性无性系。树干通直，皮灰绿色，披白粉；树冠呈圆锥形。树姿优美，叶大型，叶片两色，叶面深绿色，叶背面银白色，密生绒毛。生长期短，常被作为绿化树木和观赏植物，经济价值较高。

2. 生长习性

银中杨喜光抗旱、耐盐碱，耐寒。

3. 分布

银中杨在我国新疆有野生天然林分布，西北、华北、辽宁南部及西藏等地有栽培。

4. 园林应用

银中杨形态优美，雄性不飞絮，净化美化环境，适宜城乡绿化，是优良的园林绿化苗木。

5. 病虫害防治

主要病害有黑斑病、锈病、腐烂病（湿腐烂病）。主要害虫有青树天牛、白杨透翅蛾、杨干象等。

（1）黑斑病

防治手段：增强林业管理措施，增施有机肥，合理栽植，让其尽量多的吸收阳光，及时清理病叶。及时的喷洒化学药剂，控制病害的发生，雨季时注意喷洒明胶，否则药水会被雨水冲掉。

（2）锈病

防治手段：早春时节注意清理病芽，控制其病芽发展。在叶子舒展期间，注意药剂防治，每隔半月进行药物喷洒，雨后注意补药。

（3）腐烂病（图 1-61）

杨树溃疡病是杨树的主要枝干病害。从苗木、幼树到树均可侵害，但以苗木、幼树受害最重，造成枯梢或全株枯死。在生产上主要造成危害的有：杨树水泡型溃疡病、杨树大斑型溃疡病和杨树烂皮型溃疡病三种。症状主要有三种类型。

1）杨树水泡型溃疡病：病害发生在主干和大枝上。在光皮杨树品种上，多围绕皮孔产生直径 1cm 左右的水泡状斑；在粗皮杨树品种上，通常并不产生水泡，而是产生小型局部坏死斑；当从干部的伤口、死芽和冻伤处发病时，形成大型的长条形或不规则形坏死斑。

2）杨树大斑型溃疡病：该病害主要发生在主干的伤口和芽痕处，初期病斑呈水浸状，暗褐色，后形成梭形、椭圆形或不规则的病斑。病部韧皮组织溃烂，其下木质部也可变褐，老病斑可连年扩大，多个病斑可连接成片，造成枯枝、枯梢。是杨树上最严重的病害之一。

3）杨树烂皮型溃疡病：杨树烂皮型溃疡病又称杨树腐烂病，危害杨属、柳属等树种的树干、枝，引起皮层腐烂、枝枯，严重地块可引起大片杨树的死亡。

图 1-61　杨树干腐烂病治疗前后

（4）青树天牛（图 1-62）

1）使用药物将虫孔堵住，减少害虫的发育。

2）在成虫羽化时期，喷洒马拉松乳剂，可以将幼虫杀害。

（5）白杨透翅蛾

防治手段：锤击产卵处，将虫卵扼杀在摇篮里。堵塞虫孔，将害虫堵死在虫孔内。

图 1-62　青树天牛

图 1-63 杨干象

（6）杨干象（图 1-63）

防治手段：加强植物生长防治虫害随苗木蔓延传播，对发现有虫害或怀疑有杨干象的纸条或树木，要集中药物喷洒，通过药剂的渗透和定植后树液的流动对药剂的疏导作用，将树干内的初龄幼虫杀死，杀虫率 95% ~ 100%，药物一般采用 40% 的氧化乐果 1∶50 ~ 1∶100 或 50% 的久效磷乳油 1∶100。对虫害幼龄树，要在秋季树液停止流动后或春季树液流动前，剪去有虫害的枝条或平茬，也可用 50% 的辛硫磷乳油 50% 的杀螟松乳剂或 40% 的氧化乐果 1∶20 ~ 1∶40 涂抹在幼虫孔道里，杀死幼龄幼虫。对成虫羽化的枝条砍除集中处理，也可对成虫的杨干象可利用他的假死性，人工早上可以用震落的方法捕杀。

1.7.19　榆树（*Ulmus pumila* L.）榆科 榆属（图 1-64）

1. 形态特征

榆树为落叶乔木，幼树树皮平滑，灰褐色或浅灰色，大树之皮暗灰色，不规则深纵裂，粗糙；小枝无毛或有毛，淡黄灰色、淡褐灰色或灰色，稀淡褐黄色或黄色，有散生皮孔，无膨大的木栓层及凸起的木栓翅；冬芽近球形或卵圆形，芽鳞背面无毛，内层芽鳞的边缘具白色长柔毛。叶椭圆状卵形、长卵形、椭圆状披针形或卵状披针形，先端渐尖或长渐尖，基部偏斜或近对称，一侧楔形至圆，另一侧圆至半心脏形，叶面平滑无毛，叶背幼时有短柔毛，后变无毛或部分脉腋有簇生毛，边缘具重锯齿或单锯齿，通常仅上面有短柔毛。

图 1-64　榆树

2. 生长习性

榆树为阳性树种，喜光，耐旱，耐寒，耐瘠薄，不择土壤，适应性很强。根系发达，抗风力、保土力强。萌芽力强，耐修剪。生长快，寿命长，可达百年以上。不耐水湿。具抗污染性，叶面滞尘能力强。

3. 分布

中国东北、华北、西北及西南各省区均有分布。

4. 园林应用

树干通直，树形高大，绿荫较浓，适应性强，生长快，是城市绿化、行道树、庭荫树、工厂绿化、营造防护林的重要树种。在干瘠、严寒之地常呈灌木状，有用作绿篱。榆树也可制作盆景。

5. 养护管理

（1）浇水：每年在 3 月末 4 月初要为栽植的乔木浇一次返青水，促使其返青复壮，返青水可以依据土壤条件，连浇 1 ~ 2 遍。5 ~ 10 月（生长季节），是做好树木养护的关键时期。可依据土质情况，确定适宜的灌水时间及次数。在土壤干旱的情况下要及时进行浇水，进入雨季要控制浇水。夏季浇水最好在早晚进行，每次要浇透水，防止浇半截子水和表皮水。秋季适当减少浇水，控制植物生长，促进木质化，以利越冬。在沈阳地区 11 月中上旬开始浇防冻水，要一次性浇足、浇透。

（2）施肥：树木在生长中不断从土壤中吸取养分，土壤肥力不足会影响树木生长发育，每年要给树木土壤施肥 1 ~ 2 次，时间以秋分时节前后为宜。肥料以腐熟的有机肥为主，适当加入复合肥，采取穴施或环施方法，施肥后及时浇水。

（3）修剪：在生长过程中需要不断地修剪整形，促进树体生长健壮、树干布局合理且美观。实际工作中要将生长期修剪与休眠期修剪结合起来，生长期主要是抹芽、除蘖、去除干枯枝、病虫枝；休眠期则采取疏枝、短剪、重截等修剪方法，按照由基到梢，由内及外的顺序，除去枯死枝、徒长枝、下垂枝、病虫枝、交错枝、重叠枝、破损枝，从而达到整形修剪的目的。修剪时剪口要平滑干净，剪后在伤口处涂抹伤口愈合剂，利于伤口愈合和避免病虫的侵害。

（4）病虫害防治

常见的病害有榆溃疡病，虫害有榆绿毛莹叶甲，榆凤蝶，榆四脉绵蚜，榆绿天蛾等，榆树多为食叶害虫。根据害虫的发生特点及生物学特性采取相应的治理措施。如春尺蠖、榆绿天蛾、榆毒蛾等有趋光性的害虫可以进行灯光诱杀；对紫榆叶甲、榆三节叶蜂等有假死性和群集性的害虫可人工捕杀等物理防治措施；当害虫大规模发生难以控制，适当采取化学防治，有效的控制危害和扩展蔓延，幼虫和蛹期，可喷洒白僵菌毒杀。保护、利用天敌，如卵期的赤眼蜂、跳小蜂，幼虫期的寄生蝇，成虫期的蟾蜍，鸟以及蜀蝽等。

1）榆溃疡病

① 识别特征：受害树木多在皮孔和修枝伤口处发病，发病初期病斑不明显，颜色较暗，皮层组织变软，呈深灰色。发病后期病部树皮组织坏死，枝、干部受害部位变细下陷，纵向开裂，形成不规则斑。当病斑环绕一周时，输导组织被切断，树木干枯死亡。小树、苗木当年死亡，大树则数年后枯死。

② 防治办法：严格禁止使用带病苗木。一经发现病株就地烧毁。及时修枝、防治榆跳象，提高抗病力。发病初期用甲基硫菌灵 200 ~ 300 倍液，或 50% 多菌灵可湿性粉剂 50 ~ 100 倍液涂抹防治。

2）榆绿毛莹叶甲（图 1-65、图 1-66）

榆绿毛萤叶甲 1 年 2 代，以成虫于土内、砖块下、杂草间、墙缝和屋檐等处越冬。翌年春天成虫开始活动。卵产于叶背面，成块，排列成双行。卵期约 7 ~ 10 天。幼虫在叶面的密度很大，共 4 龄。老熟幼虫在树干分叉处和树皮缝隙间化蛹，蛹期 10 ~ 15 天。榆绿毛萤叶甲在东北、华北地区非常普遍，危害榆树严重。成虫和幼虫均食叶，常将整株榆树的叶子吃光，仅留叶脉。成虫能分泌一种黄色液体，气味难闻，借此逃避敌害。

防治方法：溴氰菊酯 1000 倍液、吡虫啉 1500 倍液或甲氨基阿维菌素苯甲酸盐 1500 倍液都可以。如果是生长季节，可以树干涂抹药环 50 倍的氧化乐果。

图 1-65 榆绿毛萤叶甲

图 1-66 榆绿毛萤叶甲危害状

3）榆四脉绵蚜（图 1-67）

图 1-67　榆四脉绵蚜

图 1-68　榆绿天蛾

榆四脉绵蚜又名榆瘿蚜、秋四脉绵蚜、高梁根蚜等。在榆树的叶上初期会长出直立长圆形的“疱”。初期呈绿色，以后会变成红色。将“疱”撕开，会见到里面有许多小的虫体即棉蚜。蚜虫在里面继续发育，直到 6 月下旬虫瘿开裂，蚜虫飞出，有的虫瘿有柄，导致叶片畸形，既影响生长，又影响绿化树种的美观。

4）榆绿天蛾（图 1-68）

榆绿天蛾又名云纹天蛾、榆天蛾。主要以幼虫食害榆树、柳树、杨树等园林植物的叶片。成虫体长 32cm 左右，胸背部深绿色，侧面有浅绿色三角形斑。发生严重时，在卵孵化盛期喷 2000 ~ 3000 倍的 20% 敌杀死乳油、2.5% 溴氰菊酯乳油 5000 ~ 8000 倍液或 20% 菊杀乳油或 1000 倍的 90% 敌敌畏等。或于幼虫危害期，在树干的两侧交错位置上，各轻轻刮去死表皮 15cm 长 1 段成半圆环，涂 40% 氧化乐果乳油原液。喷洒 80% 敌敌畏 1000 ~ 1500 倍液或 50% 杀螟松 1000 ~ 1500 倍液，对幼虫和成虫都很有效。早春及解除夏眠前及时喷涂毒环阻杀上树成虫。防治方法：2.5% 敌杀死乳油，20% 杀灭菊酯乳油，10% 氯氰菊酯乳剂 1 份加柴油 25 份，在干基 10 ~ 15cm 以上涂宽 10 ~ 15cm 宽毒环。

1.7.20　皂荚（*Gleditsia sinensis* Lam.）豆科　皂荚属（图 1-69）

1. 形态特征

皂荚树为豆科植物，它属于落叶乔木，棘刺粗壮，红褐色，常分枝，双数羽状复叶，小叶 4 ~ 7 对，小叶片为卵形，卵状披针形或长椭圆状卵形，长 3 ~ 8cm，宽 1 ~ 3.5cm，先端钝，有时凸，基部斜圆形或楔形，边缘有细锯齿。花杂性，成腋生及顶生总状花序，花部均有细柔毛，花萼钟形，裂片 4，卵状披针形，花瓣 4，淡黄白色，卵形或长椭圆形，雄蕊 8，4 长 4 短，子房条形，扁平，荚角直而扁平，有光泽，黑紫色，被白色粉，长 12 ~ 30cm，种子多数扁平，长椭圆形，长约 10mm，红袍色有光泽。棘刺多数分枝，主刺圆柱形，长 5 ~ 15cm，基部粗 8 ~ 12mm，末端尖锐，分枝刺一般长 1.5 ~ 7cm，有时再分歧成小刺，表面棕紫色，尖部红棕色，光滑或有细皱纹，质坚硬难折断，木质部黄白色，中心为淡灰棕色，而疏松的髓部，无臭，味淡。每年的 5 月开花，10 月果实成熟，棘刺长成。皂荚树叶密、花形好看，树形好，极少有病虫害，是城市绿化和做行道树的优良品种。

图 1-69 皂荚

2. 分布

皂荚主产山东、河南、江苏、湖北、广西、安徽、贵州。

3. 生长习性

皂荚喜光耐寒、耐干旱、耐瘠薄，抗污染、抗病虫、冠大荫浓，但忌积水。

4. 园林应用

皂荚冠大荫浓，寿命较长，非常适宜作庭荫树及四旁绿化树种。

5. 病虫害防治

（1）皂荚蚜虫

皂荚蚜虫，常危害植株的顶梢、嫩叶，使植株生长不良。

防治方法：清除附近杂草。蚜虫危害期喷洒 77.5% 敌敌畏乳油 1200 倍液，5% 吡虫啉乳油 1000 倍液和 25g/L 溴氰菊酯乳油 800 倍液混合喷雾。

（2）凤蝶

幼虫在 7 ~ 9 月咬食叶片和茎。

防治方法：人工捕杀或用 90% 的溴氰菊酯 1500 倍液喷施。

（3）天牛

天牛导致受害植株的输导组织受到破坏，使植株生长不良，危害严重者甚至死亡。

防治方法：人工扑杀成虫，树干涂白，用小棉团蘸敌敌畏乳油 100 倍液堵塞虫孔，毒杀幼虫。

（4）皂荚树食心虫

危害皂荚树。以幼虫在果荚内或在枝干皮缝内结茧越冬，每年发生 3 代，第一代

4月上旬化蛹，5月初成虫开始羽化。第2代成虫发生在6月中下旬，第3代在7月中下旬。

防治方法：用可用1%甲氨基阿维菌素苯甲酸盐乳油1500倍液和90%杀虫单可溶性粉剂1500倍液交替使用。

皂荚的病害主要有炭疽病、白粉病、褐斑病、煤污病等。

（5）白粉病

白粉病是常见的一种真菌性病害，主要危害叶片，并且嫩叶比老叶容易被感染，该病也危害枝条、嫩梢、花芽及花蕾。发病初期，叶片上出现白色小粉斑，扩大后呈圆形或不规则形褪色斑块，上面覆盖一层白色粉状霉层，后期白粉状霉层会变为灰色。花受害后，表面被覆白粉层。受白粉病侵害的植株会变得矮小，嫩叶扭曲、畸形、枯萎，叶片不开展、变小，严重时整个植株都会死亡。

防治方法：加强日常管理，注意增施磷、钾肥，控制氮肥的施用量，以提高植株的抗病性。可在春季萌芽前喷洒3～4波美度石硫合剂。生长季节发病时可喷洒80%代森锌可湿性粉剂500倍液，或70%甲基托布津1000倍液，或20%粉锈宁（即三唑酮）乳油1500倍液，以及50%多菌灵可湿性粉剂800倍液。

1.7.21 槐［*Styphnolobium japonicum*（L.）Schott］豆科 槐属（图1-70）

1. 形态特征

槐为落叶乔木，干皮暗灰色，小枝绿色，皮孔明显。羽状复叶长15～25cm；叶轴有毛，基部膨大；小叶9～15片，卵状长圆形，长2.5～7.5cm，宽1.5～5cm，顶端渐尖而有细突尖，基部阔楔形，下面灰白色，疏生短柔毛。圆锥花序顶生；萼钟状，有5小齿；花冠乳白色，旗瓣阔心形，有短爪，并有紫脉，翼瓣龙骨瓣边缘稍带紫色；雄蕊10条，不等长。荚果肉质，串珠状，长2.5～20cm，无毛，不裂；种子1～15颗，肾形。花果期6～11月。

2. 生长习性

槐耐寒，喜阳光，稍耐阴，不耐阴湿而抗旱，在低洼积水处生长不良，深根，对土壤要求不严，较耐瘠薄，石灰及轻度盐碱地（含盐量0.15%左右）上也能正常生长。但在湿润、肥沃、深厚、排水良好的沙质土壤上生长最佳。耐烟尘，能适应城市街道环境。寿命长，耐烟毒能力强。甚至在山区缺水的地方都可以成活得很好。

3. 分布

槐原产中国，现南北各省区广泛栽培，华北和黄土高原地区尤为多见。日本、越南也有分布，朝鲜并见有野生，欧洲、美洲各国均有引种。

4. 园林应用

槐是庭院常用的特色树种，其枝叶茂密，绿荫如盖，适作庭荫树，在中国北方多用作行道树。配置于公园、建筑四周、街坊住宅区及草坪上，也极相宜。

图 1-70　槐

5. 养护管理

在沈阳地区冬季来临之前防冻水结束时要对槐树进行防寒工作，保证树木安全越冬，可选用草绳或防寒布两种材质来进行。为了达到园林美观高度应保持一致，统一高度为 1.5 ~ 1.2m 自上向下延树木主干缠绕直到地面为止底部固定好。

6. 病虫害防治

病虫害不多，沈阳地区常见的有蚜虫及国槐尺蠖。

（1）槐蚜

每年 3 月上、中旬该虫开始大量繁殖，4 月产生有翅蚜，5 月初迁飞槐树上危害，五六月在槐上危害最严重，6 月初迁飞至杂草丛中生活，8 月迁回槐树上危害一段时间后，以无翅胎生雌蚜在杂草的根际等处越冬，少量以卵越冬。

秋冬喷石硫合剂，消灭越冬卵。蚜虫发生量大时，建议选用高效、低毒、低残留的药剂，并多种农药轮换交替使用，以延缓蚜虫抗药性的产生，可喷 40% 氧化乐果、2.5% 溴氰菊酯乳油 3000 倍液。

（2）槐尺蠖（图 1-71、图 1-72）

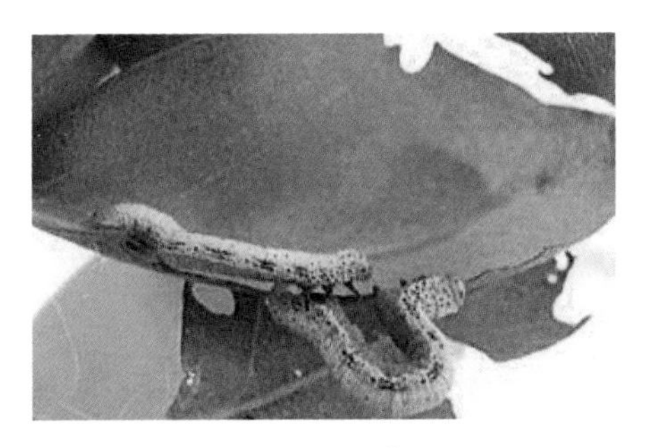

图 1-71　槐尺蠖幼虫

图 1-72　槐尺蠖成虫

又名槐尺蛾。一年发生 3 ~ 4 代，第一代幼虫始见于 5 月上旬，各代幼虫危害盛期分别为 5 月下旬、7 月中旬及 8 月下旬至 9 月上旬。以蛹在树木周围松土中越冬，幼虫及成虫蚕食树木叶片，使叶片造成缺刻，严重时，整棵树叶片几乎全被吃光。

5 月中旬及 6 月下旬重点做好第一、二代幼虫的防治工作，可用 50% 敌杀死乳油，80% 氧化乐果乳油 1000 ~ 1500 倍液，50% 辛硫磷乳油 2000 ~ 4000 倍液，阿维高氯 2000 ~ 2500 倍。

1.7.22 蒙古栎（*Quercus mongolica* Fischer ex Ledebour）壳斗科 栎属（图 1-73）

1. 形态特征

蒙古栎属落叶乔木，树皮灰褐色，纵裂。叶片倒卵形至长倒卵形，长 7 ~ 19cm；宽 3 ~ 11cm，顶端短钝尖或短突尖，基部窄圆形或耳形，叶缘 7 ~ 10 对钝齿或粗齿，叶柄长 2 ~ 8mm，无毛。雄花序生于新枝下部，雌花序生于新枝上端叶腋，长约 1cm，有花 4 ~ 5 朵。壳斗杯形，包着坚果 1/3 ~ 1/2，壳斗外壁小苞片三角状卵形，呈半球形瘤状突起，密被灰白色短绒毛，伸出口部边缘呈流苏状。坚果卵形至长卵形，直径 1.3 ~ 1.8cm，高 2 ~ 2.3cm，无毛，果脐微突起。花期 4 ~ 5 月，果期 9 月。

2. 生长习性

蒙古栎为喜光树种，适应性强，耐寒性强，极抗低温。喜凉爽气候，耐干旱，耐瘠薄，喜中性至酸性土壤，通常生于向阳干燥的山坡。蒙古栎的根很深，主根发达，不耐盐碱，材质坚硬，纹理美观，具有抗腐，耐水湿等特点。

图 1-73 蒙古栎

3. 分布

蒙古栎主要分布在中国东北、华北、西北各地，华中地区亦少量分布。在俄罗斯、日本、蒙古及朝鲜半岛也有分布。

4. 园林应用

（1）蒙古栎是营造防风林、水源涵养林及防火林的优良树种，孤植、丛植或与其他树木混交成林均甚适宜。

（2）园林中可植作园景树或行道树，树形好者可为孤植树做观赏用。

（3）蒙古栎伏天在工地新栽植时，常出现叶片逐级发黄干枯现象，应采取树干打营养液增加体外补水，同时树坑根判外松土，控制土壤湿度，情况会有所缓解。

5. 病虫害防治

（1）红蜘蛛

危害造成叶片失水，严重影响树体的光合作用，对当年新栽植的苗木危害最大，可以导致树木死亡。可以采用药物防治，在 5 月中旬至 8 月下旬采用阿维高氯 500 倍液混配 0.3% 磷酸二氢钾叶面肥防治 3 ~ 4 次。

（2）刺蛾

主要为食叶危害。在 4 月末开始定期药物防治，可用溴氰菊酯 1500 倍液喷洒。

1.7.23 黄檗（*Phellodendron amurense* Rupr.）芸香科 黄檗属（图 1-74）

图 1-74 黄檗

1. 形态特征

黄檗为落叶乔木，树高 10~20m，大树高可达 30m，胸径 1m，枝扩展。成年树的树皮有厚木栓层，浅灰或灰褐色，深沟状或不规则网状开裂，内皮薄，鲜黄色，味苦，黏质，小枝暗紫红色，无毛。叶轴及叶柄均纤细，有小叶 5 ~ 13 片，小叶薄纸质或纸质，卵状披针形或卵形，长 6 ~ 12cm，宽 2.5 ~ 4.5cm，顶部长渐尖，基部阔楔形，一侧斜尖，或为圆形，叶缘有细钝齿和缘毛，叶面无毛或中脉有疏短毛，叶背仅基部中脉两侧密被长柔毛，秋季落叶前叶色由绿转黄而明亮，毛被大多脱落。花序顶生；萼片细小，阔卵形，长约 1mm；

花瓣紫绿色，长 3 ~ 4mm；雄花的雄蕊比花瓣长，退化雌蕊短小。果圆球形，径约 1cm，蓝黑色，通常有 5 ~ 8 浅纵沟，干后较明显；种子通常 5 粒。花期 5 ~ 6 月，果期 9 ~ 10 月 。

2. 分布

黄檗主产于中国东北和华北各省，河南、安徽北部、宁夏也有分布，内蒙古有少量栽种。朝鲜、日本、俄罗斯（远东）也有，也见于中亚和欧洲东部。

3. 生长习性

黄檗适应性强，喜阳光，耐严寒。

4. 园林应用

黄檗树皮木栓层发达，枝叶茂密，树形美观，适合作为庭荫树、行道树。

5. 病虫害防治

（1）锈病

病原是真菌中的一种担子菌，是危害黄檗叶部的主要病害。发病初期，叶片上出现黄绿色圆形，边缘不明显的小点儿。后期，叶背呈橙黄色，微凸起的小疮斑，疮斑破裂后散出橙黄色的孢子，叶片上病斑增多，会致使叶片枯死。在温度和湿度高，透光性差的环境中，易生锈病。

防治方法：

主要为发病期喷粉锈宁 500 ~ 800 倍液。0.2 ~ 0.3 波美度石硫合剂,每隔 7 天喷洒 1 次，连续喷洒 2 ~ 3 次。

（2）黄檗凤蝶（图 1-75）

黄檗树上常见虫害黄檗凤蝶幼虫危害树叶儿。

防治方法：

1）人工捕捉幼虫。

2）化学防治可在幼虫幼龄期，喷 50% 敌杀死 800 ~ 1000 倍液，每隔 7 天喷一次，连续喷两次，或可在幼虫幼龄期用灭幼脲 1000 倍液喷洒。

图 1-75　黄檗凤蝶幼虫

1.7.24 梓（*Catalpa ovata* G. Don）紫葳科 梓属（图1-76）

1. 形态特征

梓属于落叶乔木，树冠伞形，主干通直平滑，呈暗灰色或者灰褐色，嫩枝具稀疏柔毛。树冠宽阔，枝条开展。嫩枝及叶柄有毛并有黏液。花淡黄色或黄白色，内也有紫色斑点。果长20～30cm，经冬不落。生长比楸树稍慢，但适应能力稍强。因结实容易，常用来播种小苗，嫁接楸树。可以在条件稍差的地方种植。

图1-76 梓

2. 分布

梓分布于中国长江流域及以北地区、东北南部、华北、西北、华中、西南。日本也有分布。

3. 生长习性

梓适应性较强，喜温暖，也能耐寒。土壤以深厚、湿润、肥沃地夹砂土较好。不耐干旱瘠薄。抗污染能力强，生长较快。

4. 园林应用

梓树树体端正，冠幅开展，叶大荫浓，春夏满树白花，秋冬荚果悬挂，形似挂着蒜苔一样，因此也叫蒜苔树，是具有一定观赏价值的树种。该种为速生树种，可作行道树、庭荫树以及工厂绿化树种。

5. 病虫害防治

梓树的病虫害不多，但是还是需要注意一些常见的梓树虫害，比如楸梢螟、红蜘蛛危害。

（1）楸梢螟（图 1-77）

图 1-77　楸梢螟

梓树的主要害虫。楸梢螟的幼虫蛀入梓树的种荚或嫩枝危害树梢，梓树在受害后常长成一个瘤子。严重者发生折断现象，影响梓树的正常发育。楸梢螟每年会发生两代。老熟的楸梢螟幼虫在被害枝条内越冬，第二年春化蛹，在每年的 5 月上旬出现成虫（体浅灰色，楸梢螟翅白色，有波状纹及褐色大斑纹）。楸梢螟大多在夜间活动，产卵于嫩梢顶端。6 ~ 7 月又出现第二代。

防治楸梢螟可以剪除带越冬虫的幼枝梢，集中烧毁。也可采用亩用杀虫单 90% 可溶性粉剂 40 ~ 50g，兑水 75 ~ 100kg 喷雾，在楸梢螟成虫期或初孵幼虫期药杀。

（2）红蜘蛛

危害叶片，多群栖在叶背面丝网下危害，虫口数量大时，也爬上叶片的正面。卵多产在叶背主脉两侧及丝网上，春季多集中在树冠内膛，逐步向外围扩散。叶片受害初期呈现失绿斑点，以后叶片发黄枯焦，似火烧状，提早脱落。在卵孵化盛期和幼虫发生期用 1500 倍 1.8% 阿维菌素乳油加 1000 倍高氯喷雾，药后 7 ~ 10 天防效仍达 90% 以上。

1.7.25　白蜡树（*Fraxinus chinensis* Roxb.）木犀科 梣属（图 1-78）

1. 形态特征

白蜡树落叶乔木；树皮灰褐色，纵裂。芽阔卵形或圆锥形，被棕色柔毛或腺毛。小枝黄褐色，粗糙，无毛或疏被长柔毛，旋即秃净，皮孔小，不明显。羽状复叶长 15 ~ 25cm；叶柄长 4 ~ 6cm，基部不增厚；叶轴挺直，上面具浅沟，初时疏被柔毛，旋即秃净；小叶 5 ~ 7 枚，硬纸质，卵形、倒卵状长圆形至披针形，长 3 ~ 10cm，宽 2 ~ 4cm，顶生小叶与侧生小叶近等大或稍大，先端锐尖至渐尖，基部钝圆或楔形，叶缘具整齐锯齿，上面无毛，下面无毛或有时沿中脉两侧被白色长柔毛，中脉在上面平坦，侧脉 8 ~ 10 对，下面凸起，细脉在两面凸起，明显网结；小叶柄长 3 ~ 5mm。

2. 分布

白蜡树产于中国南北各省区，多为栽培。越南、朝鲜也有分布。

3. 生长习性

白蜡树为阳性树种，喜光，对土壤的适应性较强，在酸性土、中性土及钙质土上均能生长，耐轻度盐碱，喜湿润、肥沃、砂质和砂壤质土壤。

4. 园林应用

白蜡树枝叶繁茂，根系发达，速生耐湿，耐轻度盐碱，是防风固沙，护堤护路的优良树种。其干形通直，树形美观，抗烟尘、二氧化硫及氯气，是工厂、城镇、街路绿化美化的良好树种。

图 1-78 白蜡树

图 1-79 白蜡窄吉丁危害状

5. 病虫害防治

白蜡窄吉丁，又称爆皮虫，是木樨科梣属树木的一种主要蛀干害虫。白蜡窄吉丁以幼虫在树木的韧皮部、形成层和木质部浅层蛀食危害，因其隐蔽性强，防治极为困难（图 1-79）。防治方法如下：

（1）由于白蜡窄吉丁的危害主要在幼虫期，蛀入树皮内取食，极具隐蔽性，从外表看无明显症状，因此给防治上带来很大麻烦。且当幼虫钻入树皮内后，常规的防治措施很难奏效，至今，对于该虫尚无特别有效的防治策略。在羽化盛期每周喷施 1 次天牛威雷，连续 4 ~ 5 次，可以大大减少当年卵量及次年害虫种群的数量。

（2）6 月初可采取药泥涂抹树干的方法，75% 敌敌畏乳油 100 倍和 2.5% 溴氰菊酯乳油 50 倍混合和泥，用刷子往树干涂抹均匀，然后用地膜将处理过的树干缠严，可达到触杀熏蒸作用。

（3）在冬春季节对树木进行一次重修剪，将内膛枝、下垂枝、萌生枝及有虫害的枝条剪除，早春和秋季白蜡树芽萌动前喷两遍石硫合剂，达到杀虫杀卵的效果。

1.7.26 臭椿［*Ailanthus altissima*（Mill.）Swingle］苦木科 臭椿属（图 1-80）

1. 形态特征

臭椿为落叶乔木，高可达 20 余米，树皮平滑而有直纹；嫩枝有髓，幼时被黄色或黄褐色柔毛，后脱落。叶为奇数羽状复叶，长 40 ~ 60cm，叶柄长 7 ~ 13cm，有小叶

13～27；小叶对生或近对生，纸质，卵状披针形，长 7～13cm，宽 2.5～4cm，先端长渐尖，基部偏斜，截形或稍圆，两侧各具 1 或 2 个粗锯齿，齿背有腺体 1 个，叶面深绿色，背面灰绿色，翅果长椭圆形。

图 1-80 臭椿

2. 分布

臭椿分布于中国北部、东部及西南部，东南至台湾地区，以黄河流域为分布中心，世界各地广为栽培。

3. 生长习性

臭椿喜光，不耐阴。适应性强，除黏土外，各种土壤和中性、酸性及钙质土都能生长，适生于深厚、肥沃、湿润的砂质土壤。耐寒，耐旱，不耐水湿，生长快，根系深，萌芽力强。此物种寿命较短，极少生存超过 50 年。

4. 园林应用

臭椿树干通直高大，树冠圆整如半球状，颇为壮观。叶大荫浓，秋季红果满树，虽叶及开花时有微臭但并不严重，故仍是一种很好的观赏树和庭荫树、行道树。

5. 病虫害防治

臭椿对病虫害抵抗能力较强。在东北地区病害不常见。

臭椿树主要虫害受臭椿沟眶象危害。臭椿沟眶象又名椿小象，属鞘翅目，象甲科，臭椿沟眶象食性单一，是专门危害臭椿枝干的一种害虫，主要以幼虫蛀食枝、干的韧皮部和木质部，因切断了树木的输导组织，导致轻则枝枯、重则整株死亡。成虫羽化大多在夜间和清晨进行，有补充营养习性，取食顶芽、侧芽或叶柄，成虫很少起飞、善爬行，喜群聚危害，危害严重的树干上布满了羽化孔（图 1-81）。

图 1-81 臭椿沟眶象

防治方法主要通过加强监测，适时防治。可采用螺丝刀挤杀刚开始活动的幼虫、打孔注药、人工捕杀、仿生剂防治等方法。也可采取药泥涂抹树干的方法，用 77.5% 敌敌畏乳油 100 倍和 2.5% 溴氰菊酯乳油 100 倍混合和泥，戴上胶皮手套往树干涂抹均匀。

1.7.27 枫杨（*Pterocarya stenoptera* C.DC.）胡桃科 枫杨属（图 1-82）

1. 形态特征

枫杨为乔木，高达 30m，胸径达 1m；幼树树皮平滑，浅灰色，老时则深纵裂；小枝灰色至暗褐色，具灰黄色皮孔；芽具柄，密被锈褐色盾状着生的腺体。叶多为偶数或稀奇数羽状复叶，长 8 ~ 16cm（稀达 25cm），叶柄长 2 ~ 5cm，叶轴具翅至翅不甚发达，与叶柄一样被有疏或密的短毛；小叶 10 ~ 16 枚（稀 6 ~ 25 枚），无小叶柄，对生或稀近对生，长椭圆形一至长椭圆状披针形，长 8 ~ 12cm，宽 2 ~ 3cm，顶端常钝圆或稀急尖，基部歪斜，上方 1 侧楔形至阔楔形，下方 1 侧圆形，边缘有向内弯的细锯齿，上面被有细小的浅色疣状凸起，沿中脉及侧脉被有极短的星芒状毛，下面幼时被有散生的短柔毛，成长后脱落而仅留有极稀疏的腺体及侧脉腋内留有 1 丛星芒状毛。

图 1-82 枫杨

2. 分布

枫杨产于中国陕西、河南、山东、安徽、江苏、浙江、江西、福建、广东、广西、湖南、湖北、四川、贵州、云南等地，在长江流域和淮河流域最为常见，华北和东北仅有栽培。朝鲜半岛亦有分布，培育繁殖基地在江苏、浙江、山东、湖南等。

3. 生长习性

枫杨喜光，略耐侧阴，幼树耐阴，耐寒能力不强。

4. 园林应用

枫杨树冠广展，枝叶茂密，生长快速，根系发达，为河床两岸低洼湿地的良好绿化树种，还可防治水土流失。枫杨既可以作为行道树，也可成片种植或孤植于草坪及坡地，均可形成一定景观。

5. 病虫害及防治

（1）白粉病

粉锈宁、甲基硫菌灵加百菌清，每 10 ~ 15 天喷洒 1 次，应用 3 ~ 5 波美度石硫合剂喷苗圃土壤并及时清理病源。

（2）丛枝病

枫杨丛枝病在长江以南发病普遍，整个枝丛颜色呈黄绿色，基部显著肿大，叶片黄绿色，明显小，并略有皱曲，多着生于粗侧枝或主干上，这是枫杨病枝明显特征，并且主要表现在多年的大树上。发生严重时，病枝根本不开花。

防治方法：加强养护管理，及时清理枯枝落叶和病残体，病丛枝要及时剪除，并烧毁。

药剂防治：树木发芽前喷施石硫合剂 80 倍液，或具有内吸性 50% 特克多悬浮剂 1500 倍液封枝干。

（3）黑跗眼天牛

在成虫交尾产卵盛期，捕杀成虫。成虫产卵后用小刀挖开产卵刻槽，清除卵粒和幼虫。在产卵刻槽上涂稀释 15 ~ 20 倍的 40% 乐果或 50% 倍辛硫磷乳剂，杀死幼虫。幼虫进入木质部后用铅丝捅死幼虫，或将浸蘸乐果或敌敌畏乳剂的药棉球塞入蛀孔，毒杀幼虫。

（4）桑雕象鼻虫

早晚当成虫群集于叶面和叶背活动时，进行人工捕杀。7 ~ 8 月成虫危害严重时，趁清晨露水未干前，喷溴氰菊酯 1500 倍液毒杀。

1.7.28 银杏（*Ginkgo biloba* L.）银杏科 银杏属（图 1–83）

1. 形态特征

银杏为落叶高大乔木，树高可达 35 ~ 40m。树冠在青壮年时呈圆锥形，老龄树则呈广卵形。树干端直，树皮灰褐色，有纵裂纹，大枝粗壮，斜向上生长。叶扇形，顶端常有 2 浅凹裂，叶柄长，叶互生，新叶嫩黄色，后逐渐变成绿色，秋季变成绚丽的明黄色。雌雄异株，种子椭圆形，长 2 ~ 3.5cm，熟时变成黄色，表面被白粉。

图 1-83　银杏

2. 分布

银杏原产中国，是我国特产名贵树种，世界著名的古生树种。银杏是园林绿化中优质的观赏树种，被称为“活化石”。种植历史悠久，可追溯到三千多年以前。种植范围广，北起沈阳，南到广东均可栽培。

3. 生长习性

银杏喜光，较耐寒，较耐干旱，抗污染，生长缓慢，寿命较长。

4. 园林应用

银杏常作为行道树、庭荫树、风景林、广场树种、秋叶观赏树。

5. 养护管理

（1）施肥

银杏对肥量的需求较高，是一种喜肥又耐肥的植物，因此科学的施肥是其管理的重要环节。一般来说，春季 3 ~ 4 月是银杏的长叶期，宜施促进树叶生长的肥料。以速效肥混合有机肥为主，每株均施氮磷钾复合肥 2 ~ 5kg，混合有机肥如腐熟的人粪尿 5 ~ 10kg，一般根据树的大小进行用量控制。夏季为银杏长果期，宜施促进长果的肥料，一般在每年的 7 月上旬进行施肥，银杏株均施 0.5kg 尿素。施肥后如遇持续干旱，应适当的进行补水浇水。秋季为银杏落叶期，宜施用营养树体的肥料。9 ~ 10 月是银杏种子成熟、采收时间，之后银杏开始落叶。银杏在采收后其根系达到第 2 次的生长高峰期，因此采后进行施肥，以弥补银杏树体由于结果消耗的养分，确保次年继续丰产。养体的肥料一般施农家肥，施肥量以产果 1kg 施农家肥 3kg 为佳。

（2）防寒保暖

冬季通常在银杏树干上缠绕防寒绷带，将银杏的树干包裹起来以起到防寒效果。另外，也可以选择将树干涂白进行保暖，涂白一般选用加盐的石硫合剂，在秋季进行涂白，树干涂白可以减少其对太阳辐射的吸收，降低昼夜温差的影响，涂白后的银杏树一般不会受冻。

6. 病虫害防治

银杏抗病害能力强，病虫害较少。病虫害的防治要从采种、育苗、管理等种植的整个过程通过科学的手段进行控制，利用一切途径切断病虫害的来源。需要在种植园区内定点配置捕虫灯，定期进行喷洒百菌清等药物预防病虫害。

第2章

灌木养护与管理

灌木是指那些没有明显的主干、呈丛生状态比较矮小的树木，一般可分为观花、观果、观枝干等几类，矮小而丛生的木本植物，是重要的花园美化构成部分。在园林花灌木的管理中，浇水、施肥及修剪管理等是改善土壤养分结构、补充养分和促进花灌木健康生长的必要环节。灌木只有经过科学合理的维护与管理，才能保证其枝繁叶茂。

2.1 浇水

相对于乔木，灌木对水分的需求更多，尤其是观花观果灌木，适时进行灌溉对灌木花果质量有重要的影响。

2.1.1 灌木浇水要求

1. 缺水判断

对于定植多年的灌木是否缺水，需不需要灌水，比较科学的方法是进行土壤含水量的测定，目前这种方法我们国家还没有普遍应用，比较常用的方法如下：

（1）土壤缺水判断

深度 15 ~ 20cm 取土，利用手握土团进行判断。土壤手握不成团，较松散时，为严重缺水状态，要及时浇水；土壤手握成团，手摊开后部分松散，根据植物喜水程度及长势情况有选择性的浇水；手握成团，手摊开后不散，水分含量较高，不需浇水。

（2）叶片形态判断

因为灌木比较矮小，容易观察，还可以通过观察叶片进行判断。早晨观察树叶形态，叶片上翘表明水分充足，叶片下垂表明缺水；中午可通过观察叶片萎蔫与否及其程度轻重确定是否缺水；傍晚可通过观察萎蔫叶片恢复的快慢决定是否需要灌溉。

2. 浇水时期

根据灌木各物候期对水分的需求，大致浇水时期如下：

（1）返青水

一般在早春，平均气温在 0℃~ 5℃时进行。返青水有利于新梢和叶片的生长，使枝条粗壮，是能否花繁果茂的关键。

（2）花前水

一般在萌芽后，开花前，结合追肥进行。

（3）花后水

在花谢后 10 ~ 15 天进行，此时为新梢迅速生长期，对于观果灌木提高坐果率尤其重要。

（4）花芽分化水

在新梢缓慢生长到停止生长期间进行，有利于果实生长和花芽分化。

（5）封冻水

园林植物落叶后到土壤封冻前为冬灌时间，最佳灌水时间为气温 3℃左右，5cm 土层内平均地温 5℃，表土“夜冻日消”，即夜间或凌晨地表面结冰，日出后又解冻的时候，是浇冻水最适宜的时间。

3. 浇水次数与浇水量

北方地区，一般全年灌水 5 ~ 6 次。干旱年份或保水性较差的土壤环境，浇水次数应适当增加。浇水切忌只浇一层表土，而下层土仍然干燥，有条件时，宜做沟堰，重复灌水，至渗水速度缓慢，保证一次灌透灌饱。

新定植的灌木，在扎根前，至少需要灌溉 3 次。

2.1.2　灌木浇水方式

大灌木的浇水方式主要为构建浇水池或做围堰进行渗灌，小灌木或密集栽培的灌木则常采用喷灌的方式进行浇水灌溉。

2.2　施肥

2.2.1　施肥种类和次数

施肥种类应视树种、生长期及观赏特性等要求而定，根据灌木品种需要、开花特性、生长发育阶段，选择施用有机肥、无机肥以及专用肥。

早期欲扩大树的冠幅，宜在春季施高氮、低磷、中钾复合肥，观花、观果树种应增施磷钾肥，观花灌木孕蕾期前及花期后可进行补肥，主要是磷钾肥或有机类肥料。

根据灌木的种类、用途不同，每年施基肥 1 次，追肥 2 次；色块灌木和绿篱每年施基肥 2 次，追肥 4 次。

施肥量应根据树木大小、肥料种类及土壤肥力状况而定。

2.2.2　施肥时间

1. 根据灌木开花特性、生长发育阶段，适时进行施肥。开花灌木可在开花前施肥，以追施磷钾肥为主。普通灌木落叶后施基肥与萌芽前施追肥，花期长的在生长期中加一次追肥。

2. 在 3 ~ 4 月生长期，根据长势在植物尚在休眠期或刚刚解除休眠时穴施成品有机肥一次，长势较差的解除休眠后可再施用高氮、低磷、中钾复合肥一次。

3. 灌木景观效果恢复之后以撒施成品有机肥为主，夏季到中秋施用成品有机肥改良土质增强抗逆性。

2.2.3 施肥方法

冬施宜深，施射沟近树浅而远树深。冬施以有机基肥为主，夏施以速效追肥为主。

在树木休眠期以有机肥为主。大灌木春、秋季节，在树冠投影下断续掘几个穴，掘深以达到根系为度，进行穴施 1 ~ 2 次，此后结合草坪与地被撒施。小灌木撒施即可。

注意，施肥时，肥料不能裸露，采用埋施或水施等方法进行。施肥时应避免肥料触及叶片，施完后应及时浇水。生长季节可根据需要进行土壤追肥或叶面喷肥。

2.3 修剪

灌木丛是花园景观中重要构成部分，因此，必须根据生长环境、生长情况及园林绿化中的作用进行合理修剪。

2.3.1 灌木修剪依据及原则

1. 生长发育习性

在对灌木实施修剪过程中，相关工作人员需将灌木生长周期作为依据开展修剪工作，同时针对不同树种特性，进行修剪。

（1）“先花后叶”类型

如毛樱桃、榆叶梅、连翘等，其花芽早在上一年夏秋时期便已经在枝丫上分布，在对此类花灌木修剪时，需着重保护花芽，可在春季开花后修剪老枝并保持理想树姿。枝条稠密的种类，如毛樱桃、榆叶梅，可适当疏剪弱枝、病枯枝，用重剪进行枝条的更新，用轻剪维持树形。对于具有拱形枝的种类，如连翘、迎春等，可将老枝重剪，促进发生强壮的新条以充分发挥其树姿特点。

（2）“先叶后花”类型

花开于当年新梢的种类，花芽在早春便开始出现，因此，对此类花灌木可在冬季或早春树液开始流动前进行修剪，这一方式能够促使树液刺激树枝，从而增加花芽分化率。八仙花、山梅花等可行重剪使新梢强健。对于一年可数次开花灌木如月季、珍珠梅、四季锦带等，除早春重剪老枝外，花落后应及时剪去残花，促使再次开花。

（3）观赏枝条及观叶的种类

如红瑞木等，应在冬季或早春施行重剪，以后行轻剪，使萌发多数枝及叶。耐寒的观枝植物，可在早春修剪，以便冬枝充分发挥观赏作用。

（4）萌芽力极强的种类或冬季易干梢的种类

可在冬季自地面刈去，使来春重新萌发新枝，如胡枝子、荆条及醉鱼草等均宜用此法。这种方法对绿化结合生产以枝条作编织材料的种类很有实用价值。

2. 花芽形成位置

（1）当年生枝条开花灌木

如：木槿、月季、珍珠梅等，休眠期修剪时，为控制树木高度，对于生长健壮枝条应在保留3～5个芽处短截，促发新枝。

（2）隔年生枝条开花的灌木

如：榆叶梅、连翘、丁香、黄刺玫等，休眠期适当整形修剪，生长季花落后10～15天将已开花枝条进行中或重短截，疏剪过密枝，以利来年促生健壮新枝。

（3）多年生枝条开花灌木

应注意培育和保护老枝，剪除干扰树型并影响通风透光的过密枝、弱枝、枯枝或病虫枝。

3. 根据灌木的种类及用途

（1）常绿灌木除特殊要求整形外，一般应保持丛生状的自然美观造型，及时剪除徒长枝、交叉枝、并生枝、下垂枝、萌蘖枝、病虫枝及枯死枝，以保持通风透光性。

（2）对丛生灌木无主干，由数个枝条人为拼成或自然生长而成，如连翘、红瑞木等的衰老主枝，应本着“留新去老”的原则培养徒长枝或分期短截老枝进行更新。

1）在其养护期剪去绝大多数的萌蘖枝、病枯枝、交叉重叠枝，留取少量萌蘖枝做更新枝培养，逐年对老弱枝条进行更新。

2）疏去内膛萌生直立枝，慎用短截，防止枝条过多而扰乱树形。

3）对旺枝可疏除，壮枝可多次回缩，以增加中短枝比例。

4）开张形丛生灌木（如：木槿）须及时用背上枝（即与主枝平行生长且处于主枝上方的枝条）换头，防止外围枝头下垂早衰。

（3）观花灌木应掌握花芽发育规律，对当年新稍上开花的花木应于早春萌发前修剪，短截上年的已开花枝条，促使新枝萌发。对当年形成花芽，次年早春开花的花木，应在开花后适度修剪；对着花率低的老枝，要逐年更新，在多年生枝上开花的花木，尽量保持培养老枝，剪去过密新枝。

（4）造型灌木（含色块灌木）的修剪，一般按造型修剪的方法进行，按照规定的形状和高度修剪。修剪应保持形状轮廓线条清晰、表面平整、圆滑。

需特别注意，灌木过高影响景观效果时应进行强度修剪，修剪时间宜为休眠期。修剪后剪口或锯口应平整光滑，不得劈裂、不留短桩。绿篱不论修剪形式为圆形、梯形、矩形，剪时应做到上小下大，篱顶、二侧篱壁三面光。修剪时应严格按技术操作要求进行，注意安全，并应及时清除剪除的枝条、落叶。

2.3.2 灌木修剪时间及次数

灌木每年修剪应不少于 6 次，绿篱、造型灌木不少于每月 1 次，色块灌木不少于每年 6 次。每年 3 ~ 5 月约每月修剪 1 次；6 ~ 11 月约每月修剪 2 次；12 ~次年 2 月共修剪 1 ~ 2 次，越冬期禁止修剪，实际情况按当地气候、苗木生长状况掌握修剪次数。

绿篱植物应经常修剪，不出现嫩枝生长超过修剪面 5cm 以上。生长期每隔 8 ~ 10 天进行一次修剪，保持平整度及造型。

2.3.3 修剪操作及注意事项

（1）多品种栽植的灌木丛，修剪时应突出主栽品种，并留出适当生长空间；造型的灌木修剪应保持外形轮廓清楚，外缘枝叶紧密。

（2）成片灌木丛修剪时应形成中间高四周低，或前面低后面高的丛形。

（3）花落后形成的残花、残果，若无观赏价值或其他需要的宜尽早剪除。

（4）修剪绿篱以双刃绿篱机、宽带绿篱机为主，修剪球以弧形绿篱机，双刃绿篱机为主，并配合绿篱剪修剪。

（5）栽植多年的有主干的灌木，每年应采取交替回缩主枝控制树冠的剪法，防止树势上强下弱。

2.4 灌木的其他养护措施

2.4.1 中耕除草

应适时中耕，松土应不影响植株根系，清除灌木周围的杂草，适时松土保证土壤的通风透气性，清除的杂草应随时清运拉走。

2.4.2 补植

枯死的灌木，应连根及时挖除，并选规格相近、品种相同的新苗木补植；在树木生长期内移植时，应在不影响植物株形的情况下修剪部分枝条和叶片。

2.4.3 防寒、防冻

秋季做好灌木的排水，停止施肥及控制灌水，促使枝干木质化，增强抗寒能力。冬季应根据灌木及土壤情况适时浇水，保持土壤湿度，防止树木干枯。设风障防寒应在迎风面搭设，风障架设必须牢固。不耐寒的灌木要用防寒材料包裹植株防寒。

2.5 常见灌木及养护管理特性

2.5.1 月季（*Rosa chinensis* Jacq.）蔷薇科 蔷薇属（图 2-1）

1. 形态特征

月季是直立灌木;小枝粗壮，圆柱形，近无毛，有短粗的钩状皮刺。小叶 3 ~ 5，稀 7，连叶柄长 5 ~ 11cm，小叶片宽卵形至卵状长圆形，先端长渐尖或渐尖，基部近圆形或宽楔形，边缘有锐锯齿，顶生小叶片有柄，侧生小叶片近无柄，总叶柄较长，有散生皮刺和腺毛;托叶大部贴生于叶柄，仅顶端分离部分成耳状，边缘常有腺毛。花几朵集生，稀单生，萼片卵形，先端尾状渐尖，有时呈叶状，边缘常有羽状裂片，稀全缘，外面无毛，内面密被长柔毛;花瓣重瓣至半重瓣，红色、粉红色至白色，倒卵形，先端有凹缺，基部楔形。果卵球形或梨形，长 1 ~ 2cm，红色，萼片脱落。花期 4 ~ 9 月，果期 6 ~ 11 月。

图 2-1 月季

2. 分布

月季原产于湖北、四川、云南、湖南、江苏、广东等省，现全国各地都有栽培。

3. 生长习性

月季对气候、土壤要求虽不严格，但以疏松、肥沃、富含有机质、微酸性、排水良好的壤土较为适宜。性喜温暖、日照充足、空气流通的环境。冬季气温低于 5℃即进入休眠。夏季温度持续 30℃以上时，即进入半休眠，植株生长不良，虽也能孕蕾，但花小瓣少，色暗淡而无光泽，失去观赏价值。

4. 园林应用

月季花期长、花大芳香，是人行道和庭院园林绿化的优良耐寒观赏花木。

5. 病虫害防治

白粉病，防治方法同黄刺玫。

2.5.2 黄刺玫（*Rosa xanthina* Lindl.）蔷薇科 蔷薇属（图 2-2）

图 2-2 黄刺玫

1. 形态特征

黄刺玫为落叶灌木。小枝褐色或褐红色，具刺。奇数羽状复叶，小叶常 7 ~ 13 枚，近圆形或椭圆形，边缘有锯齿；托叶小，下部与叶柄连生，先端分裂成披针形裂片，边缘有腺体，近全缘。花黄色，单瓣或兰重瓣，无苞片。花期 5 ~ 6 月。果球形，红黄色。果期 7 ~ 8 月。

2. 分布

黄刺玫主要分布于吉林、辽宁、内蒙古、河北、山西、陕西、甘肃、青海等省区。

3. 生态习性

黄刺玫最主要的特点就是在耐修剪，易整形。

4. 园林应用

黄刺玫春天开黄的花朵且花期较长，常栽植于，草坪、林缘、路边丛植、也可做绿篱使用。

5. 病害防治

（1）黄刺玫白粉病

症状：叶片两面为稀疏的白粉状霉层，使叶片扭曲，幼叶变紫褐色枯死。

（2）防治方法

1）增施磷钾肥，控制氮肥。

2）发病初期喷洒 50% 多菌灵可湿性粉剂 800 倍液，发芽前喷洒 3 ~ 4 波美度石硫合剂。

2.5.3 珍珠绣线菊（*Spiraea thunbergii* Sieb. ex Blume.）蔷薇科 绣线菊属（图 2-3）

1. 形态特征

珍珠绣线菊为灌木。树呈伸展状，树枝很低，树形很小。叶片墨绿色，秋季变成黄或紫红色。花白色，7 月末至 8 月开花，因花瓣中含有花青素，对空气 pH 值反应敏感，遂花逐渐变成粉紫色圆锥花序生于枝顶，直立或弯垂。花二型，萼裂片 5，花瓣 5，白色、芳香、早落，雄蕊 10，花柱 3，蒴果近卵形。主要观赏部位为密布于花序外围的不孕花，萼片 4 枚，倒卵形，初为白色，后变粉绿、粉红或黄色。

图 2-3　珍珠绣线菊

2. 分布

珍珠绣线菊原产中国华东，山东、陕西、辽宁等地均广为栽培，日本也有分布。

3. 生长习性

珍珠绣线菊繁殖力强，喜光，稍耐阴，耐寒，耐旱，能适应除湿地以外的各种土壤。

4. 园林应用

珍珠绣线菊由于花色艳丽，花朵繁茂，盛开时枝条全部为细巧的花朵所覆盖，形成一条条拱形花带，树上树下一片雪白。而且绣线菊容易繁殖，耐寒、耐旱，是一类极好的观花灌木，适于在城镇园林绿化中应用，或布置广场，或居民区绿化，或布置小品。

在城市园林植物造景中，珍珠绣线菊可以丛植于山坡、水岸、湖旁、石边、草坪角隅或建筑物前后，起到点缀或映衬作用，构建园林主景。初夏观花，秋季观叶，构筑迷人的四季景观。

该种为落叶灌木，枝条细长且萌蘖性强，因而可以代替女贞、黄杨用作绿篱，起到阻隔作用，又可观花。由于其花期长，又可以用作花境，形成美丽的花带。

5. 病虫害防治

（1）病害

珍珠绣线菊的病害主要以白粉病为主，白粉病主要发生在嫩叶片、嫩茎、花瓣等部位。白粉病病菌在病株残体上越冬，第二年春季气温回升时，病菌借气流传播。当气温在 20℃~25℃，湿度较大时，侵入寄主体内，导致发病。因此，通风透光不良，易导致病害传播。

防治方法：严格剔除染病株，杜绝病源。进行扦插繁殖时，要剪取无病虫插枝作为繁殖材料。加强管理，越冬期间，彻底清洁，剪去病枝集中销毁；生长期间及时摘除染病枝叶，彻底清除落叶，剪去病枝和中下部过密枝，集中销毁；及时排除田间积水，浇水不宜多，减少病菌传播和发病机会；增施磷钾肥，少施氮肥，使植株生长健壮，多施充分腐熟的有机肥，以增强植株的抗病性。另外在发病期间喷甲基硫菌灵 1000 倍液并配合百菌清 100 倍液防治。

（2）虫害

珍珠绣线菊的虫害主要以蚜虫为主，防治方法：吡虫啉 1000 倍液喷洒或氧化乐果 800 倍液喷洒。

2.5.4 金山绣线菊（Spiraea × bumalda '*Goalden Mound*'）蔷薇科 绣线菊属（图 2–4）

图 2–4 金山绣线菊

1. 形态特征

金山绣线菊为落叶小灌木，冬芽小，有鳞片；单叶互生，边缘具尖锐重锯齿。羽状脉；具短叶柄，无托叶。花两性，伞房花序；萼筒钟状，萼片 5；花瓣 5，圆形较萼片长；雄蕊长于花瓣，着生在花盘与萼片之间；心皮 5，离生。蓇荚果 5，沿腹缝线开裂，内具数粒细小种子，种子长圆形，种皮膜质。植株较矮小，高仅 25 ~ 35cm，冠幅 40 ~ 50cm，枝叶紧密，冠形球状整齐；新生小叶金黄色，夏叶浅绿色，秋叶金黄色；花浅粉红色，花序直径为 4 ~ 8cm，花期 6 月中旬至 8 月上旬。

2. 分布

金山绣线菊，产于北美；于 1995 年引种到济南，现中国多地有分布。

3. 生长习性

金山绣线菊适应性强，栽植范围广，对土壤要求不严，但以深厚，疏松、肥沃的壤土为佳。喜光，不耐阴。在遮荫条件下，叶子变薄、变绿而失去应有的观赏价值。较耐旱，不耐水湿，抗高温，在夏季 35℃以下的酷暑环境下，虽然生长缓慢，但仍不失其观赏价值。金山绣线菊非常耐寒，冬季不需任何保护措施即可安全越冬。

4. 园林应用

金山绣线菊可丛植或成片栽植，光照充分叶片演的更鲜艳，呈鲜黄色。

5. 病虫害防治

金山绣线菊抗性较强，病虫害较少，但在茎部积水时间较长（3 天以上）时，易导致茎腐病的发生。栽植时要注意地势，雨后要及时排水，对于病株可用代森锰锌 1000 倍或多菌灵 800 倍灌根或喷施防治，每周 1 次，连用 3 周即可。如果发现有蝼蛄翻过的痕迹，应及时撒施辛硫磷颗粒 5 ~ 10g/m^2。

2.5.5 粉花绣线菊（*Spiraea japonica* L.f.）蔷薇科 绣线菊属（图 2–5）

图 2–5 粉花绣线菊

1. 形态特征

粉花绣线菊为直立灌木，高可达 1.5m；枝条开展细长，圆柱形，冬芽卵形，叶片卵形至卵状椭圆形，上面暗绿色，下面色浅或有白霜，通常沿叶脉有短柔毛；复伞房花序，花朵密集，密被短柔毛；苞片披针形至线状披针形，萼筒钟状，萼片三角形，花瓣卵形至圆形，粉红色；花盘圆环形，蓇葖果半开张，花柱顶生，6 ~ 7 月开花，8 ~ 9 月结果。有时有 2 次开花。

2. 生长习性

粉花绣线菊喜光，阳光充足则开花量大，耐半阴；耐寒性强，能耐 –10℃低温，喜四季分明的温带气候，在无明显四季交替的亚热带、热带地区生长不良；耐瘠薄、不耐湿，在湿润、肥沃富含有机质的土壤中生长茂盛，生长季节需水分较多，但不耐积水，也有一定的耐干旱能力。

3. 分布

粉花绣线菊原产日本和朝鲜半岛，我国华东地区有引种栽培。

4. 园林应用

粉花绣线菊可作花坛、花境，或植于草坪及园路角隅等处构成夏日佳景，亦可作基础种植。粉花绣线菊花色妖艳，甚为醒目，且花期正值少花的春末夏初，应大力推广应用。可成片配置于草坪、花坛、花径，或丛植庭园一隅，亦可作绿篱，盛开时宛若锦带。庭院观赏、花篱、丛植、花境、可布置草坪及小路角隅等处，或种植于门庭两侧。

5. 修剪

粉花绣线菊的整形修剪以春季为好。早春于萌芽前剪去干枯枝、过密枝、病弱枝、老化枝，使株形美观，花繁叶茂，植株旺盛生长。

2.5.6 榆叶梅［*Amygdalus triloba*（Lindl.）Ricker］蔷薇科 李属（图 2-6）

1. 形态特征

榆叶梅为落叶灌木，小枝细，枝紫褐色，叶宽椭圆形至倒卵形，先端 3 裂状，缘有不等的粗重锯齿；花单瓣至重瓣，紫红色，1 ~ 2 朵生于叶腋，花期 4 月；核果红色，近球形，有毛。

图 2-6 榆叶梅

2. 分布

榆叶梅原产于中国东北，西北等地区。

3. 生长习性

榆叶梅喜光，稍耐阴，耐寒。对土壤要求不严，以中性至微碱性而肥沃土壤为佳。根系发达，耐旱力强，不耐涝，抗病力强。

4. 园林应用

榆叶梅因叶片似榆叶而得名，是我国北方地区普遍栽培的早春树种，以反映春光明媚的欣欣向荣景象，此外，还可作盆栽、切花材料。

5. 病虫害防治

榆叶梅常见的病害有：榆叶梅、黑斑病、根癌病、叶斑病。

（1）黑斑病防治方法

1）种植时要选择优良抗病品种，增加植物检疫。

2）在秋天植物休眠期，要及时对园林种植地进行清除枯枝、落叶等杂物，并及时集中烧毁。

3）加强栽培植物的大田管理工作，时常对植株进行整形修剪，剪枝叶进行通风透光，可减轻病害的发生。

4）春季在植株新叶发生快展开时，及时喷洒 75% 百菌清 600 倍液或 85% 代森锌 400 倍液，15 ~ 20 天喷洒 1 次，要连喷 3 ~ 4 次，以达到彻底防病根除的效果。

（2）叶斑病防治方法

1）到了冬季结合植株修剪及枝叶整理，及时清除发病时留下的病斑及残留物，并集中烧毁。

2）在植物生长盛期要加强田间管理，雨季要注意及时排水，适量施肥，以增强植株的抗病能力。

3）在植株发病初期，要及时喷洒 75% 甲基托布津可湿性粉剂 900 ~ 1400 倍液，或 75% 百菌清可湿性粉剂 800 倍液喷洒。

榆叶梅常见的虫害有：蚜虫、红蜘蛛、蓑蛾、刺蛾、蚧壳虫、叶跳蝉、芳香木蠹蛾、天牛等。

（1）蚜虫

其危害期在嫩叶上危害，轻的危害，使植株生长受到影响。严重的会造成植株枯萎，叶片大面积死亡，最后整个植株死亡。

如果发现大量蚜虫发生危害时，应及进行化学防治。防治方法：可用吡虫啉 1500 倍液杀灭蚜虫，或用 1∶3∶300 的配比，调制出洗衣粉、尿素、水的溶液进行整株喷洒。2 ~ 3 次，或用 12% 氧化乐果乳剂 900 倍液，或敌敌畏乳油 900 倍液。

（2）红蜘蛛

红蜘蛛繁殖较快，如出现可用 15% 哒螨灵乳油 1000 ~ 1500 倍液或 40% 三氯杀螨醇乳油 1000 ~ 1500 倍液。

（3）蓑蛾

蓑蛾在高温、干燥气候条件下容易对植株发生危害，其主要危害植物叶片。

防治方法：少量发生时，可人工摘除虫、卵，并集中烧毁。虫害大发生时，可在幼虫发生期喷洒溴氰菊酯乳油 1500 ~ 2000 倍液，或 85% 敌敌畏乳油 900 倍液，或 80% 敌百虫晶体 1500 倍液。

2.5.7 密枝红叶李 [*Prunus cerasifera* f.*atropurpurea* (Jacq.) Rehd. '*Russia*'] 蔷薇科 李属 (图 2-7)

图 2-7 密枝红叶李

1. 形态特征

密枝红叶李为俄罗斯红叶李变异提纯品种，乔灌皆宜，色彩鲜艳亮丽，枝条多且细密。

2. 分布

主要分布于俄罗斯。中国辽宁省有栽植。

3. 生长习性

耐修剪，抗旱、抗寒、耐瘠薄力极强，兼具紫叶矮樱的景观效果和李子的生长特性，是替代东北地区常用红叶苗木紫叶小檗的唯一树种。

4. 园林应用

常用于绿篱、模纹色带。是庭院、园林、街道绿化珍贵彩色树种。

5. 修剪

密枝红叶李适于绿篱、地球、吊球，最主要的特点就是在耐修剪，易整形。根据生长环境、生长情况及园林绿化中的作用进行合理修剪。密枝红叶李绿篱在生长初期应剪去直立枝、徒长枝、干枯枝、病虫枝等，其余保持不动，扩大冠幅提高密实度，根据造型进行修剪。还用注意返祖枝条和萌生枝条，保证绿篱的纯度保证整体效果。每隔 8 ~ 10 天进行一次修剪，保持平整度及造型。在绿篱修剪时，顶部和侧面都要仔细修剪，保持下部通风，采光充足，以矩形和梯形等。修剪绿篱时应注意平整度。做到高修低养，平面立面整齐划一横平竖直，平整度不够的可以逐渐养成采取挂线修剪的办法。

6. 病虫害防治

同紫叶李。

2.5.8 毛樱桃 [*Cerasus tomentosa* (Thumb.) Wall.] 蔷薇科 樱属 (图 2-8)

1. 形态特征

毛樱桃为落叶灌木，冠径 3 ~ 3.5m，有直立型、开张型两类，为多枝干形，干径可达

7cm，单枝寿命 5 ~ 15 年。叶芽着生枝条顶端及叶腋间、花芽为纯花芽，与叶芽复生，萌芽率高，成枝力中等，隐芽寿命长。花芽量大，花先叶开放，白色至淡粉红色，萼片红色，坐果率高，花期 4 月初，果实发育期 45 ~ 55 天，5 月下旬至 6 月初成熟。核果圆或长圆，鲜红或乳白，味甜酸，是早熟的水果之一。

图 2-8　毛樱桃

2. 生长习性

毛樱桃是喜光、喜温、喜湿、喜肥的果树。考虑到毛樱桃根系分布浅易风倒，适宜在土层深厚、土质疏松、透气性好、保水力较强的砂壤土或砾质壤土上栽培。在土质黏重的土壤中栽培时，根系分布浅，不抗旱，不耐涝也不抗风。毛樱桃树对盐渍化土壤反应很敏感，适宜的土壤 pH 值为 5.6 ~ 7，因此盐碱地区不宜种植毛樱桃。

3. 分布

毛樱桃产于中国黑龙江、吉林、辽宁、内蒙古、河北、山西、陕西、甘肃、宁夏、青海、山东、四川、云南、西藏等地。日本也有分布。

4. 园林应用

毛樱桃在北方地区常用庭院栽植，因其耐修剪也常设计为绿篱。

5. 修剪

毛樱桃主要是以灌木墩和灌木球使用。修剪根据生长环境、生长情况及园林绿化中的作用进行合理修剪。灌木墩在生长初期应剪去直立枝、徒长枝、干枯枝、病虫枝等，其余保持不动，扩大冠幅提高密实度，根据造型进行修剪。灌木球每隔 8 ~ 10 天进行一次修剪，保持灌木球的完整度。

使用工具：亚桥枝剪、高枝剪、手锯。修剪绿篱以双刃绿篱机、宽带绿篱机为主，修剪球以弧形绿篱机，双刃绿篱机为主。并配合绿篱剪修剪。

6. 病虫害防治

主要病害有：流胶病、根瘤病、褐斑病、枯叶病。

（1）流胶病

流胶病主要是由于霜害、冻害、病虫害、雹害、水分过多或不足、施肥不当、修剪过重、结果过多、土质黏重或土壤酸度过高等原因引起。若为蛾类钻入树干产卵所致，可以用尖刀挖出虫卵，同时改良土壤，加强水肥管理。

（2）根瘤病

根瘤病会导致病树的根无法正常生长，不管怎样施肥，树还是不健壮。要及时切除肿瘤，进行土壤消毒处理，利用腐叶土、木炭粉及微生物改良土壤。

（3）褐斑病

在 5 ~ 6 月时发生，叶出现紫褐色小点，后渐扩大成圆形，病斑部位干燥收缩后成为小孔、病菌多在病枝病叶上过冬，发育最适温度为 25℃ ~ 28℃，借风传播，多雨季节有利于侵染发病。树势衰弱，排水不良，通风透光差时，病害发生严重。

防治方法：加强栽培管理，合理整枝修剪，并注意剪掉病梢，及时清理病叶并烧毁，为植株创造干净的生长条件。新梢萌发前，可喷洒石硫合剂，发病期可喷洒 15% 代森锌 600 ~ 800 倍液。

（4）枯叶病

夏季叶上发生黄绿色的圆形斑点，后变褐色，散生黑色小粒点，病叶枯死但并不脱落。

防治方法：生长季节在发病严重的区域，从 6 月下旬发病初期到 10 月间，每隔 10 天左右喷 1 次药，连喷几次可有效的予以防治。常用药剂有：50% 甲基托布津 500 ~ 800 倍液、50% 多菌灵可湿性粉剂 1000 倍、65% 代森锰锌 500 倍液。

主要虫害有：蚜虫、红蜘蛛。

（1）蚜虫

成、若蚜群集叶片、嫩芽吸食汁液，受害叶边缘向背面纵卷成条筒状。一年发生多代，以卵在一年生枝条芽缝、剪锯口等处越冬。次年 4 月上旬，越冬卵孵化，自春季至秋季均孤雌生殖，发生危害盛期在 6 月中下旬。10 ~ 11 月出现有性蚜，交尾后产卵，以卵态越冬。

防治方法：参考珍珠绣线菊蚜虫防治方法，要求淋洗式喷布，做到枝、叶芽全面着药，力争全歼，不留后患。

（2）红蜘蛛

危害方式是以口器刺入叶片内吮吸汁液，使叶绿素受到破坏，叶片呈现灰黄点或斑块，叶片桔黄、脱落，甚至落光。

防治方法：个别叶片受害，可摘除虫叶。较多叶片发生时，应及早喷药，常用的农药有乐果、哒螨灵、速灭杀丁等。

2.5.9 麦李［*Cerasus glandulosa*（Thunb.）Lois.］蔷薇科 樱属（图 2-9）

1. 形态特征

麦李为落叶灌木，高达 2m。叶卵状长椭圆形至椭圆状披针形，长 5 ~ 8cm，先端急尖而常圆钝，基部广楔形，缘有细钝齿，两面无毛或背面中肋疏生柔毛；叶柄长 4 ~ 6mm。花粉红或近白色，径约 2cm，花梗长约 1cm。果近球形，径 1 ~ 1.5cm，红色。

图 2-9　麦李

2. 分布

麦李产自中国陕西、河南、山东、江苏、安徽、浙江、福建、广东、广西、湖南、湖北、四川、贵州、云南等地。生于山坡、沟边或灌丛中，也有庭园栽培，海拔 800 ~ 2300m。日本也有分布。

3. 生长习性

麦李喜光，较耐寒，适应性强。

4. 园林应用

各地庭园常见栽培观赏宜于草坪、路边、假山旁及林缘丛栽，也可作基础栽植、盆栽或催花、切花材料。

5. 修剪

麦李的树冠整齐丰满，树形椭圆球状，十分完美，一般不必修剪，亦不必重剪，只需将剪去直立枝、徒长枝、干枯枝、病虫枝及个别突出部分即可。

2.5.10　珍珠梅［*Sorbaria sorbifolia*（L.）A. Br.］蔷薇科 珍珠梅属（图 2-10）

1. 形态特征

珍珠梅为落叶灌木，凡幼枝、叶两面脉上、叶柄、苞片、小苞片及萼檐外面都被短柔毛和微腺毛，枝条开展；冬芽卵形，紫褐色，先端圆钝，具有数枚互生外露的鳞片。羽状复叶，小叶片对生，披针形至卵状披针形，先端渐尖，稀尾尖，基部近圆形或宽楔形，稀偏斜，边缘有尖锐重锯齿，上下两面无毛或近于无毛，羽状网脉，托叶叶质，顶生大型密集圆锥花序，分枝近于直立，总花梗和花梗被星状毛或短柔毛，果期逐渐脱落，苞片卵状披针形至线状披针形，先端长渐尖，全缘或有浅齿，上下两面微被柔毛，果期逐渐脱落；萼筒钟状，萼片三角卵形，先端钝或急尖，萼片约与萼筒等长；花瓣长圆形或倒卵形，白色；雄蕊生在花盘边缘；心皮无毛或稍具柔毛。蓇葖果长圆形，有顶生弯曲花柱，7 ~ 8 月开花，9 月结果。

图 2-10　珍珠梅

2. 生长习性

珍珠梅耐寒，喜光又耐阴，耐修剪。在排水良好的砂质壤土中生长较好。生长快，易萌蘖，是良好的夏季观花植物。

3. 分布

珍珠梅产于中国辽宁、吉林、黑龙江、内蒙古。生于山坡疏林中，海拔 250 ~ 1500m。俄罗斯、朝鲜、日本、蒙古也有分布。

4. 园林应用

在园林中丛植于草地角隅，窗前，屋后或庭院庇荫处，效果尤佳。可作绿篱。

5. 病虫害防治

珍珠梅的主要病种有：白粉病、褐斑病。

防治方法：

（1）白粉病发病初期喷洒 70% 甲基托布津 800 倍液。

（2）褐斑病 7 ~ 9 月喷洒 65% 代森锌可湿性粉剂 600 倍液或 70% 代森锰锌可湿性粉剂 500 倍液。

2.5.11　风箱果［*Physocarpus amurensis*（Maxim.）Maxim.］蔷薇科 风箱果属（图 2-11）

1. 形态特征

风箱果为灌木，叶互生，小枝圆柱形，稍弯曲，幼时紫红色，老时灰褐色。叶片三角卵形至宽卵形；叶柄微被柔毛或近于无毛；托叶线状披针形，早落。花序伞形总状，总花梗和花梗密被星状柔毛；苞片披针形，早落；花萼筒杯状；萼片三角形；花瓣白色；花药紫色；心皮外被星状柔毛，花柱顶生。蓇葖果膨大，卵形，熟时沿背腹两缝开裂，外面微被星状柔毛，内含光亮黄色种子 2 ~ 5 枚。花期 6 月，果期 7 ~ 8 月。

图 2-11 风箱果

2. 生长习性

风箱果喜光，也耐半阴。耐寒性强。要求土壤湿润，但不耐水渍。

3. 分布

风箱果产于中国黑龙江（帽儿山）、河北（雾灵山、承德）。生于山沟中，在阔叶林边，常丛生，常生于山顶、山沟、山坡林缘、灌丛中。分布朝鲜北部及俄罗斯远东地区。

4. 园林应用

风箱果树形开展，花色素雅、花序密集，果实初秋时呈红色，具有较高的观赏价值，可植于亭台周围、丛林边缘及假山旁边。

5. 同属植物

（1）金叶风箱果（图 2-12）

是无毛风箱果的变种，落叶灌木。株高 1 ~ 2m。叶片生长期金黄色，落前黄绿色，三角状卵形，缘有锯齿。原产于北美，是为丰富绿化层次和色彩而引进的蔷薇科观赏性花灌木品种。

（2）紫叶风箱果（图 2-13）

是蔷薇科，风箱果属植物。原产北美，引种于河南。紫叶风箱果是近年来为丰富绿化层次和色彩而从国外引进的蔷薇科观赏性花灌木品种。

图 2-12　金叶风箱果

图 2-13　紫叶风箱果

2.5.12　金银忍冬 [*Lonicera maackii*（Rupr.）Maxim.] 忍冬科 忍冬属（图 2-14）

1. 形态特征

金银忍冬为落叶灌木，凡幼枝、叶两面脉上、叶柄、苞片、小苞片及萼檐外面都被短柔毛和微腺毛。花成对腋生，总花梗短于叶柄，苞片线形，花冠唇彩，花先白后黄，芳香。花期 5 月，果 9 月成熟。

2. 生长习性

金银忍冬喜光，耐半阴，耐旱，耐寒。喜湿润肥沃及深厚之土壤。对光照、土壤、水分、温度等条件具有较强的适应力。对城市土壤适应性较强。

3. 分布

金银忍冬产于中国黑龙江、吉林、辽宁三省的东部，河北、山西南部、陕西、甘肃东南部、山东东部和西南部、江苏、安徽、浙江北部、河南、湖北、湖南西北部和西南部（新宁）、四川东北部、贵州、云南东部至西北部及西藏（吉隆）。朝鲜、日本和俄罗斯远东地区也有分布。

图 2-14　金银忍冬

4. 园林应用

金银忍冬因其初夏开花有芳香，秋季有红果缀枝头，是良好的观赏灌木，孤植或丛植于林缘、草坪、水边均很适合。

5. 修剪

金银忍冬主要是以灌木墩和灌木球使用。修剪根据生长环境、生长情况及园林绿化中的作用进行合理修剪。灌木墩在生长初期应剪去直立枝、徒长枝、干枯枝、病虫枝等，其余保持不动，扩大冠幅提高密实度，根据造型进行修剪。灌木球每隔 8 ~ 10 天进行一次修剪，保持灌木球的完整度。

6. 病虫害防治

金银忍冬病虫害较少，初夏主要有蚜虫，可用吡虫啉可湿性粉剂 800 ~ 1500 倍液、烟碱苦参碱 1000 ~ 1500 倍液防治。有时也有桑刺尺蛾发生。

2.5.13 锦带花［*Weigela florida*（Bunge）A. DC.］忍冬科 锦带花属（图 2–15）

1. 形态特征

锦带花为灌木，枝条开展，树型较圆筒状，有些树枝会弯曲到地面，小枝细弱，幼时具 2 列柔毛。叶椭圆形或卵状椭圆形，端锐尖，基部圆形至楔形，缘有锯齿，表面脉上有毛，背面尤密。花冠漏斗状钟形，玫瑰红色，裂片 5。蒴果柱形；种子无翅。花期 4 ~ 6 月。

图 2–15 锦带花

2. 分布

锦带花原产中国华北，东北及华北东北部。

3. 生长习性

锦带花喜光耐寒，对土壤要求不严，能耐贫瘠土壤，怕水涝，对氯化氢抗性较强。

4. 园林应用

锦带花枝叶繁茂，花色艳丽，花期长达两个月之久，是华北地区春季主要花灌木之一。可植于树丛、林缘作花篱、花丛配置。

5. 病虫害防治

锦带花病虫害并不多，偶尔有红蜘蛛、蚜虫危害。可用吡虫啉 800 ~ 1500 倍液或氧化乐果 800 倍液防治。

6. 同属植物

红王子锦带花（*Weigela florida*‘Red Prince’）忍冬科 锦带花属（图 2-16）

图 2-16 红王子锦带花

2.5.14 接骨木（*Sambucus williamsii* Hance）忍冬科 接骨木属（图 2-17）

1. 形态特征

接骨木为落叶灌木。茎无棱，多分枝，灰褐色，无毛。叶对生，单数羽状复叶；小叶卵形、椭圆形或卵状披针形，先端渐尖，基部偏斜阔楔形，边缘有较粗锯齿，两面无毛。圆锥花序顶生，密集成卵圆形至长椭圆状卵形；花萼钟形，5 裂，裂片舌状；花冠辐射状，4 ~ 5 裂，裂片倒卵形，淡黄色；雄蕊 5 枚，着生于花冠上，较花冠短；雌蕊 1 枚，子房下位，花柱短浆果鲜红色。花期 4 ~ 5 月，果期 7 ~ 9 月。

2. 生长习性

接骨木适应性较强，对气候要求不严；喜向阳，但又稍耐荫蔽。以肥沃、疏松的土壤培养为好。喜光，亦耐阴，较耐寒，又耐旱，根系发达，萌蘖性强。常生于林下、灌木丛中或平原路、根系发达，忌水涝，抗污染性强。

3. 分布

接骨木产于中国黑龙江、吉林、辽宁、河北、山西、陕西、甘肃、山东、江苏、安徽、浙江、福建、河南、湖北、湖南、广东、广西、四川、贵州及云南等省区。

图 2-17　接骨木

4. 园林应用

接骨木春季开花，夏季红果，是良好的观赏灌木，常栽植于草坪中，桥下，水系边缘。因其耐修剪，可将其修剪成球形。

5. 病虫害防治

（1）病害

斑点病和灰斑病是接骨木比较常见的病害。斑点病患病症状表现为叶片上会出现圆形的病斑，外部呈现褐色，内部为灰白色，并且表面上附着着小黑点。灰斑病患病症状表现为叶片上出现圆形或者是椭圆形的病斑，整体为褐色，中间浅外部深。

（2）虫害

透明疏广蜡蝉、东亚接骨木蚜、接骨木尾尺蛾、豹灯蛾、红天蛾是接骨木的主要虫害。

（3）防治接骨木病虫害的方法

1）病害治疗方法

对于斑点病的治疗，用百菌清可湿性粉剂 800 ~ 1000 倍液或者是多菌灵可湿性粉剂 800 ~ 1000 倍液喷雾，灰斑病也同样适用。两种病的防治都是每周进行一次，在治疗 3 ~ 4 次时会有好转现象。

2）虫害治疗方法

针对不同的虫害要选择不同的药物，如针对透明疏广蜡蝉危害，用吡虫啉可湿性粉剂 800 ~ 1000 倍液喷雾；如针对豹灯蛾和红天蛾的危害则选用溴氰菊酯乳油 1500 ~ 2000 倍配合 40% 氧化乐果乳油 800 ~ 1000 倍液喷雾。

3）打药工具

根据现场实际情况可使用手推式打药车、水车（药泵）、电动喷雾器或手动喷雾器。人员需佩戴护目镜、橡胶手套及防毒面具等防护工具防止中毒。

6. 修剪

接骨木主要是以灌木墩形式使用。根据生长环境、生长情况及园林绿化中的作用进行合理修剪。灌木墩在生长初期应剪去直立枝、徒长枝、干枯枝、病虫枝等，其余保持不动，扩大冠幅提高密实度，根据造型进行修剪。一般在 6~8 月每隔 10~15 天进行一次修剪。

2.5.15 绣球荚蒾（*Viburum macrocephalum* Fort.）忍冬科 荚蒾属（图 2-18）

1. 形态特征

绣球荚蒾树呈伸展状，树冠呈球形。冬芽裸露，树枝较低，树形较小，小枝褐色，光滑粗壮。叶片墨绿色，单叶对生或三叶轮生，长卵圆形或椭圆形，长 7 ~ 10cm，宽 3 ~ 5cm，基部楔形或近圆形，先端渐尖，边缘有内弯细齿，嫩叶表面有毛，老叶表面无毛或散生刚伏毛；叶背绿色，散生刚伏毛；叶柄长 1.2 ~ 2.5cm。庞大的圆锥花序生于枝顶，直立或弯垂，花萼 4 ~ 5，芳香。花初开白色，由于花瓣中含有花青素，对空气 pH 反应敏感，遂花逐渐变成粉绿、粉红或黄色。蒴果近卵形，长 1.2 ~ 2.5cm，棕色或粉红色。花期 4 ~ 6 月。

图 2-18 绣球荚蒾

2. 分布

绣球荚蒾主产我国长江流域，南北各地都有栽培。

3. 生长习性

绣球荚蒾繁殖力强，喜光，稍耐阴，耐寒，耐旱，能适应除湿地以外的各种土壤。

4. 园林应用

绣球荚蒾可以做灌木边界树种，种植在宅旁、路边、公园、草坪周围效果颇佳。

5. 主要病虫害

蓝绿象成虫主要危害绣球荚蒾的嫩叶、梢等。

2.5.16 紫丁香（*Syringa oblata* Lindl.）木樨科 丁香属（图 2-19）

1. 形态特征

紫丁香枝条粗壮无毛；叶广成卵形，通常宽度大于长度，或楔形，全缘，两面无毛。

圆锥花序长 6 ~ 15cm；花萼钟状，有 4 齿；花冠堇紫色，端 4 裂开展，花药生于花冠中部或中上部。蒴果长圆形，顶端尖，平滑；花期 4 月；体型较小。

图 2-19 紫丁香

2. 分布

紫丁香分布于中国东北、华北、西北东部。朝鲜、日本、俄罗斯也有分布。

3. 生长习性

紫丁香喜充足阳光，也耐半阴。适应性较强，耐寒、耐旱、耐瘠薄，病虫害较少。以排水良好、疏松的中性土壤为宜，忌酸性土。忌积涝、湿热。丁香花喜欢阳光，较耐阴，喜欢湿润，但忌积水，耐寒耐旱，一般不需要多浇水。

4. 园林应用

紫丁香常丛植于建筑前、茶室凉亭周围，散植于路两旁、草坪中，与其他植物配植形成景观。东北地区常以绿篱、灌木球、灌木墩形式使用。

5. 病虫害防治

危害紫丁香的病害有细菌或真菌性病害，另外还有病毒引起的病害。一般病害多发生在夏季高温高湿时期。白粉病病害初发生时，产生另行粉状斑，后扩大成片，全叶布满白色的粉霉层变成灰白色稀薄的灰尘色，并陆续出现黑色小颗粒状的闭囊壳（图 2-20）。

防治方法：

清除落叶，消灭越冬病源。剪去过密枝条，以利通风透光。发病期喷甲基硫菌灵 800 倍液加百菌清 800 倍液或甲基硫菌灵 800 倍液加多菌灵 1000 倍液。

紫丁香常见虫害有红蜘蛛、蚜虫、丁香跳甲，危害嫩枝及叶。用 40% 乐果 1∶800 倍液，配合敌杀死 1∶1000 倍喷雾杀之（图 2-21、图 2-22）。

图 2-20　丁香白粉病

图 2-21　丁香潜叶跳甲

图 2-22　丁香潜叶跳甲症状

2.5.17　水蜡（*Ligustrum obtusifolium* Sieb.et Zucc.）木樨科 女贞属（图 2-23）

1. 形态特征

水蜡为落叶多分枝灌木，树皮暗灰色。小枝圆柱形，叶片纸质，披针状长椭圆形、长椭圆形、长圆形或倒卵状长椭圆形，萌发枝上叶较大，两面无毛，圆锥花序着生于小枝顶端，花序轴、花梗、花萼均被微柔毛或短柔毛；裂片狭卵形至披针形，花药披针形，果近球形或宽椭圆形，5～6 月开花，8～10 月结果。

图 2-23　水蜡

2. 分布

水蜡产于我国黑龙江、辽宁、山东及江苏沿海地区至浙江舟山群岛。

3. 生长习性

水蜡喜光照，稍耐阴，耐寒，对土壤要求不严格。

4. 园林应用

水蜡广泛栽植于街坊、宅院，或作园路树。因其耐修剪，易整形的特性，园林中常做绿篱、绿球栽植。

5. 病虫害防治

主要虫害有白蜡蚧、蚧壳虫、白粉虱。

治疗方法：在早春喷洒 3 ~ 5 波美度的石硫合剂，在初夏及初冬用 0.3 ~ 0.5 波美度的石硫合剂喷洒树冠 2 ~ 3 次，可预防蚧壳虫和白粉虱。

白蜡介可用狂杀蚧 1000~1500 倍液喷杀 2 ~ 3 次。并配合辛硫磷 1000 ~ 1500 倍稀释后喷杀。如白蜡蚧比较严重，配合人工刮除或高压水枪冲洗。清除病灶后打药处理清除杀菌。如特别严重可从根部剪除并大药处理增强水肥管理促进重新萌发。

白粉虱可用 80% 敌敌畏乳油 1500 ~ 2000 倍液或吡虫啉 1500 ~ 2000 倍液进行喷杀，1 ~ 2 次即可灭绝。

2.5.18　连翘［*Forsythia suspensa*（Thunb.）Vahl］木樨科　连翘属（图 2-24）

1. 形态特征

连翘为落叶灌木，连翘早春先叶开花，花开香气淡艳，满枝金黄，是早春优良观花灌木。枝干丛生，小枝黄色，拱形下垂，中空。叶对生，单叶或三小叶，卵形或卵状椭圆形，缘锯齿。花冠黄色，1 ~ 3 朵生于叶腋。果卵球形、卵状椭圆形或长椭圆形，先端喙状渐尖，表面疏生皮孔；果梗长 0.7 ~ 1.5cm。花期 3 ~ 4 月，果期 7 ~ 9 月。

图 2-24　连翘

2. 生长习性

连翘喜光，有一定程度的耐阴性；喜温暖，湿润气候，也很耐寒；耐干旱瘠薄，怕涝；不择土壤，在中性、微酸或碱性土壤均能正常生长。

3. 分布

连翘原产于我国北部、中部及东北各地。

4. 园林应用

连翘可丛植于草坪，角隅、岩石假山下，路边缘、转角处，阶前、篱下作基础栽植。

5. 病虫害防治

叶斑病：连翘的叶斑病是由系半知菌类真菌侵染所致，病菌首先侵染叶缘，随着病情的发展逐步向叶中部发展，发病后期整个植株都会死亡。此病 5 月中下旬开始发病，7、8 两月为发病高峰期，高温高湿天气及密不通风利于病害传播。

防治叶斑病一定要注意经常修剪枝条，疏除冗杂枝和过密枝，使植株保持通风透光。在养殖连翘的时候还要加强水肥管理，注意营养平衡，不可以偏施氮肥。如果发现连翘患有叶斑病，可以喷施 75% 百菌清可湿性颗粒 1200 倍液或 50% 多菌灵可湿性颗粒 800 倍液进行防治，每 10 天一次，连续喷 3 ~ 4 次可有效控制住病情。

2.5.19 茶条槭（*Acer ginnala* Maxim.subsp.*ginnala*）槭树科 槭属（图 2–25）

1. 形态特征

落叶灌木，高可达 6m。树皮粗糙、灰色，小枝细瘦，无毛，冬芽细小，淡褐色，鳞片近边缘具长柔毛，叶片长圆卵形或长圆椭圆形，中央裂片锐尖或狭长锐尖，上面深绿色，无毛，下面淡绿色，近于无毛，叶柄细瘦，绿色或紫绿色，伞房花序无毛，具多数的花；花梗细瘦，花杂性，雄花与两性花同株；萼片卵形，黄绿色，花瓣长圆卵形白色，较长于萼片；花丝无毛，花药黄色；花盘无毛，果实黄绿色或黄褐色；5 月开花，10 月结果。

图 2–25　茶条槭

2. 分布

茶条槭分布于中国黑龙江、吉林、辽宁、内蒙古、河北、山西、河南、陕西、甘肃等地。

3. 生长习性

茶条槭属阳性树种，耐阴，耐寒，喜湿润土壤，耐旱，耐瘠薄，抗性强，适应性广。

4. 园林应用

茶条槭树干直，花有清香，夏季果翅红色美丽，秋叶鲜红，翅果成熟前也红艳可观，是较好的秋色叶树种，也是良好的庭园观赏树种，可栽作绿篱及小型行道树。

5. 病虫害防治

茶条槭病虫害较少，生产上常见红蜘蛛和叶斑病危害叶片。在 6 月虫害发生时，氧化乐果 800 ~ 1000 倍液或哒螨灵 1000 倍液。对叶斑病可在叶面喷施代森锰锌或多菌灵 400 ~ 500 倍液进行防治。

6. 修剪

茶条槭主要是以灌木墩和自然式绿篱使用。修剪根据生长环境、生长情况及园林绿化中的作用进行合理修剪。灌木墩在生长初期应剪去直立枝、徒长枝、干枯枝、病虫枝等，其余保持不动，扩大冠幅提高密实度，根据造型进行修剪。每隔 10 ~ 15 天进行一次修剪，保持灌木球的完整度。绿篱的修剪注意平整度的保证平面整齐划一，立面整齐划一。

2.5.20 东北山梅花（*Philadelphus schrenkii* Rupr.）虎耳草科 山梅花属（图 2-26）

1. 形态特征

东北山梅花为灌木，高 2 ~ 4m；枝条对生，一年生枝上有短毛或变无毛。叶对生，有短柄；叶片卵形或狭卵形，先端渐尖，基部圆形或宽楔形，边缘疏生小牙齿，上面通常无毛，下面沿脉疏有柔毛。花序具 57 花，花序轴和花梗有短柔毛；萼筒疏被柔毛，裂片 4，宿存，三角状卵形，长 47mm，外面无毛或变无毛；花瓣 4，白色，倒卵形；花盘无毛；雄蕊多数；子房下位，4 室，花柱下部被毛，上部 4 裂。蒴果近椭圆形。

图 2-26 东北山梅花

2. 生长习性

东北山梅花喜光，极耐阴，耐寒，适应性强。在林冠下山坡地段有良好的表象，沟谷地段少见或生长欠佳，而以全光或光线较好的空旷、林缘地段生长最好，开花结实较多，是前者的十几倍。

3. 分布

东北山梅花分布于中国辽宁、吉林和黑龙江。朝鲜和俄罗斯东南部亦有分布。

4. 园林应用

东北山梅花开花是满树白色，芳香四溢，枝叶茂盛，可栽植在花坛中心、路边、建筑物附近，或做花篱材料。可耐绝对低温 –45℃。

5. 主要病虫害

主要病害为根锈病、枯枝病、叶斑病等。主要虫害有刺蛾、大蓑蛾、蚜虫等。

6. 修剪

东北山梅花主要是以灌木墩形式使用。修剪根据生长环境、生长情况及园林绿化中的作用进行合理修剪。灌木墩在生长初期应剪去直立枝、徒长枝、干枯枝、病虫枝等，其余保持不动，扩大冠幅提高密实度，根据造型进行修剪。每隔 10 ~ 15 天进行一次修剪，保持灌木球的完整度，并合理控制冠副以便修剪。

2.5.21 大花圆锥绣球（*Hydrangea paniculata* 'Grandiflora'）虎耳草科绣球属（图 2–27）

图 2–27 大花圆锥绣球

1. 形态特征

大花圆锥绣球树高 2 ~ 3m，冠幅约 3m。树呈伸展状，树枝较低，树形较小，小枝褐色，光滑粗壮。叶片墨绿色，单叶对生或三叶轮生，长卵圆形或椭圆形，长 7 ~ 10cm，宽 3 ~ 5cm，基部楔形或近圆形，先端渐尖，边缘有内弯细齿，嫩叶表面有毛，老叶表面无毛或散生刚伏毛；叶背绿色，散生刚伏毛；叶柄长 1.2 ~ 2.5cm。庞大的圆锥花序生于枝顶，直立或弯垂，花序长 14 ~ 40cm，宽 12 ~ 30cm；能孕育花小，多数为不孕花；花萼 4 ~ 5，芳香。花初开白色，由于花瓣中含有花青素，对空气 pH 反应敏感，遂花逐渐变成粉绿、粉红或黄色。蒴果近卵形，长 1.2 ~ 2.5cm，棕色或粉红色。花期 7 ~ 10 月，果期 10 月。

2. 分布

大花圆锥绣球在中国丹东、大连、北京、沈阳及长春、哈尔滨、呼和浩特等地都有栽培。

3. 生长习性

大花圆锥绣球繁殖力强，喜光，稍耐阴，耐寒，耐旱，能适应除湿地以外的各种土壤。

4. 园林应用

大花圆锥绣球可以做灌木边界树种，种植在宅旁、路边、公园、草坪周围效果颇佳。

5. 病虫害防治

蓝绿象成虫主要危害嫩叶、梢等。发现被害梢剪下烧毁，或在害虫危害严重季节定期用 40% 氧化乐果 800 ~ 1000 倍液喷洒。

2.5.22 中华金叶榆（*Ulmus pumila* 'jinye'）榆科 榆属（图 2-28）

1. 形态特征

中华金叶榆叶片金黄，有自然光泽;叶脉清晰;叶卵圆形，平均长 3 ~ 5cm，宽 2 ~ 3cm，比普通榆树叶片稍短;叶缘具锯齿,叶尖渐尖,互生于枝条上。花期 3 ~ 4 月,果期 4 ~ 5 月。

图 2-28 中华金叶榆

2. 分布

中华金叶榆分布于我国广大的东北、西北地区、沿海地区。

3. 生长习性

中华金叶榆喜光，耐寒，耐旱，能适应干凉气候。喜肥沃、湿润而排水良好的土壤，不耐水湿，但能耐干旱瘠薄和盐碱土。抗风、保土能力强，对烟尘及氟化氢有毒气体的抗性强。

4. 园林应用

中华金叶榆生长迅速，枝条密集，耐强度修剪，造型丰富。既可通过嫁接培育为黄色乔木，作为园林风景树，又可播种繁殖培育成黄色灌木及高桩金球，广泛应用于绿篱、色带、拼图、造型。中华金叶榆根系发达，耐贫瘠，水土保持能力强，除用于城市绿化外，还可大量应用于山体景观生态绿化中，营造景观生态林和水土保持林。

5. 病虫害防治

榆绿叶甲（图 2-29）：榆绿叶甲 1 年 2 代，以成虫于土内、砖块下、杂草间、墙缝和屋檐等处越冬。翌年春天成虫开始活动。卵产于叶背面，成块，排列成双行。卵期 7 ~ 10 天。幼虫在叶面的密度很大，共 4 龄。老熟幼虫在树干分叉处和树皮缝隙间化蛹，蛹期 10 ~ 15 天。

榆绿叶甲在东北、华北地区非常普遍，危害榆树严重。成虫和幼虫均食叶，常将整株榆树的受灾榆树叶子吃光，仅留叶脉。成虫能分泌一种黄色液体，气味难闻，借此逃避敌害。

防治方法：

全株喷洒溴氰菊酯乳油 2000 倍液加氧化乐果 800 倍液喷洒或灭幼脲 1500 倍液烟碱苦参碱 1000 倍液都可以防治。如果是生长季节，幼虫群集在树干上蛹化时人工捕杀虫体。

图 2-29 榆绿叶甲

2.5.23 紫叶小檗（*Berberis thunbergii* 'Atropurpurea'）小檗科 小檗属（图 2-30）

1. 形态特征

紫叶小檗是日本小檗的自然变种。落叶灌木。幼枝淡红带绿色，无毛，老枝暗红色具条棱；节间长 1 ~ 1.5cm。叶菱状卵形，长 5 ~ 20mm，宽 3 ~ 15mm，先端钝，基部下延成短柄，全缘，表面黄绿色，背面带灰白色，具细乳突，两面均无毛。花 2 ~ 5 朵成具短总梗并近簇生的伞形花序，或无总梗而呈簇生状，花梗长 5 ~ 15mm，花被黄色；小苞片带红色，长约 2mm，急尖；外轮萼片卵形，长 4 ~ 5mm，宽约 2.5mm，先端近钝，内轮萼片稍大于外轮萼片；花瓣长圆状倒卵形，长 5.5 ~ 6mm，宽约 3.5mm，先端微缺，基部以上腺体靠近；雄蕊长 3 ~ 3.5mm，花药先端截形。浆果红色，椭圆体形，长约 10mm，稍具光泽，含种子 1 ~ 2 颗。

图 2-30　紫叶小檗

2. 生长习性

紫叶小檗喜凉爽湿润环境，适应性强，耐寒也耐旱，不耐水涝，喜阳也能耐阴，萌蘖性强，耐修剪，对各种土壤都能适应，在肥沃深厚排水良好的土壤中生长更佳。

3. 分布

紫叶小檗原产日本、中国浙江、安徽、江苏、河南、河北等地。中国各省市广泛栽培，各北部城市基本都有栽植。

4. 园林应用

紫叶小檗是园林绿化的重要观叶灌木，常与金叶女贞、大叶黄杨、中华金叶榆组成色块、色带及模纹花坛。紫叶小檗球可植于路旁或点缀于草坪之中。

5. 主要病虫害

紫叶小檗常见的病害是白粉病（图 2-31、图 2-32）。

图 2-31　白粉病

图 2-32　白粉病治疗后

（1）症状

病菌主要危害叶片和幼嫩新梢。发病初期时，先在受害叶表面产生白粉小圆斑，后逐渐扩大。在嫩叶上，病斑扩展几乎无限，甚至布满整个叶片，严重时还会导致叶片皱缩、纵卷，新梢扭曲、萎缩。在老叶上病斑的发展形成有限的近圆形的病斑。病斑上的白粉层可由白色至灰白色，病斑变成黄褐色。

（2）发生规律

病菌一般以菌丝体在病组织越冬，病叶、病梢为翌春的初侵染来源。病菌分生孢子萌发温度范围是 5℃～30℃，最适温度为 20℃。发病高峰期出现于 4～5 月和 9～11 月。在发病期间雨水多，栽植过密，光照不足，通风不良、低洼潮湿等因素都可加重病害的发生。温湿度适合，导致常年发病。

（3）防治方法

加强管理，控制种植密度，注意通风透光，以增强植物抗性。结合修剪整形及时除去病梢、病叶，以减少侵染源。药剂防治强调以预防为主，方法是用三唑酮稀释 1000 倍液，进行叶面喷雾，每周一次，连续 2～3 次可基本控制病害。或 70% 代森锰锌可湿性粉剂 800～1000 倍药剂。注意药剂的交替使用，以免病菌产生抗药性。

2.5.24 砂地柏（*Juniperus sabina* L.）柏科 圆柏属（图 2-33）

1. 形态特征

砂地柏匍匐状常绿灌木，高不及 1m，常用景观灌木。枝叶密集，枝斜向上生长，树皮呈灰褐色，常为刺叶，交叉对生，长 3～7mm。球果呈倒三角形，长 5～8mm，熟时褐色或深紫色。

图 2-33 砂地柏

2. 生长习性

砂地柏耐寒、耐干旱、环境适应能力较强。

3. 分布

砂地柏主要分布于我国东北、西北及华北地区。

4. 园林应用

（1）园景观赏灌木

由于其相互交叉的优美群落形态，非常适合自然性丛植作观赏灌木，应用于绿地开阔处、滨水岸边、路缘、林缘等景观空间，观赏效果良好。

（2）绿篱

砂地柏可密列植应用作绿篱，应用于路缘、水畔、围墙沿线等景观空间。

（3）护坡树种

因其耐干旱，环境适应性强，四季常绿，是理想的护坡树种，应用于公路两侧、水岸边登坡状环境中。

（4）古建庭院树种

砂地柏常栽植于宫廷园林、寺宇、历史文化景区、古建庭院、古典园林中，是优良的庭院观赏树种。

（5）搭配造景

砂地柏四季常绿、枝叶茂密，在与其他景观植物搭配造景时，常作前景树种（近似于地被植物），植被空间层次分明，景观观赏效果良好。砂地柏常应用作乔木林下空间的地被绿化植物。

5. 病虫害防治

砂地柏环境适应能力强，病虫害极少。

2.5.25 卫矛［*Euonymus alatus*（Thunb.）Sieb.］卫矛科 卫矛属（图 2-34）

1. 形态特征

卫矛为灌木，小枝常具 2 ~ 4 列宽阔木栓翅；冬芽圆形，芽鳞边缘具不整齐细坚齿。叶卵状椭圆形、边缘具细锯齿，两面光滑无毛；叶柄长 1 ~ 3mm。聚伞花序 1 ~ 3 花；花序梗长约 1cm，小花梗长 5mm；花白绿色，4 数；萼片半圆形；花瓣近圆形；雄蕊着生花盘边缘处，花丝极短，花药宽阔长方形。蒴果 1 ~ 4 深裂，裂瓣椭圆状；种子椭圆状或阔椭圆状，种皮褐色或浅棕色，假种皮橙红色，全包种子。花期 5 ~ 6 月，果期 7 ~ 10 月。

图 2-34 卫矛

2. 生长习性

卫矛喜光，也稍耐阴。对气候和土壤适应性强，能耐干旱、瘠薄和寒冷，在中性、酸性及石灰性土上均能生长。萌芽力强，耐修剪，对二氧化硫有较强抗性。

3. 分布范围

卫矛产于中国黑龙江、吉林、辽宁、内蒙古、河北、河南、山东、山西、陕西、江苏等地。朝鲜和俄罗斯西伯利亚也有分布。

4. 园林应用

卫矛被广泛应用于城市园林、道路、公路绿化的绿篱带、色带拼图和造型。卫矛具有抗性强、能净化空气，美化环境、香化市民。适应范围广，较其他树种，栽植成本低，见效快，具有广阔的苗木市场空间。

5. 同属植物

胶东卫矛是卫矛科卫矛属直立或蔓性半常绿灌木，在园林中常用作绿篱和地被。用丝棉木作为砧木进行嫁接繁殖，观赏效果更好，用途也更广。基部枝条匍地且生根，根系发达，耐轻、中度盐碱，树叶在冬季呈浅紫红色，来年长出新叶时渐落。繁殖用扦插，成活率很高。根系发达，固土力强。原产俄罗斯、日本、中国，是优良的绿篱用树。胶东卫矛，可吸尘防风沙。

6. 病虫害防治

图 2-35　卫矛尺蠖

（1）危害特征

卫矛尺蠖又名丝绵木金星尺蠖。分布于东北、华北、华东、西北等地。危害大叶黄杨、卫矛树等树木，既影响植物的正常生长，又降低植物的观赏效果，有严重的危害性（图 2-35）。

（2）防治方法

1）天敌主要有卵寄生蜂、胡蜂、麻雀、螳螂等。

物理机械防治

① 于秋冬季在树下挖蛹消灭过冬虫源。

② 于幼虫危害期摇树或振枝，使虫吐丝下垂坠地，集中消灭。

2）化学防治

① 可采用 1500 ~ 2000 倍液的溴氰菊酯乳油（敌杀死）喷杀为主，一般在 4 月中旬开始使用，宜见虫就杀。

② 氧化乐果 800 倍液以胃毒、触杀为主，在 3 月中上旬封闭剪切口、树杈及其他越冬场所，在 5、6、7、8 月中旬喷洒使用。

③ 用 1500 倍液的灭幼脲以防治低龄幼虫期间抑制蜕皮为主，适合在幼虫期间使用。

2.5.26　红瑞木（*Cornus alba* Linnaeus）山茱萸科 梾木属（图 2-36）

1. 形态特征

红瑞木为落叶灌木。老干暗红色，枝丫血红色。叶对生，椭圆形。聚伞花序顶生，花乳白色。花期 5 ~ 6 月。果实乳白或蓝白色，成熟期 8 ~ 10 月。

图 2-36　红瑞木

2. 分布

红瑞木产于中国东北、华北地区，山西和江苏等地区也有分布。

3. 生长习性

红瑞木喜欢潮湿的生长环境，一般生长的适宜温度是在 20℃ ~ 30℃之间，要求光照充足。红瑞木是比较耐寒的，并且比较耐修剪。

4. 园林应用

红瑞木可丛植于草坪、建筑物前或常绿树间，又可做自然式绿篱栽植，观赏枝条，果实，与常绿树种搭配，在冬季衬托白雪。

5. 病虫害防治

红瑞木的主要病虫害有叶斑病、白粉病、茎腐病、蚜虫。

预防叶斑病，栽植不宜过密，适当进行修剪，以利于通风、透光。浇水时尽量不沾湿叶片，最好在晴天上午进行为宜。喷 70% 甲基硫菌灵 1000 倍液加 25% 多菌灵可湿性粉剂 250 ~ 300 倍液，或 75% 百菌清可湿性粉剂 700 ~ 800 倍液防治。每隔 10 天喷 1 次。病害严重时，可喷施杀 65% 代森锌 600 ~ 800 倍液，或 50% 多菌灵 1000 倍液，以控制病害蔓延和扩展。

防治白粉病，可喷洒 800 倍百菌清，一旦发生这种病害，除了摘除病叶外，还需喷洒石硫合剂 500 ~ 800 倍液。

防治茎腐病，可于 4 月初萌芽前，喷洒 3 ~ 5 波美度的石硫合剂防治。

防治蚜虫，可喷洒 50% 吡虫啉可湿性粉剂 800 ~ 1500 倍液或 40% 氧化乐果乳油 1500 倍液、50% 辛硫磷乳油 2000 倍液、80% 敌敌畏乳油 1000 倍液防治。

2.5.27 天目琼花［*Viburnum opulus* subsp. *Calvescens*（Rehder）Sugimoto］忍冬科 荚蒾属（图 2-37）

图 2-37 天目琼花

1. 形态特征

天目琼花为落叶灌木，高达 3m。树皮厚，木栓质发达，小枝明显皮孔；叶广卵形至卵圆形，通常三裂掌状出脉；叶柄顶端有腺点；托叶丝状，贴生于叶柄；复伞形聚伞花序，有白色大型不孕边花，花絮中间可育，白色带粉色；雄蕊 5 枚，花色紫色；核果，近球形，红色；花期 5 ~ 6 月，果熟期 8 ~ 9 月。

2. 分布

天目琼花原产于中国东北、华北、华中、华东、西南等地区。

3. 生长习性

天目琼花稍耐阴，喜湿润空气，但在干旱气候亦能生长良好。对土壤要求不严，在微酸性及中性土壤上都能生长。耐寒性强，根系发达。

4. 园林应用

天目琼花为观赏树木，秋季还可观红叶。可用于风景林、公园、庭院、路旁、草坪上、水边及建筑物北侧。可孤植、丛植、群植。

2.5.28　朝鲜黄杨 [*Buxus sinica* var. *koreana* (Nakai ex Rehder) Q.L.Wang] 黄杨科 黄杨属 (图 2-38)

图 2-38 朝鲜黄杨

1. 形态特征

朝鲜黄杨为常绿阔叶小乔木或灌木。高 1 ~ 2m，皮灰褐色，小枝淡绿色，四棱形。叶交互对生，长 0.8 ~ 2cm，宽 0.5 ~ 1 cm，卵圆形、倒卵形或长圆状卵形，革质全绿，表面深绿色而有光泽，背面淡绿色，边缘略反卷，表面侧脉不甚明显。花单性，雌雄同株，序腋生，花密集，浅黄色。蒴果近球形，花期 4 月，果期 7 ~ 8 月。

2. 分布

朝鲜黄杨原产于日本和朝鲜，中国主要分布在东北南部至华中地区。

3. 生长习性

朝鲜黄杨性喜光，稍耐阴，喜温气候和湿润肥沃的土地，可耐 -35℃的低温。

4. 园林应用

朝鲜黄杨是良好的盆景和绿篱树种，可修剪造型，供造园观赏，其材质坚硬细腻。朝鲜黄杨四季常青，叶色亮绿，且有许多花枝、斑叶变种，是美丽的观叶树种。园林中常用作绿篱及背景种植材料，也可丛植草地边缘或列植于园路两旁，若加以修饰成形，更适合用于规划式对称配植。

5. 病虫害防治

黄杨绢野螟是危害朝鲜黄杨较严重的害虫之一，幼虫吐丝缀叶作巢危害寄主植物，被害叶初期呈黄色枯斑，后至整叶脱落。吐丝将树叶及被害后的落叶缀合在一起，致使叶不能伸展，生长发育受到严重影响，受害严重时整株死亡。防治可在幼虫孵化至2龄危害期间喷洒2.5%溴氰菊酯乳油1000～2000倍液、4.5%高效氯氰菊酯1500倍液。

2.5.29 金叶莸（Caryopteris × clandonensis.'Worcester Gold'）马鞭草科 莸属（图2-39）

图2-39 金叶莸

1. 形态特征

金叶莸是园林培植品种。落叶灌木类，株高50～60cm，枝条圆柱形。单叶对生，叶长卵形，长3～6cm，叶端尖，基部圆形，边缘有粗齿。叶面光滑，鹅黄色，叶背具银色毛。聚伞花序紧密，腋生于枝条上部，自下而上开放；花萼钟状，二唇形裂，下萼片大而有细条状裂，雄蕊；花冠、雄蕊、雌蕊均为淡蓝色，花紫色，聚伞花序，腋生，蓝紫色，花期在夏末秋初的少花季节（7～9月），可持续2～3个月。

2. 分布

金叶莸主要栽种于中国华北、华中、华东及东北地区温带针阔叶混交林区，主要城市：哈尔滨、牡丹江、鹤岗、鸡西、双鸭山、伊春、佳木斯、长春、四平、延吉、抚顺、铁岭、本溪。

3. 生长习性

金叶莸耐土壤瘠薄，萌蘖力强。有一定耐寒性，喜光。

4. 园林应用

金叶莸枝紫红色，圆形，叶披针形，叶缘锯齿。可作为观叶、观花植物。色感效果好，春夏一片金黄，秋天蓝花一片。在园林绿化中适宜片植，做色带、色篱、地被也可修剪成球。观赏价值高。

5. 病虫害防治

蚧壳虫会造成金叶莸叶片扭曲，使用狂杀蚧1500～2000倍液喷洒。

第3章

一二年生花卉生产与栽培管理

一年生花卉是指在春季播种后当年完成整个生长发育过程的草本观赏植物。一年生花卉多数种类原产于热带或亚热带，一般不耐0℃以下低温；多数喜阳光和排水良好而肥沃的土壤；花期可以通过调节播种期、光照处理或加施生长调节剂进行促控。

二年生花卉是指生活周期经两年或两个生长季节才能完成生长的花卉，即播种后第一年仅形成营养器官，次年开花结实而后死亡。二年生花卉中有些本为多年生，但作二年生花卉栽培。二年生花卉多数原产于温带或寒冷地区，耐寒性较强，但不耐高温。常在秋季播种，能在露地越冬或稍加覆盖防寒越冬，翌年春夏开花。苗期要求短日照，在0℃~10℃低温下通过春化阶段，成长过程则要求长日照，并在长日照下开花。

一二年生花卉多由种子繁殖，具有繁殖系数大、自播种到开花所需时间短、经营周转换快等优点，但也有花期短、管理繁、用功多等缺点。

一二年生花卉为花坛主要材料，或在花境中依不同花色成群种植，也可植于窗台花池、门廊栽培箱、吊篮、旱墙、铺装岩石间以及岩石园，还适于盆栽和用作切花。

3.1 播种育苗

一二年草本露地花卉皆为播种繁殖，其中大部分先在设施内如温室、大棚、小棚及苗床内进行育苗，再经分苗至不同大小的营养钵等容器中，最后移至盆体或花坛花圃内定植。对于不宜移植的花卉，可采用直播的方法。

1. 苗床的准备

选择有机土壤作播种床，多雨地区选地势高的地方做苗床，少雨地区则选择低畦，因为一二年生的花卉种子多小而轻，所以苗床的土要打得很细致，土层厚度 30cm 左右。

2. 播种前的处理

为了提高种子的发芽率、整齐率和抗病虫害的能力，在播种前需要进行必要的技术处理，主要的方法有清水浸种、热水浸种、药水浸种等。

3. 播种方法

一般根据种子的大小分类采取点播、条播、穴播等方法，也有大型企业采取机械播种，和简易的播种机，一般每克种子在万粒以上可以不盖土或者少盖土，大些的少许盖上薄薄的一层细土。

4. 播种时间

花卉的播种适期应考虑气候条件及本身的适应性，以气候条件而言，一二年生花卉播种期一般以春秋两季为宜，温度较接近种子的发芽适温，具体时间因地区而异，一年生花卉南方约在 2 月上旬，中部地区约在 3 月下旬，北方约在 4 月上中旬，两年生花卉南方可在 9 月下旬至 10 月上旬，北方约在 8 月底至 9 月初播种。

近年来，随着栽培技术提高和各类栽培设施的广泛运用，温室育苗日益普及，使得春播花卉的区分不再明显，可以根据需要选择播种时期，进行周年生产，即根据花卉成品的需求时间来确定播种期，如现需要一串红在国庆时布置广场花坛，此产品播种到开花需要 30 天，为了保证国庆开花，理论上应在 8 月下旬播种。

5. 播种量

如果是传统的苗床播种，撒播一般 350 ~ 450 粒每平方米，点播为 100 ~ 200 粒每平方米，穴盘播种每个穴位 1 粒，最多两粒防止不发芽的现象存在，播种量的计划应考虑到生产种苗的数量，种子发芽率和种子纯净度、安全系数等，以保证经济效益。

6. 分苗移植

幼苗在苗床经一段时间生长后，逐渐拥挤，但苗还没有达到可以定植的标准或季节还不适宜于定植时，需分苗移植 1 ~ 2 次。其作用主要有三个，一是增加幼苗的营养面积，改善群体通风透光条件，促使幼苗生长健壮；二是移植时切断主根，促使侧根发生，再移植时易成活；三是移植有抑制生长的效果，使幼苗株形紧凑，观赏效果好。

7. 营养钵育苗与穴盘育苗

穴盘育苗是目前应用最多的育苗方法，若有播种机或苗子量少可以采取营养钵或者穴盘进行育苗，就是把种子单个播到营养钵或穴盘里。穴盘边光滑有利于脱盘，可保存完好土球，对根系损伤小，且方便运输。

幼苗培育到具有 10 ~ 12 枚真叶或高约 15cm 的幼苗，即可按绿化设计的要求定植到花盆或花坛、花境等绿地里。

3.2 移栽定植

在露地栽培的园林植物中，一二年生花卉对栽培管理条件的要求比较严格，在花圃中应占用土壤、灌溉和管理条件最优越的地段。光照充足、土地肥沃、地势平整、水源方便和排水良好，且在播种或栽植前进行整地。

1. 栽前整地

整地质量与植物生长发育有很大关系。整地可改善土壤的理化性质,使土壤疏松透气，有利于土壤保水和促进有机质的分解，有利于种子发芽和根系的生长。整地还具有一定的杀虫、杀菌和杀草的作用。整地深度根据花卉种类及土壤情况而定。一二年生花卉生长期短，根系较浅，整地深度一般控制在 20 ~ 30cm。此外，整地深度还要看土壤质地，砂土宜浅，黏土宜深。整地多在秋天进行，也可在移栽前进行。

整地应先将土壤翻起，使土块细碎，清除石块、瓦片、残根、断茎和杂草等，以利于种子发芽及根系生长。结合整地可施入一定的基肥，如堆肥和厩肥等，也可以同时改良土壤的酸碱性。

2. 移植时间和方法

移植的方法可分为裸根移植和带土移植。裸根移植主要用于小苗和易成活的大苗，移植时间一般以植物春季发芽前为好。带土移植主要用于大苗。由于移植难免损伤根系，使根的吸水量下降，减少蒸腾量而有利于成活，所以在无风的阴天移植最为理想。天气炎热时应在午后或傍晚阳光较弱时进行。

栽植的株行距依花卉种类而异，生长快者宜稀，生长慢者宜密；株型扩张者宜稀，株型紧凑者宜密。

起苗应在土壤湿润的条件下进行，以使根系少受伤。如果土壤干燥，应在起苗前一天或数小时前充分灌水。裸根苗，用铲子将苗带土掘起，然后将根群附着的泥土轻轻抖落。注意不要拉断细根，也不要长时间曝晒或风吹。带土苗，先用铲子将苗四周的泥土铲开，然后从侧下方将苗掘起，并尽量保持土坨完整。为保持水分平衡，起苗后可摘除一部分叶片以减少蒸腾，但不宜摘除过多。

栽植的方法可分为沟植、孔植和穴植。沟植是依一定的行距开沟进行栽植的方法。孔植是依一定的株行距打孔栽植的方法。穴植是依一定的株行距挖穴栽植的方法。裸根苗栽植时，应使根系舒展，防止根系卷曲。为使根系与土壤充分接触，覆土时要用手按压泥土。按压时用力要均匀，不要用力按压茎的基部，以免压伤。带土苗栽植时，在土坨的四周填土并按压。按压时，防止将土坨压碎，栽植深度应与移植前的深度相同。栽植完毕，应充分灌水。第一次充分灌水后，在新根未发之前不要过多灌水，否则易烂根。此外，移植后数日内应遮荫，以利苗木恢复生长。

3.3 直播

对于不耐移植的二年生的草本花卉可将种子直接播种于花钵、花坛或花圃中。但播种后要注意间苗。露地花卉间苗通常分两次进行，后一次间苗称为“定苗”。第一次间苗在幼苗出齐、子叶完全展开并开始长真叶时进行，第二次间苗在出现 3 ~ 4 片真叶时进行。间苗时要细心操作，不可牵动留下的幼苗，以免损伤幼苗的根系，影响生长。间苗要在雨后或灌溉后进行。间苗的方法是将苗用手拔出。间苗后需根据土壤湿度决定是否浇灌一次。最后一次间苗后，每平方米密度约为 400 ~ 1000 株。间苗通常拔除生长不良、生长缓慢的弱苗，并注意照顾苗间距离。间苗是一项很费工的操作，应通过做好选种和播种工作，确定适当的播种量，使幼苗分布均匀以减少间苗的操作。

3.4 苗期管理

1. 水肥管理

经播种或自播于花坛花境的种子萌发后，需施稀薄液肥，并及时灌水，但要控制水量，水多则根系发育不良并引起病害。苗期避免阳光直射，应适当遮荫，但不能引起黄化。

2. 摘心及抹芽

为了使植株整齐，株型丰满，促进分枝或控制植株高度，常采用摘心的方法。如万寿菊、波斯菊生长期长，为了控制高度，于生长初期摘心。需要摘心的种类有：三色苋、蓝花亚麻、金鱼草、石竹、金盏菊、霞草、柳穿鱼、高雪轮、一点缨、千日红、百日草、银边翠等。摘心还有延迟花期的作用。

有时则为了促使植株的高生长，减少花朵的数目，使营养供给顶花，而摘除侧芽称为抹芽，如鸡冠花、观赏向日葵等。

3. 支柱与绑扎

一二年生花卉中有些株形高大，上部枝叶花朵过于沉重，遇风易倒伏，还有一些蔓生性植物，均需进行支柱绑扎才利于观赏。一般有三种方式：

（1）用单根竹竿或芦苇支撑植株较高、花较大的花卉，如尾穗苋、蜀葵、重瓣向日葵等。

（2）蔓生性植物如牵牛、茑萝可直播，或种子萌发后移栽至木本植物的枝丫或篱笆下，让其植株攀援其上，并将其覆盖。

（3）在生长高大花卉的周围插立支柱，并用绳索联系起来以扶持群体。

4. 剪除残花与花莛

对于连续开花且花期长的花卉，如一串红、金鱼草、石竹类等，花后应及时摘除残花，剪除花莛，不使其结实，同时加强水肥管理，以保持植株生长健壮，继续开花繁密，花大色艳，还有延长花期的作用。

3.5　留种与采种

持续开花的一二年生花卉，采种应多次进行，如凤仙花、半支莲在果实黄熟时，三色堇当蒴果向上时，罂粟花、虞美人、金鱼草也是果实发黄时，刚成熟即可采收。此外如一串红、银边翠、美女樱、醉蝶花、茑萝、紫茉莉、福禄考、飞燕草、柳穿鱼等需随时留意采收。翠菊、百日草等菊科草花当头状花序花谢发黄后采取。

容易天然杂交的草花，如矮牵牛、雏菊、矢车菊、飞燕草、鸡冠花、三色堇、半支莲、福禄考、百日草等必须进行品种间隔离种植方可留种采种。还有如石竹类、羽衣甘蓝等花卉需要进行种间隔离才能留种采种。

目前，许多一二年生花卉品种如矮牵牛、万寿菊等，为杂交一代种子，其后代性状会发生广泛分离，不能继续用于商品生产，每年必须通过多年筛选的父母本进行制种。生产单位每年需重新购买种子。

3.6 种子的干燥与贮藏

在少雨、空气湿度低的季节，最好采用阴干的方式，如需曝晒时应在种子上盖一层报纸，切忌夏季直接日晒。如三色堇种子一经日晒则丧失发芽力，但早春或秋季成熟的种子可以晒干。

种子应在低温、干燥条件下贮藏，尤忌高温高湿，以密闭、阴凉、黑暗环境为宜。

3.7 常见一二年生花卉及养护管理特性

3.7.1 黑心金光菊（*Rudbeckia hirta* L.）菊科 金光菊属（图 3-1）

图 3-1 黑心金光菊

1. 形态特征

黑心金光菊为菊科金光菊属，一二年生，株高 60 ~ 100cm，全株被毛，近根出叶，上部叶互生，叶匙形及阔披针形，叶缘具粗齿。头状花序。花心隆起，紫褐色，周边瓣状小花金黄色。栽培变种边花有桐棕、栗褐色、重瓣和半重瓣类型。春秋播，花期 8 ~ 10 月。

2. 生长习性

黑心金光菊露地适应性很强，较耐寒，很耐旱，不择土壤，极易栽培，应选择排水良好的砂壤土及向阳处栽植，喜向阳通风的环境。

3. 园林应用

黑心金光菊耐寒耐旱、管理粗放、丛植片植、公路绿化、花坛花境、草地边植，也可作切花，露地越冬，能自播繁殖。花朵繁盛，适合庭院布置，花境材料或布置草地边缘成自然式栽植或作背景植物。

4. 病虫害防治

常见病害：白粉病、黑斑病、锈病。

常见虫害：蚜虫、斜纹夜蛾、地下害虫等。

3.7.2　金光菊（*Rudbeckia laciniata* L.）菊科 金光菊属（图 3-2）

图 3-2　金光菊

1. 形态特征

金光菊为多年生草本花卉植物。一般作 1 ~ 2 年生栽培，枝叶粗糙，地植株高可达 1 ~ 2m，盆栽矮化为 20 ~ 30cm，且多分枝，叶片较宽且厚，基部叶羽壮分裂 5 ~ 7 裂，茎生叶 3 ~ 5 裂，边缘具有较密的锯齿形状，头状花序生于主杆之上，舌状花单轮，即有倒披针形而下垂，也有上翘花瓣。花瓣长 3cm 左右，花展开度为 3 ~ 7cm，花色有：橘红、深红、粉红、水红等颜色。花期从 5 月开到 10 月，在南方时间更长。此外，还有重瓣金光菊。

2. 生长习性

金光菊性喜通风良好，阳光充足的环境。适应性强，耐寒又耐旱。对土壤要求不严，但忌水湿。在排水良好、疏松的沙质土中生长良好。虽说是草本植物，但又具有木本植物的特性，茎秆坚硬不易倒伏，还具有抗病、抗虫等特性。因而，极易栽培，同时它对阳光的敏感性也不强，无论阳光充足地带，还是在阳光较弱的环境下栽培，都不影响花的鲜艳效果，可在春秋进行分株或种子繁殖。

3. 园林应用

金光菊株形较大，盛花期花朵繁多、五颜六色、繁花似锦、光彩夺目，且开花观赏期长、落叶期短，能形成长达半年之久的艳丽花海景观，因而适合公园、机关、学校、庭院等场所布置，也可作花坛，花境材料，也是切花、瓶插之精品，此外也可布置在草坪边缘呈自然式栽植。

4. 病虫害防治

常见病害：白粉病、黑斑病、锈病、褐斑病。

常见虫害：蚜虫、斜纹夜蛾、地下害虫等。

3.7.3 孔雀草（*Tagetes patula* L.）菊科 万寿菊属（图 3-3）

图 3-3 孔雀草

1. 形态特征

孔雀草一年生草本，高 30 ~ 100cm，茎直立，通常近基部分枝，分枝斜开展。叶羽状分裂，长 2 ~ 9cm，宽 1.5 ~ 3cm，裂片线状披针形，边缘有锯齿，齿端常有长细芒，齿的基部通常有 1 个腺体。头状花序单生，径 3.5 ~ 4cm，花序梗长 5 ~ 6.5cm，顶端稍增粗；总苞长 1.5cm，宽 0.7cm，长椭圆形，上端具锐齿，有腺点；舌状花金黄色或橙色，带有红色斑；舌片近圆形长 8 ~ 10mm，宽 6 ~ 7mm，顶端微凹；管状花花冠黄色，长 10 ~ 14mm，与冠毛等长，具 5 齿裂。瘦果线形，基部缩小，长 8 ~ 12mm，黑色，被短柔毛，冠毛鳞片状，其中 1 ~ 2 个长芒状，2 ~ 3 个短而钝。花期 7 ~ 9 月。

2. 生长习性

孔雀草生于海拔 750 ~ 1600m 的山坡草地、林中，或在庭院栽培。喜阳光，但在半阴处栽植也能开花。它对土壤要求不严。既耐移栽，又生长迅速，栽培管理又很容易。撒落在地上的种子在合适的温、湿度条件中可自生自长，是一种适应性十分强的花卉。

3. 园林应用

孔雀草的橙色、黄色极为醒目，是花坛、庭院的主体花卉。

3.7.4　百日菊（*Zinnia elegans* Jacq.）菊科　百日菊属（图 3-4）

图 3-4　百日菊

1. 形态特征

百日菊是一年生草本植物。茎直立，高 30 ~ 100cm，被糙毛或长硬毛。叶宽卵圆形或长圆状椭圆形，基部稍心形抱茎，两面粗糙，下面被密的短糙毛，基出三脉。头状花序径 5 ~ 6.5cm，单生枝端，无中空肥厚的花序梗。总苞宽钟状；总苞片多层，宽卵形或卵状椭圆形。托片上端有延伸的附片；附片紫红色，流苏状三角形。舌状花深红色、玫瑰色、紫堇色或白色，舌片倒卵圆形，先端 2 ~ 3 齿裂或全缘，上面被短毛，下面被长柔毛。管状花黄色或橙色，上面被黄褐色密茸毛。有单瓣、重瓣、卷叶、皱叶和各种不同颜色的园艺品种。花期 6 ~ 9 月，果期 7 ~ 10 月。

2. 生长习性

百日菊喜温暖、不耐寒、喜阳光、怕酷暑、性强健、耐干旱、耐瘠薄、忌连作，根深茎硬不易倒伏。宜在肥沃深土层土壤中生长。生长期适温 15℃~ 30℃。

3. 园林应用

百日菊花大色艳、开花早、花期长、株形美观，可按高矮分别用于花坛、花境、花带。也常用于盆栽。

3.7.5　鼠尾草（*Salvia japonica* Thunb.）唇形科　鼠尾草属（图 3-5）

1. 形态特征

鼠尾草茎铺散多分枝，被长柔毛、纤细，叶对生，具短柄；叶片心形至卵形，先端钝，基部圆形，边缘具深钝齿，两面被白色柔毛。总状花序顶生；互生；花梗略短于苞片；裂片卵形，顶端急尖，疏被短硬毛；花冠淡紫色、蓝色、粉色或白色，筒部极短，裂片圆形至卵形；短于花冠；子房上成直角，裂片先端圆，宿存的花柱与凹口齐或稍长。种子背面具横纹，花期 3 ~ 10 月。

图 3-5　鼠尾草

2. 生长习性

鼠尾草喜光，耐半阴，忌冬季湿涝。对水肥条件要求不高，但喜肥沃、湿润、深厚的土壤。4 月上旬开始生长，生长适温 15℃~ 25℃。

3. 园林应用

鼠尾草种植于岩石庭院和灌木花园，适合花坛地栽，可作边缘绿化植物，可容器栽培。

3.7.6　彩叶草（*Coleus hybridus* Hort.ex Cobeau）唇形科　鞘蕊花属（图 3-6）

图 3-6　彩叶草

1. 形态特征

彩叶草茎通常紫色、四棱形、被微柔毛、具分枝，叶膜质，其大小、形状及色泽变异很大，通常卵圆形，先端钝至短渐尖，基部宽楔形至圆形，边缘具圆齿状锯齿或圆齿，色泽多样，有黄、暗红、紫色及绿色，两面被微柔毛；叶柄伸长，扁平，被微柔毛。轮伞花序多花，花径约 1.5cm，多数密集排列成简单或分枝的圆锥花序；花萼钟形，花冠浅紫至紫或蓝色，外被微柔毛。花盘前方膨大。小坚果宽卵圆形或圆形、压扁、褐色、具光泽，花期 7 月。

2. 生长习性

彩叶草喜温性植物，适应性强，冬季温度不低于 10℃，夏季高温时稍加遮荫，喜充足阳光，光线充足能使叶色鲜艳。

3. 园林应用

彩叶草的色彩鲜艳、品种甚多、繁殖容易，为应用较广的观叶花卉，除可作小型观叶花卉陈设外，还可配置图案花坛，也可作为花篮、花束的配叶使用。

3.7.7　一串红（*Salvia splendens* Ker Gawler）唇形科 鼠尾草属（图 3-7）

图 3-7　一串红

1. 形态特征

一串红茎钝四棱形，具浅槽，无毛。叶卵圆形或三角状卵圆形，先端渐尖，基部截形或圆形，稀钝，边缘具锯齿，上面绿色，下面较淡，两面无毛，下面具腺点。轮伞花序 2 ~ 6 花，组成顶生总状花序，苞片卵圆形，红色，大，在花开前包裹着花蕾，先端尾状渐尖；密被染红的具腺柔毛，花序轴被微柔毛。花萼钟形，红色，外面沿脉上被染红的具腺柔毛。花冠红色，外被微柔毛，内面无毛，冠筒筒状，直伸，在喉部略增大，冠檐二唇形，上唇直伸，略内弯，长圆形，先端微缺，下唇比上唇短，3 裂，中裂片半圆形，侧裂片长卵圆形，比中裂片长。小坚果椭圆形，暗褐色，顶端具不规则极少数的皱褶突起，边缘或棱具狭翅，光滑。

2. 生长习性

一串红喜阳，也耐半阴，一串红要求疏松、肥沃和排水良好的砂质壤土。而对用甲基溴化物处理土壤和碱性土壤反应非常敏感，适宜于 pH5.5 ~ 6.0 的土壤中生长。耐寒性差，生长适温 20℃ ~ 25℃。15℃以下停止生长，10℃以下叶片枯黄脱落。

3. 园林应用

一串红常用红花品种，花朵繁密，色彩艳丽，常用作花丛花坛的主体材料。也可植于带状花坛或自然式纯植于林缘，常与浅黄色美人蕉、矮万寿菊、浅蓝或水粉色水牡丹、翠菊、矮藿香蓟等配合布置。一串红矮生品种更宜用于花坛，白花品种除与红花品种配合观赏效果较好外。一般白花、紫花品种的观赏价值不及红花品种。

3.7.8 鸡冠花（*Celosia cristata* L.）苋科 青葙属（图 3-8）

图 3-8 鸡冠花

1. 形态特征

鸡冠花为一年生直立草本，高 30 ~ 80cm。全株无毛，粗壮。分枝少，近上部扁平，绿色或带红色，有棱纹凸起。单叶互生，具柄；叶片长 5 ~ 13cm，宽 2 ~ 6cm，先端渐尖或长尖，基部渐窄成柄，全缘。中部以下多花；苞片、小苞片和花被片干膜质，宿存；胞果卵形，长约 3mm，熟时盖裂，包于宿存花被内。种子肾形，黑色，光泽。

2. 生长习性

鸡冠花喜温暖干燥气候，怕干旱，喜阳光，不耐涝，但对土壤要求不严，一般土壤庭院都能种植。

3. 园林应用

鸡冠花的品种多，株型有高、中、矮 3 种；形状有鸡冠状、火炬状、绒球状、羽毛状、扇面状等；花色有鲜红色、橙黄色、暗红色、紫色、白色、红黄相杂色等；叶色有深红色、翠绿色、黄绿色、红绿色等极其好看，成为夏秋季常用的花坛用花。

3.7.9 矮牵牛（*Petunia hybrida*）茄科 碧冬茄属（图 3-9）

1. 形态特征

矮牵牛多年生草本，由于第二年以后长势不好常作一二年生栽培；株高 15 ~ 80cm，也有丛生和匍匐类型；叶椭圆或卵圆形；播种后当年可开花，花期长达数月，花冠喇叭状；花形有单瓣、重瓣、瓣缘皱褶或呈不规则锯齿等；花色有红、白、粉、紫及各种带斑点、网纹、条纹等；蒴果，种子极小，千粒重约 0.1g。园艺品种极多，按植株性状分有：高性种、矮性种、丛生种、匍匐种、直立种;按花形分有:大花（10 ~ 15cm 以上）、小花、波状、锯齿状、重瓣、单瓣;按花色分有:紫红、鲜红、桃红、纯白、肉色及多种带条纹品种（红底白条纹、淡蓝底红脉纹、桃红底白斑条等）。

图 3-9　矮牵牛

2. 生长习性

矮牵牛属长日照植物，喜温暖和阳光充足的环境。不耐霜冻，怕雨涝。它生长适温为 13℃~ 28℃，如低于 4℃，植株生长停止。夏季能耐 35℃以上的高温。夏季生长旺期，需充足水分，特别在夏季高温季节，应在早晚浇水，保持盆土湿润。但梅雨季节，雨水多，对矮牵牛生长十分不利，盆土过湿，茎叶容易徒长，花期雨水多，花朵易褪色或腐烂。盆土若长期积水，则烂根死亡，所以盆栽矮牵牛宜用疏松肥沃和排水良好的砂壤土。

3. 园林应用

矮牵牛由于花大而多、开花繁盛、花期长、色彩丰富，是优良的花坛和种植钵花卉，也可自然式丛植，还可作为切花。气候适宜或温室栽培可四季开花，可以广泛用于花坛布置，花槽配置，景点摆设。

3.7.10　美 女 樱 [*Glandularia* × *hybrida*（Groenland & Rümpler）G.L. Nesom & Pruski] 马鞭草科　马鞭草属（图 3-10）

图 3-10　美女樱

1. 形态特征

美女樱全株有细绒毛，植株丛生而铺覆地面，株高 10 ~ 50cm，茎四棱；叶对生，深绿色；穗状花序顶生，密集呈伞房状，花小而密集，有白色、粉色、红色、复色等，具芳香。

2. 生长习性

美女樱喜温暖湿润气候，喜阳光、不耐阴，较耐寒、不耐旱，北方多作一年生草花栽培，在炎热夏季能正常开花。在阳光充足、疏松肥沃的土壤中生长，花开繁茂。

3. 园林应用

美女樱茎秆矮壮匍匐，为良好的地被材料，可用于城市道路绿化带，大转盘、坡地、花坛等。混色种植或单色种植，多色混种可显其五彩缤纷，单色种植可形成色块。

3.7.11 蜀葵（*Alcea rosea* Linnaeus）锦葵科 蜀葵属（图 3-11）

图 3-11 蜀葵

1. 形态特征

蜀葵为二年生直立草本，高达 2m，茎枝密被刺毛。叶近圆心形，直径 6 ~ 16cm，掌状 5 ~ 7 浅裂或波状棱角，裂片三角形或圆形，中裂片长约 3cm，宽 4 ~ 6cm，上面疏被星状柔毛，粗糙，下面被星状长硬毛或绒毛；叶柄长 5 ~ 15cm，被星状长硬毛；托叶卵形，长约 8mm，先端具 3 尖。花腋生，单生或近簇生，排列成总状花序式，具叶状苞片，花梗长约 5mm，果时延长至 1 ~ 2.5cm，被星状长硬毛；小苞片杯状，常 6 ~ 7 裂，裂片卵状披针形，长 10mm，密被星状粗硬毛，基部合生；萼钟状，直径 2 ~ 3cm，5 齿裂，裂片卵状三角形，长 1.2 ~ 1.5cm，密被星状粗硬毛；花大，直径 6 ~ 10cm，有红、紫、白、粉红、黄和黑紫等色，单瓣或重瓣，花瓣倒卵状三角形，长约 4cm，先端凹缺，基部狭，爪被长髯毛；雄蕊柱无毛，长约 2cm，花丝纤细，长约 2mm，花药黄色；花柱分枝多数，微被细毛。花期 2 ~ 8 月。果盘状，直径约 2cm，被短柔毛，分果近圆形，多数，背部厚达 1mm，具纵槽。

2. 生长习性

蜀葵喜阳光充足，耐半阴，但忌涝。耐盐碱能力强。耐寒冷，在华北地区可以安全露地越冬。在疏松肥沃，排水良好，富含有机质的砂质土壤中生长良好。

3. 园林应用

可多种植在建筑物旁、假山旁或点缀花坛、草坪，成列或成丛种植。

3.7.12 长春花［*Catharanthus roseus*（L.）G.Don］夹竹桃科 长春花属（图 3-12）

图 3-12 长春花

1. 形态特征

长春花为亚灌木，略有分枝，高达 60cm，有水液，全株无毛或仅有微毛；茎近方形，有条纹，灰绿色；节间长 1 ~ 3.5cm。叶膜质，倒卵状长圆形，长 3 ~ 4cm，宽 1.5 ~ 2.5cm，先端浑圆，有短尖头，基部广楔形至楔形，渐狭而成叶柄；叶脉在叶面扁平，在叶背略隆起，侧脉约 8 对。聚伞花序腋生或顶生，有花 2 ~ 3 朵；花萼 5 深裂，内面无腺体或腺体不明显，萼片披针形或钻状渐尖，长约 3mm；花冠红色，高脚碟状，花冠筒圆筒状，长约 2.6cm，内面具疏柔毛，喉部紧缩，具刚毛；花冠裂片宽倒卵形，长和宽约 1.5cm；雄蕊着生于花冠筒的上半部，但花药隐藏于花喉之内，与柱头离生；子房和花盘与属的特征相同。蓇葖双生，直立，平行或略岔开，长约 2.5cm，直径 3mm；外果皮厚纸质，有条纹，被柔毛；种子黑色，长圆状圆筒形，两端截形，具有颗粒状小瘤。花期、果期几乎全年。

2. 生长习性

长春花喜高温、高湿、耐半阴，不耐严寒，最适宜温度为 20℃~ 33℃，喜阳光，忌湿怕涝，一般土壤均可栽培，但盐碱土壤不宜，以排水良好、通风透气的砂质或富含腐殖质的土壤为好，花期、果期几乎全年。

3. 园林应用

长春花适合群植于花坛、花境；在岩石边或窗台花池，或边缘种植。

3.7.13 苏丹凤仙（*Impatiens walleriana* J.D.Hooker）凤仙花科 凤仙花属（图 3-13）

图 3-13 苏丹凤仙

1. 形态特征

苏丹凤仙别名非洲凤仙，多年生肉质草本，草本高 30 ~ 70cm。茎直立，绿色或淡红色，无毛或稀在枝端被柔毛。叶互生或上部螺旋状排列，具柄，叶片宽椭圆形或卵形至长圆状椭圆形，长 4 ~ 12cm，宽 2.5 ~ 5.5cm，顶端尖或渐尖，有时突尖，基部楔形，稀多少圆形，狭成长 1.5 ~ 6cm 的叶柄，沿叶柄具 1 ~ 2、稀数个具柄腺体，边缘具圆齿状小齿，齿端具小尖，侧脉 5 ~ 8 对，两面无毛。总花梗生于茎、枝上部叶腋，通常具 2 花，稀具 3 ~ 5 花，或有时具 1 花，长 3 ~ 6 cm；花梗细，长 15 ~ 30mm，基部具苞片；苞片线状披针形或钻形，长约 2mm，顶端尖，花大小及颜色多变。侧生萼片 2，淡绿色或白色，卵状披针形或线状披针形，长 3 ~ 7mm，尖；旗瓣宽，倒心形或倒卵形，长 15 ~ 19mm，宽 13 ~ 25mm，顶端微凹，背面中肋具窄鸡冠状突起顶端具短尖；翼瓣无柄，长 18 ~ 25mm，2 裂，基部裂片与上部裂片同形，且近等大，基部裂片倒卵形或倒卵状匙形，长 14 ~ 20mm，宽达 14mm，上部裂片长 12 ~ 23mm，宽达 18mm，全缘或微凹；唇瓣浅舟状，长 8 ~ 15mm，基部急收缩成长 24 ~ 40mm 线状内弯的细距。子房纺锤状，长约 4mm，无毛。蒴果纺锤形，长 15 ~ 20mm，无毛，花期 6 ~ 10 月。

2. 生长习性

苏丹凤仙原产于非洲东部热带地区，生于海岸林区阴湿处，海拔 1800m。性喜温暖、湿润的气候，喜阳光充足，忌烈日暴晒，夏季要求凉爽，并需稍加遮荫；对水分要求比较严格，既不耐干燥，又怕积水渍，在肥沃、疏松和排水良好的砂质壤土中生长良好，土壤 pH 在 5.5 ~ 6.0 最合适生长。栽培适温 15℃ ~ 25℃，冬季室温不应低于 12℃，5℃以下植株受冻害。花期室温高于 30℃，会引起落花现象。要求空气相湿度为 70% ~ 90%。蒴果，成熟时会自动弹开以“传宗接代”。凤仙花适应性较强，移植易存活，生长迅速。

3. 园林应用

可用于花坛、种植钵、吊盆、窗台、盆花、吊篮、花墙等。

3.7.14 角堇（*Viola cornuta* Desf.）堇菜科 堇菜属（图 3-14）

图 3-14 角堇

1. 形态特征

角堇为多年生草本植物，株高 10 ~ 30cm，宽幅 20 ~ 30cm。具根状茎，茎较短而直立，分枝能力强，四棱，嫩茎绿色，老茎常为紫绿色。叶互生，披针形或卵形，有锯齿或分裂；托叶小，呈叶状，离生。有叶柄。花两性，两侧对称，花梗腋生，长 5 ~ 6cm，有 2 枚小苞片；萼片 5，略同形，基部延伸成明显的附属物；花瓣 5，花径 2.5 ~ 4.0cm。花色丰富，花瓣有红、白、黄、紫、蓝等颜色，常有花斑，有时上瓣和下瓣呈不同颜色。下方（远轴）1 瓣通常稍大且基部延伸成距；雄蕊 5，花丝极短，花药环生于雌蕊周围，药隔顶端延伸成膜质附属物，下方 2 枚雄蕊的药隔背方近基部处形成距状蜜腺，伸入于下方花瓣的距中；子房 1 室，3 心皮，侧膜胎座，有多数胚珠；花柱棍棒状，基部较细，通常稍膝曲，顶端浑圆，前方具喙。果实为蒴果，呈较规则的椭圆形，成熟时 3 瓣裂；果瓣舟状，有厚而硬的龙骨，当薄的部分干燥而收缩时，则果瓣向外弯曲将种子弹射出，900 ~ 1500 粒 /g。种子倒卵状，种皮坚硬，有光泽，内含丰富的内胚乳。

2. 生长环境

角堇在野生环境中，生长在高度海拔 1000 ~ 2300m 的山区。在 5℃即开始生长，生长适温为 10℃~ 15℃，耐寒性强，可耐轻度霜冻，在中国长江流域及以南地区可露地越冬，忌高温，超过 20℃枝条易伸长，不易形成紧凑株形，超过 30℃生长受阻，但比三色堇耐高温，长江中下游地区露地栽培至 6 月中旬仍有观赏价值。喜光，适度耐阴，开花对日照长度不敏感，但短日照可以促发分枝。喜凉爽环境，忌高温，耐寒性强。日照不良，开花不佳。

3. 园林应用

角堇观赏价值很高，用于花坛周边景观、林地装饰、花园，窗前、窗台，是可以在容器中生长的植物。

第 4 章

宿根花卉管理养护

宿根花卉是植株地下部分宿存于土壤中越冬，翌年春天地上部分又可萌发生长、开花结籽的花卉。该类花卉的优点是繁殖、管理简便，一年种植可多年开花，是城市绿化、美化极适合的植物材料。宿根花卉植株地下部分宿存越冬而不形成肥大的球状或块状根，大多属寒冷地区生态型。可分较耐寒和较不耐寒两大类。前者可露地种植，后者需温室栽培。以分株繁殖为主，一般均在休眠期进行。新芽少的种类可用扦插、嫁接等法繁殖。播种繁殖则多用于培育新品种。

宿根花卉主要栽培种类有：芍药、石竹类、漏斗菜类、铃兰、玉簪类、射干、鸢尾类等。要保证宿根花卉一次栽植常年赏花，需要进行精心的养护。

4.1 肥水管理

宿根花卉在栽植时应深翻土壤，并施入有机肥，以保证较长时间的良好土壤条件。

宿根花卉定植后施肥管理比较简单，在其萌生期、生长旺盛期、开花期实施追肥。施肥时避免在中午前后进行，避免由于土壤温度过高使肥料分解过快导致烧根。宿根花卉施肥应遵循“四多、四少、四不和三忌”原则。“四多”即黄瘦多施，发芽前多施，孕蕾期多施，花后多施；“四少”是肥壮少施，发芽少施，开花少施，雨季少施；“四不”是徒长不施，新栽不施，盛暑不施，休眠不施；“三忌”是一忌浓肥，二忌热肥（指忌夏季中午前后土温很高时施肥），三忌坐肥（指忌栽花时直接把花根栽在盆底的基肥上，而应在基肥上用一层土隔开）。

在春季萌动期和生长旺盛期根据花卉的生长习性、生长态势进行适当浇水，在秋季休眠前期和休眠期应少浇水。由于宿根花卉大部分品种怕涝应注意排水畅通性。浇水时严禁将水浇到花头上，否则容易出现花朵腐烂或出现日灼斑点。

4.2 整形修剪

1. 修剪

宿根花卉在生长期时应根据现场实际情况进行高度控制，以保证分枝均匀，株形匀称、美观。一般在 4 月末进行第一次修剪，高度控制在 15 ~ 20cm，7 月初进行第二次修剪高度控制在 20 ~ 40cm，9 月初进行最后一次修剪，本次修剪高度下降 5 ~ 10cm，以增加花头数量，保证国庆节开花。不得修剪过低影响花期。

2. 摘心

对于植株过高大，下部明显空虚的应进行摘心，为了增加侧枝数目、多开花而摘心。花卉摘心可以控制花卉高度、促发分枝，保证植株丰满矮壮，增加花量控制花期等优点。

4.3 防寒越冬

在花卉进入半休眠后将地上部分剪除并清理掉。一般采用浇灌防冻水的方法，对于稍耐低温的植株可以浇灌防冻水和覆盖相结合的方法进行防寒。

4.4　病虫害防治

在养护过程中病虫害都是以预防为主，治疗为辅的综合防治方针。

预防病虫害有以下几种方法：

1. 每年春季对苗木进行石硫合剂喷洒。
2. 通过清理落叶、枯枝及苗木修剪以减少危害源。
3. 勤观察，做到治早不治晚，治轻不治重的原则，及时发现及时处理。
4. 合理进行浇水施肥。
5. 注意植物配植、株行距配置；勤松土、翻土，保持土壤透气性。

4.5　常见宿根花卉

4.5.1　北黄花菜（*Hemerocallis lilioasphodelus* L.）百合科 萱草属（图 4-1）

图 4-1　北黄花菜

1. 形态特征

北黄花菜为多年生草本。根状茎短；根常稍肥厚，粗 2 ~ 4mm。叶基生，排成二列，线形，长 20 ~ 80cm，宽 5 ~ 15mm，基部抱茎，先端渐尖，全缘，两面光滑。花葶由叶丛中抽出，花淡黄色或黄色，芳香，花被片 6，蒴果椭圆形，种子扁圆形，黑色，有光泽，花期 6 ~ 8 月，果期 7 ~ 9 月。

2. 生长习性

北黄花菜生于海拔 500 ~ 2400m 的草甸、湿草地、荒山坡或灌丛下。耐瘠、耐旱，对土壤要求不严，地缘或山坡均可栽培。对光照适应范围广，可与较为高大的作物间作。黄花菜地上部不耐寒，地下部耐 -10℃低温。忌土壤过湿或积水。均温 5℃以上时幼苗开始出土，叶片生长适温为15℃~20℃；开花期要求较高温度，20℃~25℃较为适宜。

3. 分布

北黄花菜为生于山坡、草地。分布于我国东北、西北、华北、华东等地，俄罗斯（西伯利亚和远东地区）及其他一些欧洲国家也有分布。

4. 园林应用

北黄花菜为药用；花可作为野菜，可作为观赏植物。

5. 病虫害防治

主要病害有：锈病、叶枯病、炭疽病。

主要虫害有：蚜虫、黄花红蜘蛛、小地老虎。

4.5.2 大花萱草（*Hemerocallis hybridus* Hort.）百合科 萱草属（图4-2）

图4-2 大花萱草

1. 形态特征

大花萱草为多年生宿根草本，具短根状茎和粗壮的纺锤形肉质根。叶基生、宽线形、对排成2列，背面有龙骨突起，嫩绿色。花薹由叶丛中抽出，顶端生聚伞花序或假二歧状圆锥花序，有花枝4~8个每薹着花6~16朵。有红色、黄色、橙色、紫色、绿色、粉色、白色等多种颜色，花色模式有单色、复色和混合色。花大，有漏斗形、钟形、星形等多种花形，花瓣6枚，分为内外2层，每层3枚花被片，围绕花柱和花丝呈镊合状排列，外花被裂片倒披针形或长圆形，顶端反卷，边缘无皱缩，内花被裂片倒披针形或卵形，顶端反卷，边缘皱缩，内外花被片基部合成花被筒，柱头表面呈乳突状，成熟时分泌黏液。6枚雄蕊长短不一。子房上位，纺锤形，长0.5~0.9cm，宽0.3~0.6cm，果实呈嫩绿色，蒴果，背裂，内有黑亮种子数粒，自然状态绿色。下一些品种可以结实，但大部分品种自然状态下不结实。花期 5 ~ 10 月。

2. 生长习性

大花萱草生于海拔较低的林下、湿地、草甸或草地上。耐寒性强，耐光线充足，又耐半阴，对土壤要求不严，但以腐殖质含量高、排水良好的通透性土壤为好。

3. 分布

大花萱草分布于亚洲温带至亚热带地区，中国北京、上海、湖南、黑龙江、江苏等省、市均对大花萱草进行引种栽培。

4. 园林应用

大花萱草在园林花坛、花境、路边、草坪中丛植、行植或片植，也可作切花，大花萱草是园林绿化的好材料。

4.5.3　金娃娃萱草（*Hemerocallis fulva* 'Golden Doll'）百合科 萱草属（图 4-3）

图 4-3　金娃娃萱草

1. 形态特征

金娃娃萱草全株光滑无毛，根茎短近肉质，中下部有纺锤状膨大；叶一般较宽，自根基丛生，条形，排成两列，狭长成线形叶脉平行，主脉明显，基部交互裹抱，长约 25cm，宽 1cm。株高 30cm。花莛由叶丛抽出，上部分枝，花莛粗壮，高约 35cm。螺旋状聚伞花序或呈圆花序，花 7 ~ 10 朵。花冠漏斗形，花径约 7 ~ 8cm，金黄色生于顶端。花期 5 ~ 11 月（6 ~ 7 月为盛花期，8 ~ 11 月为续花期），单花开放 5 ~ 7 天。蒴果钝三角形，熟时开裂；种子为黑色，有光泽。

2. 生长习性

金娃娃萱草喜光，耐干旱、湿润与半阴，对土壤适应性强，但以土壤深厚、富含腐殖质、排水良好的肥沃的砂质壤土为好。病虫害少，在中性、偏碱性土壤中均能生长良好。性耐寒，地下根茎能耐 –20℃的低温。

3. 分布

金娃娃萱草在中国东北地区、江苏、河南、山东、浙江、河北、北京等地，都有分布。

4. 园林应用

金娃娃萱草适合在我国华北、华中、华东、东北等地园林绿地种植。适宜在城市公园、广场等绿地丛植点缀。

5. 主要病虫害

主要病害：锈病、叶斑病和叶枯病。

4.5.4 玉簪［*Hosta plantaginea*（Lam.）Aschers.］百合科 玉簪属（图 4–4）

图 4–4 玉簪

1. 形态特征

玉簪为多年生草本，根六茎粗壮，有多数须根。叶茎生成丛，心状卵圆形，叶具长柄，叶脉弧形。花向叶丛中抽出，高出叶面，着花 9 ~ 15 朵，组成总状花序。花白色，有香气，具细长的花被筒，先端 6 裂，呈漏斗状，花期 7 ~ 9 月。蒴果圆柱形，成熟时 3 裂 ，种子黑色，顶端有翅。

2. 生长习性

玉簪属于典型的阴性植物，喜阴湿环境，受强光照射则叶片变黄，生长不良，喜肥沃、湿润的砂壤土，性极耐寒，中国大部分地区均能在露地越冬，地上部分经霜后枯萎，翌春宿萌发新芽。忌强烈日光暴晒。生长适宜温度为 15℃~ 25 ℃，冬季温度不低于 5℃。入冬后地上部枯萎，休眠芽露地越冬。

3. 分布

玉簪原产中国和日本。在中国四川（峨眉山至四川东部）、湖北，湖南、江苏、安徽、浙江、福建和广东等地有产。生于海拔 2200m 以下的林下、草坡或岩石边。各地常见栽培，公园尤多，供观赏。

4. 园林应用

作药用或食用。

4.5.5 花叶玉簪（*Hosta undulata* Bailey）百合科 玉簪属（图 4–5）

1. 形态特征

花叶玉簪为多年生宿根草本，玉簪的品种之一，株丛紧密，叶卵形至心形，有黄色条斑，夏季开蓝紫色花。另有品种观花玉簪；变种重瓣玉簪原产中国及日本。

图 4–5 花叶玉簪

2. 生长习性

花叶玉簪性强健，耐寒，喜阴湿，忌阳光直射，光线过强或土壤过干会使叶色变黄甚至叶缘干枯。喜排水良好湿润的砂质壤。

3. 分布

花叶玉簪原产中国长江流域，除西北地区外各地均有分布；日本也有分布。

4. 园林应用

花叶玉簪常作观叶地被，可作切花。

4.5.6 玉竹［*Polygonatum odoratum*（Mill.）Druce］百合科 黄精属（图 4–6）

1. 形态特征

玉竹根状茎圆柱形，根茎横走，肉质黄白色，密生多数须根。直径 5 ~ 14mm。茎高 20 ~ 50cm，具 7 ~ 12 叶。叶互生，椭圆形至卵状矩圆形，长 5 ~ 12cm，宽 3 ~ 16cm，先端尖，下面带灰白色，下面脉上平滑至呈乳头状粗糙。花序具 1 ~ 4 花（在栽培情况下，可多至 8 朵），总花梗（单花时为花梗）长 1 ~ 1.5cm，无苞片或有条状披针形苞片；花被黄绿色至白色，全长 13 ~ 20mm，花被筒较直，裂片长 3 ~ 4mm；花丝丝状，近平滑至具乳头状突起，花药长约 4mm；子房长 3 ~ 4mm，花柱长 10 ~ 14mm。浆果蓝黑色，直径 7 ~ 10mm，具 7 ~ 9 颗.种子。花期 5 ~ 6 月，果期 7 ~ 9 月。

图 4-6 玉竹

2. 生长习性

玉竹宜温暖湿润气候，喜阴湿环境，较耐寒，在山区和平坝都可栽培。宜选上层深厚、肥沃、排水良好、微酸性砂质壤土栽培。不宜在黏土、湿度过大的地方种植；忌连作。

3. 分布

玉竹产于中国黑龙江、吉林、辽宁、河北、山西、内蒙古、甘肃、青海、山东、河南、湖北、湖南、安徽、江西、江苏、台湾地区及福建等地。

4. 园林应用

玉竹在园林中宜植于林下或建筑物遮荫处及林缘作为观赏地被种植，也可盆栽观赏。

4.5.7 长药八宝［*Hylotelephium spectabile*（Bor.）H.Ohba］景天科 八宝属（图 4-7）

图 4-7 长药八宝

1. 形态特征

长药八宝，别名八宝景天，株高 30 ~ 50cm，地下茎肥厚，地上茎簇生，粗壮而直立，全株略被白粉，呈灰绿色。叶轮生或对生，倒卵形，肉质，具波状齿。伞房花序密集如平头状，花序径 10 ~ 13cm，花淡粉红色，常见栽培的尚有白色、紫红色、玫红色品种。花期，7 ~ 10 月。

2. 生长习性

长药八宝性喜强光和干燥、通风良好的环境，能耐 –20℃的低温；喜排水良好的土壤，耐贫瘠和干旱，忌雨涝积水。植株强健，管理粗放。

3. 分布

长药八宝分布于中国云南、贵州、四川、湖北、安徽、浙江、江苏、陕西、河南、山东、山西、河北、辽宁、吉林、黑龙江，朝鲜、日本、俄罗斯也有，各地广为栽培。

4. 园林应用

园林中常将长药八宝用来布置花坛，可以作圆圈，方块，云卷，弧形，扇面等造型，也可以用作地被植物，填补夏季花卉在秋季凋萎没有观赏价值的空缺，部分品种冬季仍然有观赏效果。

4.5.8 德国景天（*Sedum hyridun*）景天科 景天属（图 4-8）

图 4-8 德国景天

1. 形态特征

德国景天株高 30 ~ 50cm，地下茎肥厚，地上茎簇生，基部褐色，稍木质化，上端淡绿色。粗壮而直立，全株略被白粉，呈灰绿色。叶轮生或对生，倒卵形，肉质，具波状齿。伞房花序密集如平头状，花序径 10 ~ 13cm，花形整齐，自然花期 6 ~ 10 月淡黄色，常见栽培的尚有白色、紫红色、玫红色品种。花期，7 ~ 10 月。

2. 生长习性

德国景天喜通风良好、比较干燥的环境，对土壤要求不严，喜强光，忌水大，积水易倒伏，耐旱，抗寒力强。喜日光充足、温暖、干燥通风环境，忌水湿，对土壤要求不严格。性较耐寒、耐旱。

3. 分布

德国景天产于中国新疆霍城至阜康，北至福海。生于海拔 1400 ~ 2500m 的林下山坡石缝中。蒙古及俄罗斯也有。

4. 园林应用

德国景天常用于布置花坛、花园；岩园植物。

5. 主要病虫害

主要病害：土壤水分过多易得根腐病。

主要虫害：蚜虫危害茎、叶，并导致煤烟病；蚧虫危害叶片，形成白色蜡粉。

4.5.9 费菜［*Phedimus aizoon*（Linnaeus）' t Hart］景天科 景天属（图 4-9）

图 4-9 费菜

1. 形态特征

费菜为多年生草本。根状茎短，直立，无毛，不分枝。叶互生，狭披针形、椭圆状披针形至卵状倒披针形，先端渐尖，基部楔形，边缘有不整齐的锯齿，叶坚实，近革质。聚伞花序，托以苞叶，先端钝；花黄色，长圆形至椭圆状披针形，有短尖，雄蕊较花瓣短，鳞片近正方形，卵状长圆形，基部合生，腹面凸出，花柱长钻形。种子椭圆形。花期 6 ~ 7 月，果期 8 ~ 9 月。

2. 生长习性

费菜适应性强，不择土壤、气候，全国各地都可种植，且易活、易管理。喜光照，喜温暖湿润气候，耐旱，耐严寒，不耐水涝。对土壤要求不严格，一般土壤即可生长，以砂质壤土和腐殖质壤土生长较好。生长适温15℃~20℃。

3. 分布

费菜产于四川、湖北、江西、安徽、浙江、江苏、青海、宁夏、甘肃、内蒙古、河南、山西、陕西、河北、山东、辽宁、吉林、黑龙江。俄罗斯乌拉尔至蒙古、日本、朝鲜也有。

4. 园林应用

费菜适宜用于城市中一些立地条件较差的裸露地面作绿化覆盖，可做中药。

5. 病虫害防治

主要病害：白粉病。

4.5.11 地被菊（*Chrysanthemum morifolium* Ramat）菊科 菊属（图4-11）

1. 形态特征

地被菊为宿根草本，秋菊嫁接后的变种。株形矮壮，高20~30cm，叶片呈小巧的鸭掌形、墨绿色，花朵紧密、自然成形，花期9~10月。花径3~5cm。

图4-11 地被菊

2. 生长习性

地被菊喜充足阳光，疏松肥沃的土壤涨势良好。具有抗性强，抗寒、抗旱、耐盐碱、耐半阴、抗污染、抗病虫害、耐粗放管理等优点。

3. 分布

主要分布地以北京、天津及“三北”为主，西至乌鲁木齐、哈密，北达大庆、黑河等地，均可露地越冬。

4. 园林应用

地被菊主要应用于盆栽、地植，做花篱、园林造景等。

4.5.12 荷兰菊（*Aster novi-belgii*）菊科 紫菀属（图 4-12）

图 4-12 荷兰菊

1. 形态特性

荷兰菊为菊科多年生宿根草本花卉，叶呈线状披针形，光滑，幼嫩时呈微紫色，在枝顶形成伞状花序，花色蓝紫或玫红，花期 8 ~ 10 月。须根较多，有地下走茎，茎丛生、多分枝。

2. 生长习性

荷兰菊性喜阳光充足和通风的环境，适应性强，喜湿润但耐干旱、耐寒、耐瘠薄，对土壤要求不严，适宜在肥沃和疏松的砂质土壤生长。

3. 分布

荷兰菊在中国各地广泛栽培。

4. 园林应用

荷兰菊花繁色艳，适应性强，特别是近年引进的荷兰菊新品种，植株较矮，自然成形，盛花时节又正值国庆节前后，适于盆栽室内观赏和布置花坛、花境等。更适合作花篮、插花的配花。

5. 病虫害防治

主要病害：白粉病、褐斑病。

主要虫害：蚜虫。

4.5.13 松果菊（*Echinacea purpurea*）菊科 松果菊属（图 4-13）

1. 形态特征

松果菊多年生草本植物，株高 60 ~ 150cm，全株具粗毛，茎直立；基生叶卵形或三角形，茎生叶卵状披针形，叶柄基部稍抱茎；头状花序单生于枝顶，或数多聚生，花径达 10cm，舌状花紫红色，管状花橙黄色。花期 6 ~ 7 月。

图 4-13　松果菊

2. 生长习性

松果菊性强健且耐寒，喜生于温暖向阳处，耐半阴。喜温暖，耐寒，较耐干旱，喜肥沃、深厚、富含有机质的土壤，能自播繁殖。

3. 分布

松果菊分布在北美，世界各地多有栽培。

4. 园林应用

松果菊可作药用；以作为花境、花坛、坡地的材料，也可作盆栽摆放于庭院、公园和街道绿化等处，可作切花的材料。

5. 病虫害防治

主要病害：枯萎病、黄叶病。

主要虫害：蚜虫、斜纹夜蛾、地下害虫。

4.5.14　大花金鸡菊（*Coreopsis grandiflora* Hogg.）菊科 金鸡菊属（图 4-14）

图 4-14　大花金鸡菊

1. 形态特征

大花金鸡菊为多年生宿根草本，株高 30 ~ 60cm。茎直立，全株疏生白色柔毛。基生叶和部分茎下部叶披针形或匙形；茎生叶全部或有时 3 ~ 5 裂，裂片披针形或条形，先端钝形。头状花序，直径 4 ~ 7.5cm，有长柄，边缘一轮舌状花，其他为管状花。舌状花通常 8 枚，黄色，顶端三裂；园艺品种有重瓣者（即有多轮舌状花）。瘦果圆形，具阔而薄的膜质翅。花期 6 ~ 9 月。

2. 生长习性

大花金鸡菊对土壤要求不严，喜肥沃、湿润排水良好的砂质壤土，耐旱，耐寒，也耐热。

3. 分布

大花金鸡菊原产于美国，在中国各地均有栽培。

4. 园林应用

大花金鸡菊是多年生草本植物，具有成本低、当年可开花、花期有四个多月、花大而艳丽，花开时一片金黄，固土护坡、自行繁衍、可观叶，也可观花等特点。可用于布置花境，也可在草地边缘、坡地、庭院、街心花园、屋顶绿化成片栽植，也可作切花，还可用作地被。

5. 病虫害防治

常见病害：白粉病、黑斑病、锈病。

常见的虫害：蚜虫、斜纹夜蛾、地下害虫等。

4.5.15 鸢尾（*Iris tectorum* Maxim.）鸢尾科 鸢尾属（图 4-15）

图 4-15 鸢尾

1. 形态特征

鸢尾为多年生草本，地下具根状茎，粗壮。叶剑形，基部重叠互抱成二列，长 30 ~ 50cm，宽 3 ~ 4cm，革质。花梗从中丛中抽出，单一或二分枝，高与叶等长，每梗顶部着花 1 ~ 4 朵，花被片 6，外轮 3 片较大，外弯或下垂，内有一行突起的白色须毛，称“重瓣”，内轮片较小，直立，称“旗瓣”。

2. 生长习性

鸢尾耐寒力强，根状茎在我国大部分地区可安全越冬，要求阳光充足，但也耐阴，喜含腐殖质丰富、排水良好的砂壤土。3月新芽萌发，花后地下茎有一短暂的休眠期，霜后叶片基本枯黄。

3. 分布

鸢尾在中国西南、陕西、江浙各地及日本、缅甸有分布。

4. 园林应用

鸢尾是庭园中重要花卉，东北地区常用的品种有德国鸢尾、苞鸢尾两种。

（1）德国鸢尾（*Iris germanica* L.）鸢尾科　鸢尾属

1）形态特征

德国鸢尾，多年生宿根草本。根状茎肥厚，略成扁圆形，有横纹，黄褐色，生多数肉质须根。基生叶剑形，长20～50cm，宽2～4cm，直立或稍弯曲，无明显的中脉，淡绿色或灰绿色，常具白粉，基部鞘状，常带红褐色，先端渐尖。花茎高60～100cm，中下部有1～3枚茎生叶；花下具3枚苞片，革质，边缘膜质，卵圆形或宽卵形，长2～5cm，宽2～3cm，有1～2朵花，花大，鲜艳，直径可达12cm，淡紫色、蓝紫色、深紫色或白色，有香味，花被管成喇叭形，长约2cm，花被裂片6枚，2轮排列，外花被裂片椭圆形或倒卵形，长6～7.5cm，宽4～4.5cm，反折，具条纹，爪部楔形，中脉上密生黄色须毛状附属物，内花被裂片圆形或倒卵形，长、宽均约为5cm，直立，上部向内拱曲，爪部狭楔形，中脉宽而向外隆起；雄蕊长2.5～2.8cm，花药乳白色；雌蕊子房纺锤形，长约3cm，直径约5mm，花柱分枝扁平，花瓣状，淡蓝色、蓝紫色或白色，长约5cm，宽约1.8cm，先端裂片宽三角形或半圆形，有锯齿。蒴果三棱状圆柱形，长4～5cm，先端钝，无喙；种子梨形，黄褐色，表面有皱纹，有白色附属物。花期5～6月，果期7～8月。

2）生长习性

耐寒性强，露地栽培过冬，地上茎叶完全枯萎，耐干燥，宜在排水良好，阳光充足处生长。喜黏性石灰质土壤，花朵硕大，色彩幽雅。

（2）大苞鸢尾（*Iris bungei* Maxim.）鸢尾科 鸢尾属

1）形态特征

大苞鸢尾为多年生草本。根状茎短而粗壮，须根多数，黄褐色。植株基部有棕色或棕褐色纤维状枯死叶鞘；基生叶，多数，条形，坚韧；茎生叶2枚，条状披针形，比基生叶短，下部变宽，鞘状抱茎，边缘膜质，向上渐窄。苞片3枚，膨大，宽披针形，渐尖，具纵脉而无横脉，边缘膜质，每苞有花2朵，花被片6，内外轮各3枚，外轮花被浅蓝色，有脉纹，先端倒卵形，内轮花被片紫色，直立，与外轮近等宽，矩圆形，先端有裂口，基部渐狭；花柱分枝 3，花瓣状，先端 2 裂，裂片条形，钝尖，花冠筒细长。蒴果矩圆形，先端具喙，有 6 条纵棱，种子卵圆形或近圆锥形，黑褐色。

2）生长习性

大苞鸢尾春季萌发较早，生育期较短，4 月上、中旬返青，盛花期在 5 月 10 日左右，5 月中、下旬结果，6 月中旬果实成熟，生育期约 60 天。10 月下旬开始枯黄，因而生长期较长，190 天左右。

3）病虫害防治

发病初期，叶端出现水渍状条纹，整个叶片逐渐黄化、干枯（图 4-16）。根茎部发生水渍状的概率较高，呈糊状腐烂，腐烂的根状茎具有恶臭味。由于基部腐烂，病叶很容易拔出地面。病原细菌随病残组织在土壤中越冬。温度高、湿度大、种植密度大、有虫伤时发病重。

治疗方法：及时清除病叶或病枝进行集中销毁，发病严重的土壤需要进行消毒后再进行种植，被污染的工具也需要用高锰酸钾进行消毒后才可以使用。发病后喷洒农用链霉素 800 倍液能控制住病害蔓延（鸢尾需要防治钻心虫）。

图 4-16 鸢尾软腐病

4.5.16 石竹（*Dianthus chinensis* L.）石竹科 石竹属（图 4-17）

1. 形态特征

石竹为多年生草本，全株无毛，带粉绿色。茎由根茎生出，疏丛生，直立，上部分枝。叶片线状披针形，顶端渐尖，基部稍狭，全缘或有细小齿，中脉较显。花单生枝端或数花集成聚伞花序；卵形，顶端长渐尖，长达花萼 1/2 以上，边缘膜质，有缘毛；花萼圆筒形有纵条纹，萼齿披针形，直伸，顶端尖，有缘毛；花瓣倒卵状三角形，紫红色、粉红色、鲜红色或白色；顶缘不整齐齿裂，喉部有斑纹，疏生髯毛；雄蕊露出喉部外，花药蓝色；子房长圆形，花柱线形。蒴果圆筒形，包于宿存萼内，顶端4裂；种子黑色，扁圆形。花期5～6月，果期7～9月。

图4-17 石竹z

2. 生长习性

石竹其性耐寒、耐干旱，不耐酷暑，夏季多生长不良或枯萎，栽培时应注意遮荫降温。喜阳光充足、干燥，通风及凉爽湿润气候。要求肥沃、疏松、排水良好及含石灰质的壤土或砂质壤土，忌水涝，好肥。生于草原和山坡草地。

3. 分布

石竹原产我国北方，现南北普遍生长。俄罗斯西伯利亚和朝鲜也有分布。

4. 园林应用

园林中可用于花坛、花境、花台或盆栽，也可用于岩石园和草坪边缘点缀。大面积成片栽植时可作景观地被材料，另外石竹有吸收二氧化硫和氯气的本领，凡有毒气的地方可以多种，切花观赏亦佳。

4.5.17 肥皂草（*Saponaria officinalis* L.）石竹科 肥皂草属（图4-18）

1. 形态特征

肥皂草为多年生草本，全株绿色无毛，基部稍铺散，上部直立，叶椭圆状披针形至椭圆形，具光泽，明显三脉，密伞房花序或圆锥状聚伞花序；花淡红、鲜红或白色；花瓣长卵形，全缘，凹头，爪端有附属物，雄蕊5，超出花冠，萼圆筒形，长2～25cm，花期6～8月。

图 4-18　肥皂草

2. 生长习性

肥皂草喜光耐半阴，耐寒，耐修剪，栽培管理粗放，在干燥地及湿地上均可正常生长，对土壤要求也不严。

3. 分布

肥皂草原产于欧洲及西亚，我国部分地区有栽培。生长强健，喜光耐半阴，耐寒，易于栽培，在干燥地及湿地上均可生长良好，对土壤的要求不严。

4. 园林应用

绿化应用上春季定植作花坛、花境、庭院、路边、丛植、片植、背景材料、地被植物均佳。

5. 病虫害防治

主要病害：真菌性叶斑病。

主要虫害：主要害虫为蛴螬和地老虎。

4.5.18　天蓝绣球（*Phlox paniculata* L.）花荵科　天蓝绣球属（图 4-19）

1. 形态特征

天蓝绣球，别名福禄考，株高 40 ~ 50cm，茎直立，叶对生，花瓣基部为长筒状，先端分裂为 5 片，有蓝、紫、粉、红、白等色，自然花期 6 ~ 8 月。因其花色鲜艳，花头均在植株上方，故观赏效果特别显著。将其露地栽培，可安全越冬。根、茎呈半木质化，多须根。茎粗壮直立，株高 60 ~ 120cm，光滑或上部有柔毛，不分枝。叶长椭圆状披针形、质薄、对生、边缘有细硬毛。塔形圆锥花序顶生，花冠粉紫色，呈高脚碟状，花期 6 ~ 9 月。

图 4-19　天蓝绣球

2. 生长习性

天蓝绣球园艺品种可按花期分早花系、中花系及晚花系三种，每系中均有丰富的色彩，性喜阳，耐寒，适宜排水良好，疏松，稍有石灰质的土壤。

3. 分布

天蓝绣球原产北美南部，现世界各国广为栽培，辽宁主要栽培地在台安。

4. 园林应用

1）天蓝绣球对环境条件的要求不高，只要温度、湿度合适，就易于繁殖，且成活率高。成活后便于管理，形成绿化规模，可不用重复栽植，且成本低。近几年来通化市在沿江小区、各单位庭院等进行了规模种植，对美化生活小区庭院的环境起了一定的作用。

2）天蓝绣球花色各异，有淡粉、淡红、白色等颜色，花色美，花香浓郁，有一定的观赏价值，且多在夏季开花。

天蓝绣球的繁殖可分为分株、压条和扦插。分株宜在早春与秋季进行；压条可在春、夏、秋季进行；扦插分为根插、茎插及叶插。

5. 病虫害防治

主要病害：叶斑病。

主要虫害：蚜虫。

4.5.19　针叶天蓝绣球（*Phlox subulate* L.）花葱科　天蓝绣球属（图 4-20）

1. 形态特征

针叶天蓝绣球，别名丛生福禄考、针叶福禄考等，为宿根草本，针叶天蓝绣球株高 5 ~ 10cm，老茎半木质化，红褐色，具横卧性，极低矮，茎、叶密被短毛。叶对生，枝叶密集，匍地生长，线状披针形。长约 1.3cm，春季叶色鲜绿，夏秋暗绿色，冬季经霜后变成灰绿色，叶与花同时开放。春至夏季开花，花顶生，花冠星形，5 裂瓣，浓桃红色，巾心轮状紫红色，花姿美艳。植株低矮，密生。第一次盛花期 4 ~ 5 月，第二次花期 8 ~ 9 月。花呈高脚杯形，芳香，花瓣 5 枚，倒心形，有深缺刻，花瓣基部有一深红色的圆环，花径 2cm。

图 4-20　针叶天蓝绣球

2. 生长习性

该花生长强健，不择土壤，喜阳光但稍阴也可生长，在排水良好疏松肥沃的中性土壤中生长更佳，但以石灰质土壤最适生长，在半阴处也能生长开花，华北地区首花期为 3 月中旬。针叶天蓝绣球花后四五天左右结合采集切穗进行修剪，可于 8 ~ 9 月二次开花，两次花期共长达三个月。在有一定湿度下十分耐寒，在我国东北地区可正常越冬、忌积水、过热、过干。北纬 45° 以南地区均可安全越冬。枝叶沿地面生长，分枝多，短期就可铺满地面，盛花时如一片地毯，十分绚丽。

3. 分布

中国华东地区有引种栽培。

4. 园林应用

针叶天蓝绣球具备了宿根花卉的不少优良性状，在园林绿化事业中颇受重视，它不仅覆盖率高、观赏价值也很强，是优良的地被花卉，并且具有栽植简单、适应性强、耐旱、耐寒、耐盐碱土壤的特性，可种植在裸露的空地上；可点缀在边缘绿化带内，起到黄土不露天的美化效果；还可种植在边坡地段，不仅美化坡地，还能减少水土流失。

5. 病虫害防治

主要虫害：红蜘蛛。

4.5.20 芍药（*Paeonia lactiflora* Pall.）毛茛科 芍药属（图 4-21）

图 4-21 芍药

1. 形态特征

芍药块根由根茎下方生出，肉质、粗壮，呈纺锤形或长柱形，外表浅黄褐色或灰紫色，内部白色，富有营养，块根一般不直接生芽，断裂后却可萌生较小的新芽，初生时水红色至浅紫红色，也有黄色的，长出地面后，颜色加深，一般成为深紫红色，外有鳞片保护。芍药的芽为混合芽，芽形则可分为 3 种形态：根部簇生，草本，茎基部圆柱形，上端多棱角，有的扭曲，有的直伸，向阳部分多呈紫红晕。下部的二回三出羽状复叶，上方的叶片是单叶。小叶有椭圆形、狭卵形、被针形等，叶端长而尖，全缘微波，叶缘密生白色骨质细齿，叶面有黄绿色、绿色和深绿色等，叶背多粉绿色。一般单独着生于茎的顶端或近顶端叶腋处。原种花白色，倒卵形，雄蕊多数，花丝黄色，花盘浅杯状，包裹心皮基部，顶端钝圆，心皮 3 ~ 5 枚无毛或有毛，顶具喙。花期 5 ~ 6 月，果期 8 月。

2. 生长习性

芍药喜光照，耐旱。芍药的春化阶段，要求在 0℃低温下，经过 40 天左右才能完成，然后混合芽方可萌发生长。芍药属长日照植物，花芽要在长日照下发育开花，混合芽萌发后，若光照时间不足，或在短日照条件下通常只长叶不开花或开花异常。

3. 分布

芍药分布于黑龙江、吉林、辽宁、内蒙古、河北、山西、陕西、宁夏、甘肃等地。

4. 园林应用

芍药是既能药用，又能供观赏的经济植物之一。适宜布置专类花坛、花境或散植于林缘、山石畔和庭院中。

图 4-22　芍药黑斑病

5. 病虫害防治

主要病害：灰霉病、褐斑病、红斑病、芍药黑斑病和芍药锈病。

芍药黑斑病（图 4-22）：

病症表现：发病后叶片出现不规则性病斑，大小为 5 ~ 15mm，紫红色或暗紫色，潮湿条件下叶片背部可产生暗绿色霉层，并可产生浅褐色轮纹。病重时，叶片焦枯破碎，如火烧一样。

发病规律：菌丝体在田间病株残茎和落在地面的病茎、病果壳上越冬，次年 3 月降雨或潮湿条件下，越冬病菌产生分生孢子，经气流和雨水溅动传播到刚萌发的新叶上，引起初次浸染。芍药黑斑病发病时，病残体未清除的，初次浸染严重，而病残体被清除了的，则初次浸染轻。病菌的生长和分生孢子的萌发需温暖条件，在 20℃ ~ 24℃条件下，病害的潜育期为 5 ~ 6 天，潮湿条件有利于病害的发展和分生孢子的形成。此外，砂质土壤、保水保肥力差、植株生长较差、抗病力降低，发病重。

治疗：及时清扫落叶，摘除病叶，减少初侵染来源，合理施肥，及时浇灌，保持水分充足（不得过多，否则出现涝害）及时除草。在发病初期先喷施甲基托布津 1000 倍液，3 ~ 5 天后喷施 15% 代森锰锌粉剂 600 ~ 800 倍液交替使用。

主要虫害：芍药的虫害有金龟子、蚧壳虫和蚜虫。

4.5.21　落新妇［*Astilbe chinensis*（Maxim.）Franch.et Savat］虎耳草科落新妇属（图 4-23）

1. 形态特征

落新妇为多年生草本植物，高 50 ~ 100cm。根状茎暗褐色，粗壮，须根多数，茎无毛。基生叶为二至三回三出羽状复叶；顶生小叶片菱状椭圆形，侧生小叶片卵形至椭圆形，长

1.8 ~ 8 cm，宽 1.1 ~ 4 cm，先端短渐尖至急尖，边缘有重锯齿，基部楔形、浅心形至圆形，腹面沿脉生硬毛，背面沿脉疏生硬毛和小腺毛；叶轴仅于叶腋部具褐色柔毛；茎生叶 2 ~ 3，较小。

图 4-23　落新妇

圆锥花序长 8 ~ 37cm，宽 3 ~ 4（~ 12）cm；下部第一回分枝长 4 ~ 11.5cm，通常与花序轴成 15° ~ 30° 角斜上；花序轴密被褐色卷曲长柔毛；苞片卵形，几无花梗；花密集；萼片 5，卵形，长 1 ~ 1.5mm，宽约 0.7 毫米，两面无毛，边缘中部以上生微腺毛；花瓣 5，淡紫色至紫红色，线形，长 4.5 ~ 5 mm，宽 0.5 ~ 1mm，单脉；雄蕊 10，长 2 ~ 2.5mm；心皮 2，仅基部合生，长约 1.6mm。

蒴果长约 3mm；种子褐色，长约 1.5mm，花果期 6~9 月。

2. 生长习性

落新妇耐寒，要求疏松肥沃、富含腐殖质的酸性或中性土壤，轻碱地也能生长。喜半阴，潮湿而排水良好的环境，花期夏季。

3. 分布

落新妇产于中国黑龙江、吉林、辽宁、河北、山西、陕西、甘肃东部和南部、青海东部、山东、浙江、江西、河南、湖北、湖南、四川、云南等地。

4. 园林应用

落新妇花序紧密，呈火焰状，花色丰富，艳丽，有众多品种类型，在园林中可用于花坛，花境、溪边林缘和树林下栽植，也可盆栽或作切花。东北常用的还有朝鲜落新妇。

4.5.22　大叶铁线莲（*Clematis heracleifolia* DC.）毛茛科　铁线莲属（图 4-24）

1. 形态特征

大叶铁线莲为落叶直立灌木，茎粗壮，具明显的纵条纹，密生白色绒毛，三出复叶对生，总叶柄粗壮，密被白绒毛，顶生，叶片大，侧生小叶近无柄，叶片小，叶近革质，椭圆状卵形，先端短尖，基部楔形，幼叶叶表具平伏毛，背面被短毛，脉上毛特密，顶生白或黄褐色毛。花两性，无花瓣，花萼管状，4 裂，蓝色，反卷，被白毛；花丝、花药、雌蕊被毛。瘦果倒卵形，红棕色，被毛，花柱宿存，长羽毛状，花期 7 ~ 8 月，果熟于秋季。

图 4-24　大叶铁线莲

2. 分布

大叶铁线莲为中国原产种，华北各地山区均有野生分布。

3. 生长习性

大叶铁线莲具较强的耐阴能力，喜生于阴湿的林边、河岸和溪旁。

4. 园林应用

大叶铁线莲喜湿耐阴，植物体被白毛，花蓝色，果棕红，可用作阴湿地的观赏性地被植物。

第5章

球根花卉的栽培管理

球根花卉，指具有由地下茎或根变态形成的膨大部分的多年生草本花卉。球根花卉偶尔也包含少数地上茎或叶发生变态膨大者。球根花卉广泛分布于世界各地，供栽培观赏的有数百种，大多属单子叶植物。球根花卉种类丰富，花色艳丽，花期较长，栽培容易，适应性强，是园林布置中比较理想的一类植物材料。

5.1 球根花卉的类型

1. 根据其变态形状可分为以下 5 大类：

鳞茎类：地下茎呈鱼鳞片状。外被纸质外皮的叫有皮鳞茎，如水仙、郁金香、朱顶红。鳞片的外面没有外皮包被的叫无皮鳞茎，如百合。

球茎类：地下茎呈球形或扁球形，外面有革质外皮，如唐菖蒲、香雪兰等。

根茎类：地下茎肥大呈根状，上面有明显的节，新芽着生在分枝的顶端，如美人蕉、荷花、睡莲、玉簪等。

块茎类：地下茎呈不规则的块状或条状，如马蹄莲、大岩桐、晚香玉等。

块根类：地下主根肥大呈块状，根系从块根的末端生出，如大丽花。

2. 根据栽植时间不同可以分为 3 大类：

春植球根类：如唐菖蒲、美人蕉、大丽花等，原产于热带及亚热带地区，耐寒能力一般，通常是在春季栽种球根，夏、秋季开花，秋季后地上都枯萎停止生长，冬季球根休眠。

秋植球根类：如类水仙、百合、风信子、郁金香等球根花卉，原产于温带，耐寒力较强，它们大多是秋季栽种球根，第二年春季开花，夏季休眠。

常绿球根类：如马蹄莲、仙客来、大岩桐、球根秋海棠、彩叶芋等休眠期多在炎热的夏季，虽暂停生长，但地上、地下部均不枯萎，如果创造凉爽的环境条件，仍能缓慢生长，且不用年年重新栽植，它们中的一部分可用分株繁殖，有的可用播种繁殖。

5.2 球根花卉的种植

1. 种植深度

球根栽植的深度因土质、栽植目的、种类不同而异。砂质土壤深植，反之则浅植。用于繁殖，每年需采掘新球者浅植；观赏栽培，多年后采掘新球的深植。通常球根栽植深度为种球径的 3 倍。个别种类，如晚香玉、葱兰，以覆土至球根顶部为宜，百合类要深达球径的 4 倍，而仙客来则需露出球茎的三分之一，使生长点在土面以上。种球球根可挖沟栽植，也可穴植，依种球大小而定（图 5-1）。

2. 水肥管理

球根花卉的地下部通常膨大成球状或块状，栽植时应注意选疏松、肥沃、透气性良好的土壤，特别要防止积水，以免球根腐烂。栽植球根花卉的有机肥一定要腐熟。大多

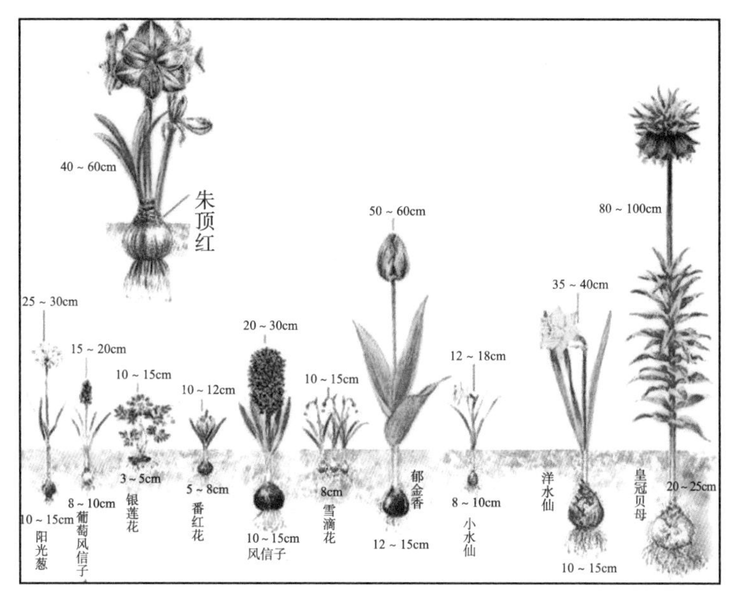

图 5-1 不同球根花卉种球高度及种植深度示意

数球根花卉花朵硕大，花期较长，对肥料的需求较高，栽植时应施足基肥，并应保证有足量的磷钾肥以满足球根发育以及开花的需求。

3. 其他注意事项

大多数球根花卉的叶片均很少，而且其叶片数一定，如郁金香 5 片叶、唐菖蒲 8 片叶时开花，栽培管理应注意保护叶片免受损伤，否则叶片减少，影响养分的合成，不利于新球的形成，也影响观赏。多数种类的球根花卉，吸收根少而脆，折断后则不能再生新根，所以，当球根栽植后，在生长期不宜移栽。为保证新球的膨大生长，采取切花时应注意，在保证切花长度要求的前提下，尽量少伤叶片，花后要立即剪除残花，减少养分消耗。花后加强肥水管理，也是充实新球的有利措施。

5.3 球根采收

生产上种植繁殖用的种球，每季进行一次采收和重新栽植。园林中种植用于观赏的球根花卉，根据种类不同可每隔 3 ~ 6 年采掘分栽一次。间隔时间过短，增加工作量，也影响观赏价值和景观效果；间隔时间过长，新球或子球增殖较多，常过于拥挤、生长不良而使花形变小、花色变浅，从而影响观赏效果。一般水仙类的球根花卉，在园林种植时，每隔 5 ~ 6 年采掘一次，而百合类、石蒜、美人蕉、晚香玉等，通常 3 ~ 4 年掘出球根分栽一次。

球根采收应在植株停止生长，叶尚未完全枯黄脱落时进行。采收过早，球根发育不够充实，养分尚未完全积聚于球根中；采收过晚，地上部茎叶完全枯萎脱落，不好确定土壤中球根的位置，采收时容易损伤球根，且子球也容易散失。

土壤略微湿润，有利于种球挖掘。采收时，将种球由土中掘出，抖净泥土，按照不同种类，进行阴干或翻晒。一般唐菖蒲、晚香玉等可在日光下翻晒几天使其干燥，大丽花、美人蕉等只要阴干至外皮干燥即可。在阴干和翻晒的同时，将种球按照球径的大小、种球的质量进行分级、分类。

5.4 球根贮藏

球根花卉地上部分停止生长进入休眠以后，大部分种类的地上部分球根需从土中挖出，并给予适宜条件进行贮藏。在入贮前，根据不同种类采用不同的方法消毒或杀菌（灭菌）（图 5-2）。

1. 越冬球根的贮藏

越冬球根主要指春植球根，春植球根应于秋季采收贮藏越冬。春植球根类花卉冬季贮藏时，对通风要求不高，且要保持一定湿度的种类，可采用堆藏或埋藏的方法，常将球根埋藏于湿润沙或沙与土各半的混合基质中：要求通风良好，充分干燥的球根宜采用架藏法。室温宜保持存在 4℃~ 10℃条件下，最低不低于 0℃，最高不高于 10℃。球根种类不同，贮藏时对环境条件的要求也不同。

（1）低温湿润下贮藏

贮藏期间要求有较低的温度和湿润的基质。这类球根主要有大丽花、美人蕉等。

美人蕉：起球后，将根茎适当干燥，然后用湿润的基质和沙子、锯末、蛭石或苔藓等埋藏，贮藏在 5℃~ 7℃的条件下，并注意通风，量少时可放在瓦盆、木箱中贮藏，量大时可在室内堆藏或窖藏。

大丽花：起球时，将块根挖出（如果分割，必须带部分根茎，并涂以草木灰），适当干燥 2 ~ 3 天后贮藏，方法与美人蕉基本相同。

百合类：要求低温和微湿的条件。百合虽为秋植球根，但其花期较晚，休眠期较短，夏秋收获的球根，必须经过一定的低温冷藏才能解除休眠。否则，栽种后植株生长不一致。冷藏温度随品种不同而略有差异，一般 0℃~ 10℃，百合鳞茎无皮，易失水干缩，贮藏时需用微潮的沙子埋藏，但又要防止由于潮湿而染病腐烂。

（2）低温干燥下贮藏

主要有唐菖蒲，晚香玉等。这些球根，贮藏期间如果环境湿度较大，极易染病霉烂，对栽种后的生长造成严重影响。因此，贮藏时务必保持环境干燥，通风良好，同时维持适当的低温。球根贮藏时需搭架，架上放竹帘，苇帘或竹筛，而且贮藏期间要经常翻动。检查，防止发生霉烂。温度要求与具体贮藏方法随球根种类而不同。

唐菖蒲起球消毒后要晾晒一周，然后架藏于 2℃~ 4℃的条件下，温度低于 0℃，球茎易霉烂，高于 4℃，则易出芽。

晚香玉北方冬季被迫休眠后起球，再将叶片和球茎下部长须根的薄层部分切去，并及时晾晒，待外皮干燥后上架贮藏。最初室温 25℃~ 26℃，两周后维持在 15℃~ 20℃。

2. 越夏球根的贮藏

越夏球根主要指秋植球根，秋植球根多在夏季休眠后贮藏。秋植球根类夏季存储时，首要问题是使贮藏环境通风、干燥、凉爽。一般保持室内温度不高于 5℃。大批贮藏可于室内设架，架与架之间距至少保持 30cm，每层架上铺以苇帘、席箔等以利于通风，也可将种球先装于尼龙网数装中，挂于室内。少量贮藏可入箱、盘、布装中，放置于阴凉、通风环境中（图 5-2）。

图 5-2 球根存储

郁金香起球后，要防止碰伤或曝晒，晾晒分级后贮藏于黑暗、通风、凉爽的环境下。

水仙贮藏前切去须根，并用泥将鳞茎和两边相连的脚芽基部封上，保护脚芽不脱落然后摊晒于阳光下，待封上干燥后，贮藏在低温环境下。

球根鸢尾贮藏时不宜将子球与根系分离，以免伤口腐烂，待秋栽时再行分离。贮藏环境要凉爽、干燥、通风。

3. 球根存储的其他注意事项

（1）无论越冬球根，还是越夏球根，贮藏时不能与水果、蔬菜等混合放置，同时谨防鼠害。

（2）无论是春植球根花卉，还是秋植球根花芽分化都是在夏季又继续分化。因此，春植球根花卉，盛夏季节气温过高，有碍花芽的分化，以致造成花芽分化暂停或缓慢进行，稍凉后，在夏季生长期的栽培管理是一个十分重要的环节，应创造良好的小气候，改善土壤通透状况，加强水、肥供应等。秋植球根花卉的夏季贮藏也是一个相当重要的环节，为球根贮藏创造一个凉爽、通风、干燥的环境条件是必需的。

（3）球根采收后，可对土地进行翻耕，增施有机肥料，以利下一季的种植。

5.5 常见球根花卉

5.5.1 百合（*Lilium brownii* var. *viridulum* Baker）百合科 百合属（图 5-3）

图 5-3 百合

1. 形态特征

百合为多年生球根花卉，其球根是鳞片状鳞茎，由披针形或广披针形肉质鳞片抱合而成，外无苞被，少数种类的鳞片上有节。鳞茎的中心有芽，芽伸出地面形成直立的茎后，又在茎的周围形成数个新芽，新芽的中心形成鳞片，渐次向外扩大，每一鳞片的寿命为 2 ~ 3 年。鳞茎生长数年后，因其内部芽数增多，便分裂成数个鳞茎。百合的根有两种类型，一种是长在鳞茎底部，称为“基根”，较粗，长达 30cm，多为基部节上长出的，较细，为一年生。茎不分枝，绿色或带褐色，长短因品种而异，30 ~ 200cm 长。地下部的茎节上常形成小鳞茎，几个至十几个，可用于繁殖。叶披针形或广披针形，互生或轮生，平行脉，绿色。无叶柄或有叶柄。有些品种叶腋处可萌发绿色或紫色的珠芽，也可供繁殖。花着生在茎顶端，单生或呈总状花序，有小花一至数十朵，互生或轮生。花朵无萼片，花瓣 6 枚，呈漏斗状或杯状，基部有蜜腺，花形丰富，筒部因种类不同而长短各异，花朵的着生有横向、直立或下垂，花瓣平展或反卷，花色有红、白、黄等，并常带有各种颜色的斑点条纹。雄高 8 枚。子房上位，期果 3 室，种子扁平。花期 5 ~ 8 月。

2. 生长习性

百合种类繁多，自然分布较广，但由于原产地生态条件不同，生长习性各异，大多数种类喜冷凉湿润气候，宜半阴的环境，耐寒力强，但耐热力较差。要求富含腐殖质和排水良好的微酸性土壤。温度低于 5℃或高于 30℃时，生长几乎停止。生长适温白天 25℃~ 28℃，夜间 18℃~ 20℃。有些种类如三百合、川百合、兰州百合、湖北百合和卷丹，能耐碱性土。其中卷丹较喜温暖、干燥的气候，较耐阳光照射，湖北百合也较喜阳光，麝香百合喜光照、温暖，但不耐寒，抗病力弱，易感染病毒病和叶枯病，严格要求酸性。

3. 分布

除新疆、西藏及华南个别省外全国都有栽植，东亚各国也有分布。

4. 园林应用

百合适宜于大片纯植或丛植疏林下、草坪边、亭台畔以及建筑基础栽植。也可作花坛、花境及岩石园材料或盆栽观赏。由于百合花花姿优美、清香晶莹、气度不凡，加上许多美好的传说和寓意，使人们十分喜爱百合花。因此，在众多的切花品种中，它属于名贵切花，仅次于鹤望兰和花烛。

5. 主要病虫害

主要病害：百合叶枯病、百合疫病、百合茎腐病、百合潜隐花叶病毒。

主要虫害：蚜虫、蛴螬、地老虎。

6. 种类及品种介绍

百合园艺品种有 9 个种系，观赏用有 3 个种系，即亚洲百合杂种系为山丹、卷丹、川百合；麝香百合杂种系；东方百合杂种系，如鹿子百合、天香百合、日本百合及湖北百合等。

5.5.2 风信子（*Hyacinthus orientalis* L.Sp.Pl.）百合科 风信子属（图 5-4）

1. 形态特征

风信子为鳞茎球形或扁球形，外被有光泽的皮膜，其色常与花色有关，有紫蓝、淡绿、粉或白色。栋高 20 ~ 50cm，叶基生，4 ~ 8 枚，带状披针形，明圆钝，质肥厚，有光泽。花序高 15 ~ 45cm 中空，总状花序密生其上部，着花 6 ~ 12 朵或 10 ~ 20 朵：小花具小苞，斜伸或下垂，钟状，基部膨大，裂片端部向外反卷；花色原为蓝紫色，有白、粉、红、黄、蓝等色，深浅不一，单瓣或重染，多数园艺品种有香气。花期 4 ~ 5 月。蒴果球形，果实成熟后背裂，种子黑色，每果种子 8 ~ 12 粒。

2. 生长习性

风信子性喜阳光，较耐寒，要求排水良好和肥沃的砂壤土。具有秋季生根、早春出芽、

4～5月开花、6月休眠的习性。

图 5-4 风信子

3. 分布

风信子原产于欧洲南部地中海沿岸及小亚细亚一带以及荷兰，如今世界各地都有栽培。野生种生于西亚及中亚的海拔2600m以上的石灰岩地区。

4. 园林应用

风信子姿态娇美，五彩缤纷，艳丽夺目，清香宜人，且有花卉中少见的蓝色，是早春开花的著名球根花卉，为欧美各国流行甚广的名花之一。适于布置花坛、花境和花槽，也可作切花、盆栽水植，摆放在阳台、居室供人欣赏，是一种干净有趣的栽培方式，极适合家庭采用。

5. 病虫害防治

主要病害：黄腐病、灰霉病、菌核病、斑叶病。

6. 种类及品种介绍

重要变种：有3个变种，花小，从11月开始有花。罗马风信子、大筒浅白风信子、普罗文斯风信子。

5.5.3 贝母（*Fritillaria* L.）百合科 贝母属（图 5-5）

1. 形态特征

贝母原产于土耳其北部至南亚北部地区，多年生草本植物。叶片互生，浅绿色，波状披针形，长7～12cm，先端卷须状；花较大，花被钟状倒垂，长6cm左右，多朵聚生茎顶，有红、黄、橙、紫等多种颜色；蒴果，膜质，春季开花，花期持续2～3周，秋季果熟。

2. 生长习性

贝母性喜凉爽、湿润和半阴环境，怕炎热，忌积水。

图 5-5　贝母

3. 分布

我国产 20 种和 2 个变种，除广东、广西、福建、江西、内蒙古、贵州外，其他省区均有分布，其中以四川和新疆种类最丰富。

4. 园林应用

贝母观赏价值最高。育成的品种也最多，高秆品种适用于庭院种植，布置花境或基础种植均可，矮生品种则适合盆栽，观赏性极强。

5.5.4　唐菖蒲（*Gladiolus gandavensis* Van Houtte）鸢尾科　唐菖蒲属（图 5-6）

图 5-6　唐菖蒲

1. 形态特征

唐菖蒲株高 70 ~ 100cm，球茎呈扁圆形，外被褐色纤维质表皮，内为黄白肉质鳞片。叶互生，呈嵌叠状排列，剑形。唐菖蒲的球茎上通常有 4 ~ 6 个芽眼，每个芽眼都有萌发生长能力，在大球茎的叶丛中都能抽生花葶。唐菖蒲温室栽培，全年都能开花，长穗状花序具有 40 ~ 60cm，着花数十朵，花朵由下向上逐渐变小，渐次开放。花瓣椭圆形，花瓣边缘微皱。花色丰富，有红色、黄色、棕色、紫色、蓝色和白色。裂片有条纹，雄蕊 3 枚，雌蕊 1 枚，柱头 3 裂，子房 3 室，结蒴果，内含种子 15 ~ 70 粒，种子扁平，褐色带翅。

唐菖蒲花梗很长，花朵排列呈蝎尾状，玲珑轻巧，潇洒柔和，花朵质如绫绸，娇嫩可爱；花色丰富，有的妖红嫣紫、富丽堂皇，有的凉玉素艳、清闲淡雅；花色有白、粉、黄、橙、红、蓝、紫烟等，花形有号角、荷花、飞燕、平展等 4 种；斑纹有纯色、桃斑、凤下撒金及细纹等；瓣边有平、波及皱瓣。是世界上四大切花之一，也可盆栽观赏。

2. 生长习性

唐菖蒲属喜光性长日照植物，怕寒冷，不耐涝，夏季喜凉爽气候，不耐过度炎热。种球休眠期过后，在相对湿度 70% 的条件下，在 5℃就开始萌动。在生长过程中，温度低于 10℃时，植株的生长发育即受到抑制，其中以 1 ~ 2 片和 5 ~ 6 片叶期时对低温最为敏感。生长最适温白天为 20℃~ 25℃，夜间为 10℃~ 15℃。唐菖蒲是长日照植物及喜光植物，尤其在 2 ~ 3 片花芽分化时期及 6 ~ 7 片叶小花原基分化时期对光最为敏感。在冬季短日照及弱光条件下，需补充人工光源，延长光照时间，增加光照强度。光照强度最低限度 3500lx，最佳为 10000lx。每天光照时间不能低于 12 小时，应达到 16 小时。用分离子球和切割新球的方法繁殖，当开过花后的植株枯萎后，掘出球茎晒干，将子球从新球下部分离开，单独存放在 5℃~ 11℃通风干燥的室内。翌年春分种田间培养，经 1 ~ 2 年即能长大成能开花的新球茎。分切种球是对二年生球茎（4 ~ 6 个芽眼），用利刃纵切成 2 ~ 3 块，每块必须带有一个强壮的芽或部分根盘，切后涂上草木灰。露地分栽这些子球，要根据各地的气候环境，可在 3 月上旬~ 7 月中旬，分批分期进行栽培，这样可以开花不断。但是，秋季分球茎不宜过迟，防止幼苗出土时遇上晚霜，开花时又遇上高温、酷暑，影响正常开花。

3. 分布

唐菖蒲原产于非洲热带和地中海地区。现在北美、西欧各国，日本及中国各地都有广泛栽培。唐菖蒲在我国主要分布在广东、四川、福建、吉林、辽宁、云南、上海、甘肃、江苏、深圳和河北。

4. 园林应用

唐菖蒲为世界著名四大切花之一，其品种繁多，花色艳丽丰富，花期长，花容极富装饰性，为世界各国广泛应用。除作切花外，还适于盆栽、布置花坛等。球茎入药。对大气污染具有较强的抗性，是工矿绿化及城市美化的良好材料。

5. 病虫害防治

枝萎病、干腐病、弯孢霉叶斑病、疮痂病、青霉病、花叶病。

6. 种类及品种介绍

世界各国栽培的园艺品种 8000 种，我国有 20 多个品种，如‘红婵娟’‘白然’‘燕红’‘金不快’‘龙泉’‘赛明星’‘冰罩红’等。

（1）依生态习性分类

1）春花种类：植株矮小，球茎亦小，茎叶纤细，花轮小形，耐寒性较强，在温暖地区可秋天种植，冬天不落叶过冬，次春开花，但花色单调。本类多由原产欧亚（即地中海及西亚地区）的野生种杂交选育而成。

2）夏花种类：本类春天种植，夏天开花。一般植株高大，花多数大而美丽。花色、花形、花径大小以及花期早晚均富变化。多数由原产南非的野生原种杂交后选育而来。

（2）依花形分类

1）大花形：花大形，多而紧密，花期晚，球根增殖慢。

2）小蝶形：花较小，多富皱褶变化并多具彩斑，花姿清丽。

3）报春花形：花朵开放时，形似报春，一般花少而稀疏。

4）鸢尾形：花序较短，着花少，但较紧密，向上方开展，花被裂片大小，形状相似，呈辐射对称状。子球增殖力强。

（3）依生长期分类

1）早花类：生长60～65天，6～7片叶时即可开花。

2）中花类：生长70～75天后即可开花。

3）晚花类：生长期较长，80～90天后，需有8～9片叶时能开花。

（4）依花色分类

分为9个色系：白色系、粉色系、黄色系、橙色系、红色系、浅紫色系、蓝色系、紫色系及烟色系。

5.5.5 大丽花（*Dahlia pinata* Cav.）菊科 大丽花属（图5-7）

图5-7 大丽花

1.形态特征

大丽花多年生草本，地下部分具粗大纺锤状肉质块根，簇生，株高40～150cm不等。

基中空，直立或横卧；叶对生，1～2回羽状分裂，聚片近长卵形，边续具相钝锯齿，总柄略带小翅；头状花具长梗，顶生或藏生，其大小、色彩及形状因品种不同而富于变化；外周为舌状花，一般中性或雌性，中央为筒状花，两性；总苞两轮，内轮薄膜质，鳞片状，外轮小，多星叶状；总花托扁平状，具颖苞。花期夏季至秋季。瘦果黑色，压扁状的长椭圆形。

2. 生长习性

大丽花性喜湿润清爽、昼夜温差大、通风良好的环境。适宜生长温度15℃～25℃，夏季高于30℃，则生长不正常，少开花。冬季低于0℃，易发生冻害。块整贮藏以3℃～5℃为宜。喜柔和充足光照，10～12小时日照长度。

3. 分布

大丽花原产于墨西哥，是全世界栽培最广的观赏植物，20世纪初引入中国，现在多个省区均有栽培。

4. 园林应用

大丽花为国内习见花卉，花色艳丽，花形多变，品种极其丰富，应用范围较广，宜作花坛、花境及庭前丛栽；矮生品种最宜盆栽观赏，高形品种宣作切花，是花篮、花圈和花束制作的理想材料。

5. 病虫害及其防治

主要病害：根腐病、褐斑病、病毒病、白粉病。

6. 种类及品种介绍

同属有12～15种，均原产于墨西哥及危地马拉海拔1500m以上山地。栽培种和品种极为繁多，世界各地均有栽培，我国各地园林中也习见栽培，尤以吉林为盛，为我国大丽花的栽培中心。品种分类有多种方法，多数国家和地区大多以植株高度、花茎大小以及花色、花形为主要依据进行分类。主要有桃红牡丹、小丽花等。`

5.5.6 蛇鞭菊（*Liatris spicata*）菊科 蛇鞭菊属（图5-8）

1. 形态特征

蛇鞭菊为茎基部膨大呈扁球形，地上茎直立，株形锥状。基生叶线形，长达30cm。头状花序排列成密穗状，长60cm，淡紫红色，花期7～8月。蛇鞭菊具地下块茎，花葶长70～120cm，花序部分约占整个花葶长的1/2。小花由上而下次第开放，花色分淡紫和纯白两种。叶线形或披针形，由上至下逐渐变小，平直或卷曲，斜向上伸展。

2. 生长习性

蛇鞭菊耐寒，耐水湿，耐贫瘠，喜阳光，要求疏松肥沃湿润土。

3. 分布

分布于美国和加拿大，在中国多地有栽培。

图 5-8　蛇鞭菊

4. 园林应用

蛇鞭菊在夏秋之际，色彩绚丽，恬静宜人，给人以静谧与舒适的感觉，宜作花坛、花境和庭院植物，是优秀的园林绿化材料。

5. 病虫害防治

主要病害：常有叶斑病、锈病。

主要虫害：根结线虫。

5.5.7　美人蕉（*Canna indica* L.）美人蕉科 美人蕉属（图 5-9）

1. 形态特征

美人蕉植株全部绿色，高可达 1.5m。叶片卵状长圆形，长 10 ~ 30cm，宽达 10cm。总状花序疏花；略超出于叶片之上；花红色，单生；苞片卵形，绿色，长约 1.2cm；萼片 3，披针形，长约 1cm，绿色而有时染红；花冠管长不及 1cm，花冠裂片披针形，长 3 ~ 3.5cm，绿色或红色；外轮退化雄蕊 2 ~ 3 枚，鲜红色，其中 2 枚倒披针形，长 3.5 ~ 4 cm，宽 5 ~ 7mm，另一枚如存在则特别小，长 1.5cm，宽仅 1mm；唇瓣披针形，长 3cm，弯曲；发育雄蕊长 2.5cm，花药室长 6mm；花柱扁平，长 3cm，一般和发育雄蕊的花丝连合。蒴果绿色，长卵形，有软刺，长 1.2 ~ 1.8cm。花果期：3 ~ 12 月。

2. 生长习性

美人蕉喜温暖湿润气候，不耐霜冻，生育适温 25℃~ 30℃，喜阳光充足土地肥沃，在原产地无休眠性，周年生长开花；性强健，适应性强，几乎不择土壤，以湿润肥沃的疏松砂壤土为好，稍耐水湿。畏强风。春季 4 ~ 5 月霜后栽种，萌发后茎顶形成花芽，小花自下而上开放，生长季里根茎的芽陆续萌发形成新茎开花，自 6 月至霜降前开花不断，总花期长。根茎在长江以南地区可露地越冬，长江以北必须人工保护越冬。不耐寒，怕强风和霜冻。深秋植株枯萎后，要剪去地上部分，将根茎挖出，晾晒 2 ~ 3 天，埋于温室通风良好的沙土中，不要浇水，保持 5℃以上即可安全越冬。

图 5-9 美人蕉

3. 分布

美人蕉在全国各地均可栽培，但不耐寒，霜冻后花朵及叶片凋零。

4. 园林应用

美人蕉花大色艳、色彩丰富，株形好，栽培容易。且现在培育出许多优良品种，观赏价值很高，可盆栽，也可地栽，装饰花坛。

5. 病虫害防治

主要虫害：卷叶虫、地老虎。

第6章

水生花卉管理养护

水生花卉泛指生长于水中或沼泽地的观赏植物，与其他花卉明显不同的习性是对水分的要求和依赖远远大于其他各类植物，因此也构成了其独特的习性。水生花卉生长期间要求有大量水分（或有饱和水的土壤）和空气。它们的根、茎和叶内有通气组织的气腔与外界互相通气，吸收氧气以供应根系需要。一般是缓慢流动的水体有利生长；但少数种类则需生长在流速较大的溪涧或泉水边。除某些沼生植物可在潮湿地生长外，大多要求水深相对稳定的水体条件，水底要求富含有机质的黏质土壤。

6.1 水生花卉分类

按生活方式和生存的水体条件的不同，水生花卉可以分为 5 种类型：

1. 沼生类

生于水深一般在 0.5cm 以内的沼泽等浅水地带。

如天南星科的菖蒲（*Acorus calamus*）具地下横生的根状茎和直立的剑形叶；初夏开黄色花，常丛植池沼滩边，或与荷花、睡莲配置观赏，全株还可作香料或入药。莎草科的旱伞草（*Cyperus alternifolius*）叶秀丽潇洒，宜盆栽，或入盆后置池中岩石之上供观赏。鸢尾科的黄菖蒲（*Iris pseudacorus*）春夏开黄花，宜临水或在溪流石隙间种植。千屈菜科的千屈菜（水柳，*Lythrum salicaria*）夏秋开紫色花，宜水边或于花境配植，也可盆栽。十字花科的豆瓣菜（西洋菜、水蔊菜，*Nasturtium officinale*）夏季开白色小花，可作蔬菜用，并为良好的园林水畔植物。

2. 挺水类

茎叶挺伸于水面之上，一般可适应深 1m 以内的水体。植株高大，花色艳丽，绝大多数有茎、叶之分；根或地下茎扎入泥中生长发育，上部植株挺出水面。

如：荷花（*Nelumbo nucifera*）、野慈姑（*Sagittaria trifolia*）、再力花（水竹芋，*Thalia dealbata*）等，此外还有香蒲科的宽叶香蒲（水烛，*Typha latifolia*），植株高 1.5 ~ 2.5m，叶呈条形，花细小，肉穗花序可作切花，蒲绒和蒲叶可作工业原料等。

3. 浮水类

叶片浮于水面或略高出水面，可生于浅水至 2 ~ 3m 深的水中。根状茎发达，花大，色艳，无明显的地上茎或茎细弱不能直立，而它们的体内通常储藏有大量的气体，使叶片或植株漂浮于水面。

如睡莲科的芡实（鸡头米，*Euryale ferox* Salisb. ex DC.）全株具刺，叶丛生，浮于水面；夏季开紫花，花托形如鸡头。睡莲科的睡莲（*Nymphaea tetragona*）花叶俱美，花单生白色，浮于水面；叶马蹄形，具长柄；用以布置庭园时多盆栽后放置水中，点缀池塘水景；其根有净化污水的作用。同属植物白睡莲（*Nymphaeaalba*、黄睡莲（*Nymphaeamexicana* Zucc.）、香睡莲（*Nymphaeaodorata* Aiton）等也可供观赏。

4. 沉水类

根茎生于泥中，茎叶全部沉于水中，通气组织发达，能适应较深水体，如：黑藻、金鱼藻、狐尾藻、苦草、水蕹菹草之类。

5. 漂浮类

根通常不生于泥土内而伸展于水中，植株浮于水面或随水流、风浪飘动，如浮萍、水浮莲（大漂）、水葫芦（凤眼莲）、槐叶萍、水鳖、水罂粟等。

6.2 水生花卉的繁殖方法

1.播种繁殖

水生花卉一般在水中播种。具体方法是将种子播于有培养土的盆中，盖以沙或土，然后将水生花卉盆浸入水中，浸入水的过程应逐步进行，由浅到深。刚开始时仅使盆土湿润即可，之后可使水面高出盆沿。水温应保持在 18℃~ 24℃，王莲等原产热带者需保持 24℃~ 32℃。

种子的发芽速度因种而异，耐寒性种类发芽较慢，需 3 个月到 1 年，不耐寒种类发芽较快，播后 10 天左右即可发芽。

播种可在室内或室外进行，室内条件易控制，室外水温难以控制，往往影响其发芽率。

大多数水生花卉的种子干燥后即丧失发芽力，需在种子成熟后立即播种或贮于水中或湿处。少数水生花卉种子可在干燥条件下保持较长的寿命，如荷花、香蒲、水生鸢尾等。

2.分株繁殖

水生花卉大多植株成丛或具有地下根茎，可直接分株或将根茎切成数段进行栽植。分根茎时注意每段必须带顶芽及尾根，否则难以成株。

分栽时期一般在春秋季节，有些不耐寒者可在春末夏初进行。

6.3 水生花卉栽培管理

1. 栽培基质

栽培水生花卉的水池应具有丰富、肥沃的塘泥，并且要求土质黏重。盆栽水生花卉的土壤也必须是富含腐殖质的黏土。栽植水生花卉的池塘最好是池底有丰富的腐草烂叶沉积，并为黏质土壤。由于水生花卉一旦定植，追肥比较困难，新开挖的池塘必须在栽植前加入塘泥并施入大量的有机肥料，如堆肥、厩肥等。已栽植过水生花卉的池塘一般已有腐殖质的沉积，视其肥沃程度确定施肥与否适当施肥。盆栽用土应以塘泥等富含腐殖质土为宜。

2. 栽植与管理

各种水生花卉，因其对温度的要求不同而采取相应的栽植和管理措施。

（1）原产热带的水生花卉如王莲等，在中国大部分地区进行温室栽培。其他一些不耐寒者，一般盆栽之后置池中布置，天冷时移入贮藏处。也可直接栽植到池中，秋季掘起贮藏。

（2）半耐寒性水生花卉如荷花、睡莲、凤眼莲等可行缸植，放入水池特定位置观赏，秋冬取出，放置于不结冰处即可。半耐寒的水生花卉栽在池中时，应在初冬结冰前提高水位，以使根丛位于冰冻层以下，安全越冬。少量栽植时，也可掘起贮藏或春季用缸栽植，沉入池中，秋末连缸取出，倒除积水，冬天保持缸中土壤不干，放在没有冰冻的地方。

（3）耐寒性水生花卉如千屈菜、水葱、芡实、香蒲等，可直接栽在深浅合适的水边和池中，休眠期间对水的深浅要求不严，冬季不需保护。

（4）有地下根茎的水生花卉一旦在池塘中栽植时间较长，便会四处扩散，以致与设计意图相悖。因此，一般在池塘内需建种植池，以保证不四处蔓延。

（5）漂浮类水生花卉常随风而动，应根据当地情况确定是否种植，种植之后是否要固定位置。如需固定，可加拦网。

6.4 水生花卉的水体管理

种植水生花卉的水体常因流动不畅、水温过高等原因，引起藻类大量繁殖，造成水质浑浊，影响水生植物的生长和水体景观。小范围内可用硫酸铜除之，即将硫酸铜装布袋悬于水中，用量为 1kg/m^3；大范围内则需利用生物防治，如放养金鱼藻、狸藻等水草或螺蛳、河蚌等软体动物。

6.5 水生花卉应用

水生花卉是布置水景园的重要材料（图 6-1）。一湖一塘可采用多种，也可仅取一种，与亭、榭、堂、馆等园林建筑物构成具有独特情趣的景区、景点。

大湖可种苦菜等沉水种类；湖边、沼泽地可栽沼生植物；中、小型池塘宜栽中、小体形品种的莲或睡莲、水葫芦等。

凡堆山叠石的池塘，宜在塘角池畔配植香蒲、菖蒲；而假山、瀑布的岩缝或溪边石隙间，则宜栽种水生鸢尾、灯芯草等。

需注意：布置水景用的水生花卉数量不宜过多，要求疏密有致，水秀花繁，勿使植物全部覆盖水面。

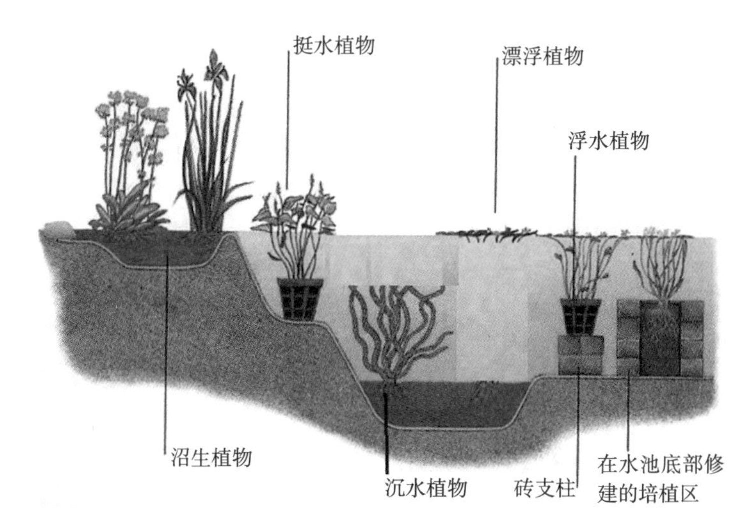

图 6-1　水池中水生植物布置示意图

6.6　常见水生植物

6.6.1　莲（*Nelumbo nucifera Gaertn.*）睡莲科　莲属（图 6-2）

图 6-2　莲

1. 形态特征

莲是多年生水生草本花卉，地下茎长而肥厚，有长节，叶圆形、绿色、全缘。花期 6 ~ 9 月，单生于花梗顶端，花大，花瓣多，有红、粉红、白、紫等色。坚果椭圆形，种子卵形。

2. 生长习性

莲喜光，喜温暖湿润气候，不耐寒，对部分有害气体有一定抗性。

3. 分布

莲分布在中亚，西亚、北美，印度、中国、日本等亚热带和温带地区。国内除西藏和青海外，全国大部分地区都有分布。

4. 园林应用

莲是良好的美化水面、点缀亭边或盆栽观赏的材料。

6.6.2 睡莲（*Nymphaea tetragona* Georgi）睡莲科 睡莲属（图 6-3）

图 6-3 睡莲

1. 形态特征

睡莲是多年生水生花卉，常用水生观赏花卉品种，根状茎粗短，叶丛生，具细长叶柄，浮于水面，叶近革质，叶呈圆形或卵状椭圆形，全缘。花单生于花柄顶端，有白色、深红等多种色系，聚合果，球形，内含椭圆形黑色小坚果。

2. 生长习性

睡莲喜强光、温暖及通风良好的环境，环境适应性较强。

3. 分布

睡莲在中国广泛分布，生在池沼中。俄罗斯、朝鲜、日本、印度、越南、美国均有。

4. 园林应用

睡莲栽培历史悠久，叶体秀美、花色漂亮，自古以来是园林中非常重要的水面绿化植物，也是重要的水生观赏花卉。水体净化植物睡莲能吸收水体内的有害物质，可帮助污染水域恢复生态平衡结构，促使水域生态系统逐步实现良性循环。

6.6.3 荇菜（*Nymphoides peltatum*）龙胆科 荇菜属（图 6-4）

1. 形态特征

荇菜为多年生浮水草本植物，枝条有二型，长枝匍匐于水底，如横走茎；短枝从长枝的节处长出。叶卵形，长3～5cm，宽3～5cm，上表面绿色，边缘具紫黑色斑块，下表面紫色，基部深裂成心形。花大而明显，杏黄色，花期5～9月。

2. 生长习性

荇菜为浮水水生植物，喜欢生长在池塘或者不流动的河溪之中。荇菜生性强健，适应性强，耐寒又耐热，冬季变黄，春季又逐渐恢复，喜欢静水，在流动的水中生长不良。

3. 分布

荇菜原产于中国，分布广泛，在中国西藏、青海、新疆、甘肃均有分布。

4. 园林应用

荇菜叶片形似睡莲，小巧别致，鲜黄色花挺出水面，用于装点池面，雅致盎然。

图6-4 荇菜

6.6.4 千屈菜（*Lythrum salicaria* L.）千屈菜科 千屈菜属（图6-5）

图6-5 千屈菜

1. 形态特征

千屈菜为多年生挺水宿根草本植物，根茎横卧于地下，粗壮；茎直立，多分枝，高30～100cm，全株青绿色，略被粗毛或密被绒毛，枝通常具4棱。叶对生或三叶轮生，披针形或阔披针形，长4～6cm，宽8～15mm，顶端钝形或短尖，基部圆形或心形，有时略抱茎，全缘，无柄。花组成小聚伞花序，簇生，因花梗及总梗极短，因此花枝全形似一大型穗状花序；苞片阔披针形至三角状卵形，长5～12mm；萼筒长5～8mm，有纵棱12条，稍被粗毛，裂片6，三角形；附属体针状，直立，长1.5～2mm；花瓣6，红紫色或淡紫色，倒披针状长椭圆形，基部楔形，长7～8mm，着生于萼筒上部，有短爪，稍皱缩；雄蕊12，6长6短，伸出萼筒之外；子房2室，花柱长短不一；蒴果扁圆形。

2. 生长习性

千屈菜生于河岸、湖畔、溪沟边和潮湿草地。喜强光，耐寒性强，喜水湿，对土壤要求不严，在深厚、富含腐殖质的土壤上生长更好。

3. 分布

千屈菜于全国各地均有栽培；分布于亚洲、欧洲、非洲的阿尔及利亚、北美和澳大利亚东南部。

4. 园林应用

千屈菜是一种优良的水生植物，华北、华东常栽培于水边或作盆栽，供观赏，株丛整齐，耸立而清秀，花朵繁茂，花序长，花期长，是水景中优良的竖线条材料。最宜在浅水岸边丛植或池中栽植。也可作花境材料及切花、盆栽或沼泽园用。

6.6.5 菖蒲（*Acorus calamus* L.）天南星科 菖蒲属（图 6-6）

图 6-6 菖蒲

1. 形态特征

菖蒲是多年生草本植物，常用园林观赏植物品种，株高 60 ~ 100cm，根状茎粗壮短小，叶绿色、端尖、剑形，花黄色，基部有褐色斑纹。

2. 生长习性

菖蒲喜温暖湿润气候，耐寒，较耐阴，喜在浅水区域生长，环境适应性强。

3. 分布

菖蒲原产中国及日本，广布世界温带、亚热带。南北两半球的温带、亚热带都有分布。分布于我国南北各地。

4. 园林应用

菖蒲形体尺度适中、叶色漂亮、花色美丽，是园林常用滨水观赏花卉品种。也可盆栽观赏或作布景用，叶、花序还可以作插花材料。

6.6.6 梭鱼草（*Pontederia cordata* L.）雨久花科 梭鱼草属（图 6-7）

图 6-7 梭鱼草

1. 形态特征

梭鱼草为多年生挺水或湿生草本植物，叶柄绿色，圆筒形，叶片较大，深绿色，叶形多变。大部分为倒卵状披针形，长 10 ~ 20cm。上方两花瓣各有两个黄绿色斑点，花葶直立，通常高出叶面。叶片光滑，呈橄榄色，倒卵状披针形。叶基生广心形，端部渐尖。

2. 分布

梭鱼草在美洲热带和温带均有分布，中国华北等地有引种栽培。

3. 生长习性

梭鱼草喜温暖湿润，光照充足的环境，怕风不耐寒，喜水湿环境。

4. 园林应用

梭鱼草叶色翠绿，花色迷人，花期较长，可广泛用于园林美化，栽植于河道两侧、池塘周围、人工湿地。

6.6.7 水葱［*Schoenplectus tabernaemontani*（C.C.Gmelin）Palla］莎草科藨草属（图 6-8）

图 6-8 水葱

1. 形态特征

水葱是多年生水生或湿地草本植物，园林常用水生观赏植物品种，地下根状茎粗壮而匍匐，须根很多。地上茎直立，高可达 2m，灰绿色，叶较小，聚伞花序顶生，花小，黄褐色。

2. 生长习性

水葱耐寒，不耐干旱，喜水，喜阳光充足环境，耐阴耐寒环境适应性强。

3. 分布

水葱产于东北、华北、江苏、西南、陕西、甘肃、新疆等地。

4. 园林应用

水葱生长葱郁，淡雅洁净，可与睡莲、荷花等配置作水坛，也可丛植于池角岸边，作为水景布置中的障景、背景等。

6.6.8　香蒲（*Typha orientalis* Presl）香蒲科 香蒲属（图 6-9）

1. 形态特征

香蒲为多年生水生或沼生草本。根状茎乳白色。地上茎粗壮，向上渐细，高 1.3 ~ 2m。叶片条形，长 40 ~ 70cm，宽 0.4 ~ 0.9cm，光滑无毛，上部扁平，下部腹面微凹，背面逐渐隆起呈凸形，横切面呈半圆形，细胞间隙大，海绵状；叶鞘抱茎。

2. 生长习性

香蒲适应力较强，喜光喜温暖，宜水湿环境，耐寒不耐干旱。

3. 分布

香蒲广泛分布于中国东北、广东和华北地区。

4. 园林应用

香蒲叶细长如剑色泽光洁淡雅，是常见的水边观叶植物，最宜作为岸边或水边的绿化材料，也可盆栽布置庭院。香蒲常用于切花材料，全株是造纸的好材料。

图 6-9　香蒲

6.6.9 芦苇［*Phragmites australis*（Cav.）Trin.ex Steu d.］禾本科 芦苇属（图 6-10）

图 6-10 芦苇

1. 形态特征

芦苇为多年生高大草本植物，匍匐根状茎发达；节间中空，结下常生白粉；茎干直立，高 1 ~ 3m。叶鞘圆筒形，无毛或有细毛；叶舌有毛，叶片长线形或披针形，排成两列；圆锥花序顶生，分枝稠密，向斜伸展，花絮 10 ~ 40cm；花果期为 8 ~ 9 月。

2. 生长习性

芦苇耐水涝，耐干旱，耐盐碱。

3. 分布

芦苇产于全国各地，为全球广泛分布的多型种。

4. 园林应用

芦苇应用于浅水、湿地或湖边等；开花季节美观，形成具有自然野趣的景观。花可作为切花材料。

第 7 章

藤本及攀援植物管理养护

藤本植物，是指那些茎干细长，自身不能直立生长，必须依附他物而向上攀缘的植物。按茎的质地分为草质藤本（如扁豆、牵牛花、芸豆等）和木质藤本。按照攀附方式，则有缠绕藤本（如紫藤、金银花、何首乌）、吸附藤本（如凌霄、爬山虎、五叶地锦）和卷须藤本（如丝瓜、葫芦、葡萄）、蔓生藤本（如蔷薇、木香、藤本月季）。

“攀援”即是“攀缘”，应为攀缘植物，此类植物因“攀缘”的特性而被称为“藤本植物”，是相对于乔木、灌木而言。因此，攀援植物、攀缘植物、藤本植物应是一类，只是称谓不同而已。

藤本植物一直是造园中常用的植物材料，如今可用于园林绿化的面积越来越小，充分利用藤本植物进行垂直绿化是拓展绿化空间，增加城市绿量，提高整体绿化水平，改善生态环境的重要途径。

7.1 支架设计

在一般园林绿地中，则有棚架式、篱垣式、附壁式等处理方式。

棚架式多用于卷须类及缠绕类藤本植物，常在近地面处重剪，使发生数条强壮主蔓，垂直诱引主蔓至棚架顶部，使侧蔓均匀分布架上，很快成为荫棚，主要是隔数年将病、老枝或过密枝疏剪，不必每年修整（图 7-1、图 7-2）。

图 7-1 藤本月季花架

图 7-2 观赏瓜棚架

篱垣式多用于卷须类及缠绕类藤本植物，主要是将侧蔓进行水平诱引，每年对侧枝施行短剪，形成整齐的篱垣形式。对长而较矮的篱垣常称为“水平篱垣式”，又依水平分段层次可分为二段式、三段式等，又称为“垂直篱垣式”，适于形成距离短而较高的篱垣（图 7-3、图 7-4）。

图 7-3 水平篱垣式

图 7-4 垂直篱垣式

附壁式多用于吸附类藤本植物，只需将藤蔓引于墙面即可自行靠吸盘或吸附根而逐渐布满墙面，注意使壁面基部全部覆盖，各蔓枝在壁面上分布均匀，勿使互相重叠交错，防基部空虚，可采用轻、重剪及曲枝诱引等方法，并加强栽培管理，以维持基部及整体枝条长期茂密（图 7-5）。

图 7-5　附壁式

7.2　灌水与排涝

应根据植物的种类、季节和实地条件进行适时适量的浇水。

对新栽植植株要注意定根水、扶水的浇灌，并在一定时期内勤灌；干旱季节宜多灌，雨季少灌或不灌；发芽生长期可多灌；浇水应浇透，经常淋水以保证其生长需要。

干旱季节，浇水量每月不得少于 2 次。

秋、冬季加强淋水，使落叶藤本植物延缓落叶，延长绿叶期。

7.3　施肥

藤本植物的施肥可以参考乔木的施肥要求，结合不同品种和发育阶段，选择施用有机肥、无机肥和专用肥。

1. 施肥特点

藤本植物生长发育的一个最显著特点是生长快，因此要求施肥量大、次数多。也要根据植物最需和最佳吸收期、不同物候期、肥料的性质以及气象等条件来施肥。

2. 施肥时期

（1）早春或晚秋施有机肥做基肥。

（2）按物候追肥：

1）花前追肥，以促进生长为主。

2）花后追肥，以促进果实生长为主。

3）果实膨大肥。

4）采后恢复肥，采摘后施肥以促进苗木生长恢复。

（3）叶面施肥

简单易行、用肥量少、见效快，尤其适合缺水季节和山地风景区采用。

7.4 藤木修剪

（1）吸附类藤木：应在生长季剪去未能吸附墙体而下垂的枝条，未完全覆盖的植物应短截空隙周围枝条，以便发生副梢，填补空缺。

（2）钩刺类藤木：可按灌木修剪方法疏枝；当生长到一定程度，树势衰弱时，可进行回缩修剪，强壮树势。

（3）生长于棚架的藤木，落叶后应疏剪过密枝条，清除枯死枝，使枝条均匀分布架面。

（4）成年和老年藤本应定期翻蔓，清除枯枝，疏剪老弱藤蔓。

藤本植物每月常规修剪一次，每年应理藤一次，彻底清理枯死藤蔓、理顺分布方向，使叶蔓分布均匀、厚度相等，并应依不同类型及生长状况及时牵引（图 7-6）。

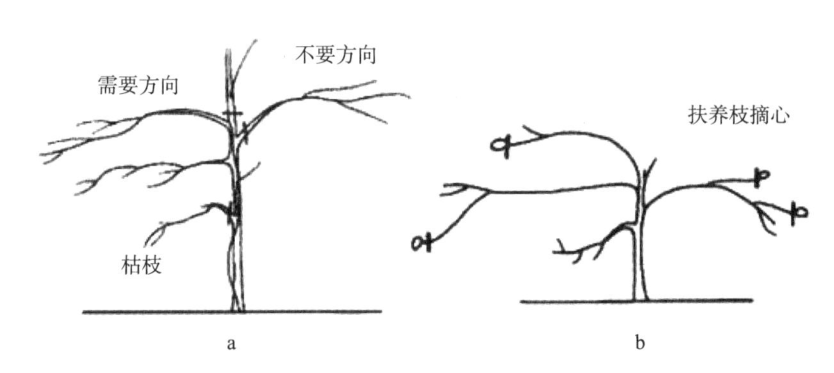

图 7-6 方向调整及扶养枝条

棚架式：不耐寒种类需每年下架，剪除病弱老枝，均匀选留健壮枝，耐寒类隔数年将病老或过密枝进行修剪（图 7-7）。

凉廊式：主蔓不宜过早引于廊顶，应修剪促生侧蔓，使之均匀布满格架，逐渐引至廊顶。

篱垣式：将侧蔓水平诱引，每年对侧枝进行修剪。

附壁式：采用轻“重修剪”，避免基部空虚。

直立式：采用整剪为直立灌木（图 7-8）。

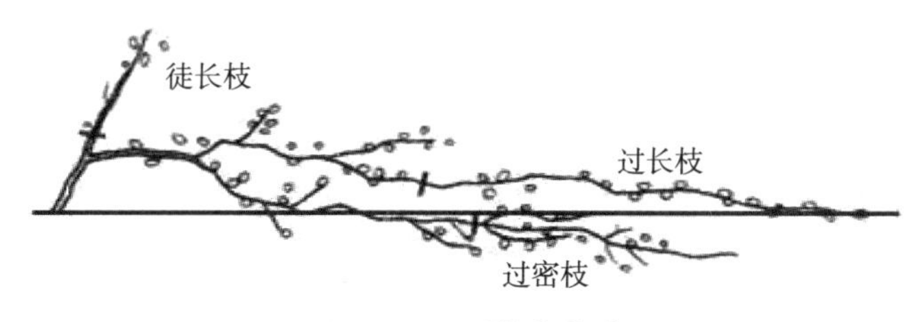

图 7-7 不适枝条修剪

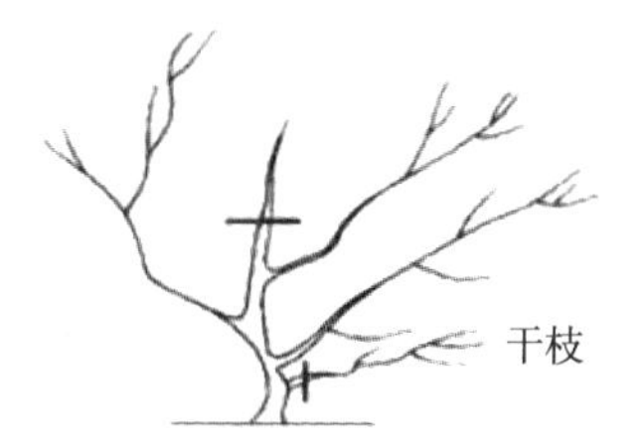

图 7-8 直立式藤本修剪

7.5 中耕除草

应适时中耕，保持土壤疏松、通气良好。

松土以不影响根系和不损伤植株基部表皮为限，深度宜 6 ~ 25cm。

基部附近的杂草、其他藤蔓植物（如菟丝子）应及时铲除，在杂草生长旺季前，连根除尽，做到勤除、早除，所除杂草要及时清运处理，结合堆肥，防止病虫害扩散。

7.6 防寒、防冻

在秋季做好植株排水，停止施肥及控制灌水，促使枝干木质化，增强抗寒能力；在冬季应根据植株及土壤情况适时浇水，保持土壤湿度，防止树木干枯；如遇到下雪天气及时清除藤蔓、棚架上的积雪。

7.7 常见藤本花卉

7.7.1 五叶地锦［*Parthenocissus quinquefolia*（L.）Planch.］葡萄科 地锦属（图 7-9）

1. 形态特征

五叶地锦属木质藤本植物。小枝圆柱形，无毛。卷须顶端嫩时尖细卷曲，叶片掌状，顶端短尾尖，基部楔形或阔楔形，边缘锯齿，上面绿色，下面浅绿色，两面无毛，网脉不明显；叶柄无毛，多歧聚伞花序，花蕾椭圆形，萼片碟形，无毛；花瓣，花药长椭圆形，花盘不明显，子房卵锥形，果实球形，种子倒卵形，6 ~ 7 月开花，8 ~ 10 月结果。

图 7-9　五叶地锦

2. 分布

五叶地锦原产于北美，在中国东北、华北各地栽培。

3. 生长习性

五叶地锦喜温暖气候，具有一定的耐寒能力，耐阴、耐贫瘠，对土壤与气候适应性较强，干燥条件下也能生存。在中性或偏碱性土壤中均可生长。

4. 园林应用

五叶地锦在北方城市首选为垂直绿化的好材料，它可使城市面貌更加绚丽多彩。

5. 病虫害防治

因五叶地锦的抗逆性强，遭受病害和虫害的侵袭少，不容易感染病虫害。

7.7.2　三叶地锦［*Parthenocissus semicordata*（Wall.）Planch.］葡萄科地锦属（图 7-10）

1. 形态特征

三叶地锦为葡萄科地锦属木质藤本。小枝圆柱形，嫩时被疏柔毛，以后脱落几无毛。卷须总状 4 ~ 6 分枝，相隔 2 节间断与叶对生，顶端嫩时尖细卷曲，后遇附着物扩大成吸盘。果实近球形，种子倒卵形，顶端圆形，基部急尖成短喙。花期 5 ~ 7 月，果期 9 ~ 10 月。

图 7-10　三叶地锦

2. 分布

三叶地锦产于甘肃，在中国分布很广，北起吉林，南至广东，生长于坡林中或灌丛，海拔 500 ~ 3800m。

3. 生长习性

三叶地锦喜阴，耐寒，对土壤及气候适应性很强，生长快。

4. 园林应用

三叶地锦是一种攀援植物，能借吸盘支持沿着墙上爬，故名爬山虎。通常用作高大的建筑物、假山等的垂直绿化，短期内能拼成浓荫，秋季叶变橙黄或红色，颇为美观。

5. 病虫害防治

因三叶地锦的抗逆性强，遭受病害和虫害的侵袭少，不容易感染病虫害。

7.7.3　山葡萄（*Vitis amurensis* Rupr.）葡萄科　葡萄属（图 7-11）

1. 形态特征

山葡萄为木质藤本。小枝圆柱形，无毛，嫩枝疏被蛛丝状绒毛。叶阔卵圆形，长 6 ~ 24cm，宽 5 ~ 21cm；叶柄长 4 ~ 14cm，初时被蛛丝状绒毛，以后脱落无毛；托叶膜质，褐色；花梗长 2 ~ 6mm，无毛；花蕾倒卵圆形；萼碟形；花瓣呈帽状黏合脱落；雄蕊 5，花丝丝状，花药黄色，卵椭圆形；花盘发达，5 裂，高；雌蕊 1，子房锥形，花柱明显，基部略粗，柱头微扩大。种子倒卵圆形，顶端微凹，种脐在种子背面中部呈椭圆形，两侧洼穴狭窄呈条形，向上达种子中部或近顶端。花期 5 ~ 6 月，果期 7 ~ 9 月。

图 7-11　山葡萄

2. 分布

黑龙江、吉林、辽宁、河北、山西、山东、安徽（金寨）、浙江（夫目山）均有分布。

3. 园林应用

山葡萄是很好的园林棚架植物，既可观赏、遮荫，又可结果生产。庭院、公园、均可栽植。

4. 病虫害防治

葡萄霜霉病防治措施：① 清除落叶、病枝探埋或烧毁；② 及时摘心、整枝、排水和除草，增施磷钾肥；③ 发病初期即应开始喷药。在北方，一般 6 月上中旬开始，每隔 15 天喷药一次甲基硫菌灵 800 倍液加恶霉灵 600 倍液防治。

7.7.4 台尔曼忍冬（*Lonicera tellmanniana* Spaeth）忍冬科 忍冬属（图 7-12）

图 7-12 台尔曼忍冬

1. 形态特征

台尔曼忍冬属落叶藤本，叶椭圆形，先端钝或微尖，基部圆形，长 1.5 ~ 10cm，宽 1 ~ 6cm，表面深绿色，叶脉微凹，主脉基部橘红色；背面被粉，灰绿色，叶脉微白，伞形花序 5 个一组呈节状排列；花序下面 1 ~ 2 对叶合生成近圆形或卵圆形的盘：盘两端通常钝形或具小尖头，花冠橘红色或黄红色，长 3 ~ 7cm 筒状花冠基部具浅囊，花瓣二唇；雄蕊 5 个，长出花瓣；雌蕊长于雄蕊，柱头椭圆形。花期从 5 月初至 10 月上旬，长达半年之久。

2. 分布

台尔曼忍冬原产于北美，1927 年以前由欧洲人培育而成。北京植物园 1981 年由美国明尼苏达州引进，随后在我国黑龙江、江苏、西宁等大部分省市均有引种栽培。

3. 生长习性

台尔曼忍冬生长蔓延快、抗寒性极强、花色艳丽、花期长、枝繁叶茂，覆盖面积大，综合观感效果好，是珍贵观赏树种。极耐寒，花耐低温，当最低气温达 –5℃时，其他落叶乔木及灌木早已花凋叶落，只有台尔曼忍冬还在开着橘黄色花朵。

4. 园林应用

台尔曼忍冬生长蔓延快、抗寒性极强、花色艳丽、花期长、枝繁叶茂，覆盖面积大，综合观感效果好，是珍贵观赏树种。台尔曼忍冬花属大形，盛花时鲜明的横色覆盖全株，显得格外艳丽；花序大而紧密的新特征。藤蔓缠绕悬垂，叶而碧绿而叶背灰白，秋叶保持金黄长达月余，花繁色艳，攀缘于棚架、花廊、篱笆、树干或岩石旁，均有很好的观赏效果。

在现代园林绿化中，台尔曼忍冬因其株形可塑性强，自然株形枝条呈伞骨状辐射延伸，在加强人工管理的条件下，是极好的“植物雕塑材料”。同时，它郁闭效果快，一般 1 ~ 2

年即可定形，尤其易在沟岸、立交桥、房基坡面、冲刷沟壁、假山石景及乔、灌小花园林中种植，对空间的填补完善有特殊功能。另外，它的花期很长，茎蔓延快，叶绿而繁茂，栽培 9 年的植株蔓长可达 6.8m。由于能迅速增大绿地面积，又能防风固沙，减少水土流失，所以既是中国北方城乡绿化工程的“精兵强将”，又是一种“空中草坪”。

5. 栽培管理

（1）移栽

移栽前准备好基质，并用多菌灵对其消毒，将根部培养基清洗干净。移栽基质配方草炭：蛭石：珍珠岩 =2 ：1 ：1，通透性好、根成团性好，移栽成活率高，移栽后环境温度控制在 22℃~ 26℃，前期进行遮光处理。搭建拱棚，湿度保持在 90% 左右。

（2）大田定植

移栽苗在温室管护 40 天后，定植于大田，成活率达 95%。当年 9 月以前均可进行移栽定植，并可在室外陆地越冬。

7.7.5　南蛇藤（*Celastrus orbiculatus* Thunb.）卫矛科　南蛇藤属（图 7-13）

图 7-13　南蛇藤

1. 形态特征

南蛇藤为落叶藤状灌木。小枝光滑无毛，灰棕色或棕褐色，具稀而不明显的皮孔；腋芽小，卵状到卵圆状，长 1 ~ 3mm。叶通常阔倒卵形，近圆形或长方椭圆形，长 5 ~ 13cm，宽 3 ~ 9cm，先端圆阔，具有小尖头或短渐尖，基部阔楔形到近钝圆形，边缘具锯齿，两面光滑无毛或叶背脉上具稀疏短柔毛，侧脉 3 ~ 5 对；叶柄细长 1 ~ 2cm。聚伞花序腋生，间有顶生，花序长 1 ~ 3cm，小花 1 ~ 3 朵，偶仅 1 ~ 2 朵，小花梗关节在中部以下或近基部；雄花萼片钝三角形；花瓣倒卵椭圆形或长方形，长 3 ~ 4cm，宽 2 ~ 2.5mm；花盘浅杯状，裂片浅，顶端圆钝；雄蕊长 2 ~ 3mm，退化雌蕊不发达；雌花花冠较雄花窄小，花盘稍深厚，肉质，退化雄蕊极短小；子房近球状，花柱长约 1.5mm，柱头 3 深裂，裂端再 2 浅裂。蒴果近球状，直径 8 ~ 10mm；种子椭圆状稍扁，长 4 ~ 5mm，直径 2.5 ~ 3mm，赤褐色。花期 5 ~ 6 月，果期 7 ~ 10 月。

2. 分布

南蛇藤产于中国黑龙江、吉林、辽宁等省，是中国分布最广泛的种之一。生长于海拔 450 ~ 2200m 山坡灌丛。朝鲜、日本也有分布。

3. 生长习性

南蛇藤一般多野生于山地沟谷及临缘灌木丛中。垂直分布可达海拔 1500m。性喜阳耐阴，分布广，抗寒耐旱，对土壤要求不严。栽植于背风向阳、湿润而排水好的肥沃砂质壤土中生长最好，若栽于半阴处，也能生长。

4. 园林应用

南蛇藤在藤本植物中属大型藤本植物，以周边植物或山体岩石为攀援对象，远望形似一条蟒蛇在林间、岩石上爬行，蜿蜒曲折，野趣横生。

南蛇藤植株姿态优美，茎、蔓、叶、果都具有较高的观赏价值，是城市垂直绿化的优良树种。特别是南蛇藤秋季叶片经霜变红或变黄时，美丽壮观；成熟的累累硕果，竞相开裂，露出鲜红色的假种皮，宛如颗颗宝石；作为攀援绿化材料，南蛇藤宜植于棚架、墙垣、岩壁等处；如在湖畔、塘边、溪旁、河岸种植南蛇藤，倒映成趣。种植于坡地、林绕及假山、石隙等处颇具野趣。

5. 栽培养护

（1）移栽

南蛇藤的移栽多在春、秋两季进行。其根系发达，藤冠面积大而茎蔓较细，起苗时往往根系损伤较多。起苗时如不对藤冠修剪，会造成水分代谢失衡而导致死亡。为了提高成活率，对栽植苗适当重剪，苗龄不大的留 3 ~ 5 个芽；苗龄较大的藤冠，主侧蔓留一定芽数，进行重剪、疏剪。栽植方法和其他树木一样，先将劈裂枝根和受伤枝芽加以修剪。栽植时最好先将表层土掺施有机肥后填入并稍踩踏。放苗时原根茎土痕处应先放穴面之下，经埋土、踩穴、提苗使其与地表相平，填土并在根部踩实，做到“三埋二踩一提苗”。栽后尽快浇水，第一次水一定要浇透，若在干旱季节栽植，应每隔 3 ~ 4 天连浇 3 次水，待土表稍干后中耕保墒。

（2）施肥管理

在早春或晚秋施有机肥作基肥。秋季应多施钾肥，减少氮肥，防贪青徒长，影响抗寒能力。在进入旺盛生长期后应及时补充养分，在开花前多施用磷、钾肥，应薄肥勤施。

（3）灌水与排水

苗期应适当控水，夏初应即时供应水分，开花期需水较多而且比较严格：水分过少，会影响花瓣的舒展和授粉授精；过多，会引起落花。越冬前应浇水，使其在整个冬季保有良好的水分状况。水淹与干旱对南蛇藤的危害更大。因干旱发生一般是逐渐加重，土壤以正常含水量至干旱缺水，在较长时间内植物仍能成活，而涝 3 ~ 5 天就能使其死亡。因此应及时排涝。

（4）修剪整形

移栽后当藤长 100 ~ 130cm 时，应搭架或向篱墙边或乔木旁引蔓，以利藤蔓生长。由于南蛇藤的分枝较多，栽培过程中应注意修剪枝藤，控制蔓延，增强观赏效果。

7.7.6 软枣猕猴桃［*Actinidia arguta*（Sieb.et Zucc.）Planch.ex.Miq.］猕猴桃科 猕猴桃属（图 7–14）

图 7–14　软枣猕猴桃

1. 形态特征

软枣猕猴桃为大型落叶藤本；小枝基该无毛或幼嫩时星散地薄被柔软绒毛或茸毛，长 7 ~ 15cm，隔年枝灰褐色，直径 4mm 左右，洁净无毛或部分表皮呈污灰色皮屑状，皮孔长圆形至短条形，不显著至很不显著；髓白色至淡褐色，片层状。叶膜质或纸质，卵形、长圆形、阔卵形至近圆形，顶端急短尖，基部圆形至浅心形，背面绿色，花序腋生或腋外生，苞片线形，花绿白色或黄绿色，芳香，萼片卵圆形至长圆形，花瓣楔状倒卵形或瓢状倒阔卵形，花丝丝状，花药黑色或暗紫色，长圆形箭头状，果圆球形至柱状长圆形，长 2 ~ 3cm，成熟时绿黄色或紫红色。种子纵径约 2.5mm。

2. 分布

软枣猕猴桃分化强烈，分布广阔，中国从最北的黑龙江岸至南方广西境内的五岭山地都有分布。生于混交林或水分充足的杂木林中。中国以外分布：朝鲜、日本、俄罗斯也有分布。

3. 生长习性

软枣猕猴桃生于阴坡的针、阔混交林和杂木林中土质肥沃内，有的生于阳坡水分充足的地方。喜凉爽、湿润的气候，或山沟溪流旁，多攀缘在阔叶树上，枝蔓多集中分布于树冠上部。

果药用，为强壮、解热及收敛剂；又是营养价值很高的食品。果既可生食，也可制果酱、蜜饯、罐头、酿酒等；花为蜜源，也可提芳香油。

4. 园林应用

软枣猕猴桃既可作为观赏树种，又可作为果树。

5. 栽培养护

（1）选地整地

选土壤疏松、土层深厚、腐殖质含量高、光照条件较好、地形为缓坡的半阳坡山地。选地后进行条带状整地，整地深度 20 ~ 30cm，施充分腐熟的有机肥 15 ~ 25t/hm^2。

（2）移栽定植

软枣猕猴桃苗木适宜春栽，在土壤化冻后，将准备好的 2 年生苗，按株距 2.0 ~ 2.5m、行距 4 ~ 5m 进行定植。定植时先挖宽、深分别为 30cm 和 35cm 的栽植坑，少量回土，用脚踩呈“馒头”形，将苗木放入坑中，舒展根系，回土为苗木高度的一半，轻轻踏实，灌 2 次透水后，覆土。因猕猴桃为雌、雄异株，应注意配置授粉树，雌、雄株的比例以 8∶1 为宜。新栽植的苗木，及时浇水防旱，结合灌水适量追肥。如雨水过多要及时排涝。

（3）搭设棚架

软枣猕猴桃藤条长达几十米，枝蔓细长，需要设立支架，供其攀缘。因其水平生长的枝条较直立的枝条花芽数量多、易于管理和采摘，因而适于棚架栽培。棚架木杆高 1.6 ~ 2.0m，立杆之间搭横杆或钢丝。新梢要及时引缚以免损伤和折断枝蔓。

（4）中耕管理

建园后每年在栽培穴周围结合除草进行松土 2 ~ 3 次，以增加地温和土壤通透性，松土面积随树冠的扩展而逐渐扩大。猕猴桃根为肉质根，除草松土时需注意避免损伤，保持根际附近土壤疏松，无杂草。定植后的前 3 年，每年封冻之前，根部培土 10 ~ 20cm 防寒。

（5）水肥管理

软枣猕猴桃喜温、喜湿，如遇干旱，及时浇水；如遇雨积水，及时排除；入冬前灌防冻水。施肥要勤施、少施、浅施。在春季萌芽至新梢开始生长期间，对即将结果的植株进行第 1 次追肥，每株丛追施尿素 40 ~ 50g，以促进萌芽开花及新梢生长；7 月下旬再进行 1 次追肥，以磷钾为主，将磷酸二铵和 40% 硫酸钾以 2 ∶ 1 混合，每株丛 50g，在距植株 30cm 一侧追肥，及时覆土，以促进枝蔓充分成熟、芽眼饱满，利于果实发育。

6. 病虫害防治

主要病害：炭疽病、根结线虫病、立枯病、猝倒病、根腐病、果实软腐病等。其中炭疽病既危害茎叶，又危害果实，可在萌芽时喷洒 2 ~ 3 次 800 倍多菌灵进行防治。根结线虫病，应加强肥水管理，用甲基异柳磷或 30% 呋喃丹毒土防治。

主要虫害：桑白盾蚧、槟榔盾蚧、地老虎、金龟子、叶蝉、吸果夜蛾、蝙蝠蛾等。

蚧壳虫类越冬虫用氧化乐果或速扑杀 1500 ~ 2000 倍液防治；地下害虫用炒麸皮与呋喃丹按 10∶1 的比例拌匀地面撒施。对于金龟子，3 月下旬至 4 月上旬在傍晚用敌百虫或马拉硫磷 1000 倍液喷杀，或用菊酯类杀虫剂。

叶蝉类，选择抗性品种栽培。美味猕猴桃（如金魁品种）比中华猕猴桃受害轻。于成虫发生盛期喷洒 40%。氧化乐果 800 ~ 1200 倍液，也可喷洒 25% 敌杀死 3000 倍液或 50% 抗蚜威可湿性粉剂 4000 倍液及其他菊酯类药剂，均能收到较好防治效果。

吸果夜蛾发生在果实糖份开始增加的 9 月，夜间出来危害果实，引起落果或危害部分形成硬块，可用果实套袋、黑光灯或可用 8% 糖和 1% 醋的水溶液加 0.2% 氟化钠配成的诱杀液挂瓶诱杀。

蝙蝠蛾防治需分三个阶段：检查植株，发现树干基部有虫包时，撕除虫包，用细铁丝插入虫孔，刺死幼虫，或用 50% 敌敌畏 50 倍液滴注，或用棉球醮药液塞入蛀孔内，或用磷化铝片剂，每孔用 0.1g 即可，孔口用湿泥堵塞，毒杀幼虫。初龄幼虫在地面活动期在树冠下及干基部喷 10% 氯氰菊酯 2000 倍液，消灭 2 ~ 3 龄幼虫。成虫于 8 月下旬至 9 月出现，需保护天敌，如食虫鸟、捕食性步甲虫和寄生蝇等。

7.7.7 狗枣猕猴桃［*Actinidia kolomikta*（Maxim.et Rupr.）Maxim.］猕猴桃科 猕猴桃属（图 7-15）

图 7-15 狗枣猕猴桃

1. 形态特征

狗枣猕猴桃属大型落叶藤本；小枝紫褐色，直径约 3mm，短花枝基本无毛，有较显著的带黄色的皮孔；长花枝幼嫩时顶部薄被短茸毛，有不甚显著的皮孔，隔年枝褐色，直径约 5mm，有光泽，皮孔相当显著，稍凸起；髓褐色，片层状。叶膜质或薄纸质，阔卵形、长方卵形至长方倒卵形，长 6 ~ 15cm，宽 5 ~ 10cm，顶端急尖至短渐尖，基部心形，少数圆形至截形，两侧不对称，边缘有单锯齿或重锯齿，两面近同色，上部往往变为白色，后渐变为紫红色，两面近洁净或沿中脉及侧脉略被一些尘埃状柔毛，腹面散生软弱的小刺毛，背面侧脉腋上髯毛有或无，叶脉不发达，近扁平状，侧脉 6 ~ 8 对；叶柄长 2.5 ~ 5cm，初时略被少量尘埃状柔毛，后秃净。聚伞花序，雄性的有花 3 朵，雌性的通常 1 花单生，花序柄和花柄纤弱，或多或少地被黄褐色微绒毛。果皮洁净无毛，无斑点，未熟时暗绿色，成熟时淡橘红色，并有深色的纵纹；果熟时花萼脱落。种子长约 2mm。花期 7 月初（东北），果熟期 9 ~ 10 月。

2. 分布

狗枣猕猴桃分布于中国黑龙江、吉林、辽宁、河北、四川、云南等省，其中以东北三省最盛，四川其次。俄罗斯远东、朝鲜和日本有分布。生于海拔 800 ~ 1500m（东北），1600 ~ 2900m（四川）山地混交林或杂木林中的开阔地。

3. 生长习性

狗枣猕猴桃喜生于土壤腐殖质肥沃的半阴坡针叶、阔叶混交林及灌木林中。通风良好、较湿润的自然环境，生长更好，大多缠绕在阔叶树和灌木上，枝蔓大多集中分布在树冠的上部，属于优势的藤本植物。

4. 园林应用

狗枣猕猴桃是优质的东北地区浆果，果实味道鲜美，香甜，营养丰富。为大型落叶藤，具变色叶，既可作为观赏树种，又可作为果树。

5. 病虫害防治

主要病害：炭疽病、根结线虫病、立枯病、猝倒病、根腐病、果实软腐病等。其中炭疽病既危害茎叶，又危害果实，可在萌芽时喷洒 2 ~ 3 次 800 倍多菌灵进行防治。根结线虫病，应加强肥水管理，用甲基异柳磷或 30% 呋喃丹毒土防治。

主要虫害：桑白盾蚧、槟榔盾蚧、地老虎、金龟子、叶蝉、吸果夜蛾、蝙蝠蛾等。

防治方法：见 7.7.6。

7.7.8 藤本月季（*Climbing Roses*）蔷薇科 蔷薇属（图 7-16）

藤本月季是蔷薇属部分植物的通称，主要指藤蔓蔷薇的变种及园艺品种。

1. 形态特征

藤本月季为攀援灌木；小枝圆柱形，通常无毛，有短、粗稍弯曲皮束。小叶 5 ~ 9，近花序的小叶有时 3，连叶柄长 5 ~ 10cm；小叶片倒卵形、长圆形或卵形，长 1.5 ~ 5cm，宽 8 ~ 28mm，先端急尖或圆钝，基部近圆形或楔形，边缘有尖锐单锯齿，稀混有重锯齿，上面无毛，下面有柔毛；小叶柄和叶轴有柔毛或无毛，有散生腺毛；托叶篦齿状，大部贴生于叶柄，边缘有或无腺毛。花多朵，排成圆锥状花序，花梗长 1.5 ~ 2.5cm，无毛或有腺毛，有时基部有篦齿状小苞片；花直径 1.5 ~ 2cm，萼片披针形，有时中部具 2 个线形裂片，外面无毛，内面有柔毛；花瓣白色，宽倒卵形，先端微凹，基部楔形；花柱结合成束，无毛，比雄蕊稍长。果近球形，直径 6 ~ 8mm，红褐色或紫褐色，有光泽，无毛，萼片脱落。

图 7-16 藤本月季

2. 生长习性

藤本月季喜欢阳光，也耐半阴，较耐寒，在中国北方大部分地区都能露地越冬。对土壤要求不严，耐干旱，耐瘠薄，但栽植在土层深厚、疏松、肥沃湿润而又排水通畅的土壤中则生长更好，也可在黏重土壤上正常生长。不耐水湿，忌积水；萌蘖性强，耐修剪，抗污染。花期一般为每年的 4 ~ 9 月，次序开放，可达半年之久。由于温室效应而导致全球变暖，某些地方的藤本月季提早在 4 月，甚至是 3 月便开始开花。

3. 园林应用

藤本月季初夏开花，花团锦簇，鲜艳夺目。园林中可植于花架、花格、绿廊、绿亭；也可美化墙垣。

4. 养护管理

修剪是为藤本月季造景整形中不可缺少的重要工序，修剪不善，长成刺蓬一堆，参差不齐，不仅病虫害多，外形也不雅观。一般成株于每年春季萌发前进行一次修剪。修剪量要适中，一般可将主枝（主蔓）保留在 1.5m 以内的长度，其余部分剪除。每个侧枝保留基部 3 ~ 5 个芽便可，同时将枯枝、细弱枝及病虫枝疏除并将过老过密的枝条剪掉，促使萌发新枝，不断更新老株，则可年年开花繁盛。

5. 病虫害防治

野生藤本月季少有病虫害，人工栽培的常有锯蜂、蔷薇叶蜂、蚧壳虫、蚜虫以及焦叶病、溃疡病、黑斑病等病虫害，除应注意用药液喷杀外，布景时应与其他花木配置使用，不宜一处种植过多。每年冬季，对老枝及密生枝条，常进行强度修剪，保持透光及通风良好，可减少病虫害。

（1）黑斑病

主要侵害叶片、叶柄和嫩梢，叶片初发病时，正面出现紫褐色至褐色小点，扩大后多为圆形或不定形的黑褐色病斑。可喷施多菌灵、甲基托布津药物。

（2）白粉病

侵害嫩叶，两面出现白色粉状物，早期病状不明显，白粉层出现 3 ~ 5 天后，叶片呈水渍状，渐失绿变黄，严重伤在时则造成叶片脱落。发病期喷施多菌灵、三唑酮即可。

（3）藤本月季锈病

锈病是藤本月季一种常见的病害。叶片和新枝条都可能发病。病情严重，会引起叶片大面积脱落，以致使花卉失去观赏价值，甚至死亡。如果发现此病，要及时处理，可用800倍液三唑酮叶面喷雾，每周一次，连续3~4次，此疾病可基本痊愈。

7.7.9 转子莲［*Clematis patens* Morr.et Decne.］毛茛科 铁线莲属（图7-17）

图7-17 转子莲

1.形态特征

转子莲为多年生草质藤本，须根密集，红褐色。茎圆柱形，攀援，长约1m，表面棕黑色或暗红色，有明显的六条纵纹，幼时被稀疏柔毛，以后毛逐渐脱落，仅节处宿存。羽状复叶；小叶片常3枚，稀5枚，纸质，卵圆形或卵状披针形，长4~7.5cm，宽3~5cm，顶端渐尖或钝尖，基部常圆形，稀宽楔形或亚心形，边缘全缘，有淡黄色开展的睫毛，基出主脉3~5条，在背面微凸起，沿叶脉被疏柔毛，其余部分无毛，小叶柄常扭曲，长1.5~3cm，顶生的小叶柄常较长，侧生者微短；叶柄长4~6cm。

单花顶生；花梗直而粗壮，长4~9cm，被淡黄色柔毛，无苞片；花大，直径8~14cm；萼片8枚，白色或淡黄色，倒卵圆形或匙形，长4~6cm，宽2~4cm，顶端圆形，有长约2mm的尖头，基部渐狭，内面无毛，三条直的中脉及侧脉明显，外面沿三条直的中脉形成一披针形的带，被长柔毛，外侧疏被短柔毛和绒毛，边缘无毛；雄蕊长达1.7cm，花丝线形，短于花药，无毛，花药黄色，长约1cm；子房狭卵形，长约1.3cm，被绢状淡黄色长柔毛，花柱上部被短柔毛。瘦果卵形，宿存花柱长3~3.5cm，被金黄色长柔毛。花期5~6月，果期6~7月。

2.分布

产地生境分布于日本、朝鲜和中国；在中国分布于山东东部（崂山）和辽宁东部。生长于海拔 200 ~ 1000m 间的山坡杂草丛中及灌丛中。

3. 生长习性

转子莲性耐寒、耐旱，喜半阴环境，忌暑热，要求深厚、肥沃、排水良好的中性或微碱性土壤。生长旺盛，适应性强。

4. 园林应用

转子莲花大，耐寒性较强，冬季可以露地越冬，可做良好的垂直绿化植物。

5. 繁殖方法

因转子莲属杂交品种，一般不采用种子繁殖。无性繁殖用压条、扦插、嫁接、组织培养方法均可。压条繁殖可于早春季节用去年成熟枝条进行。扦插繁殖可在夏季进行，取当年生枝条 2 ~ 3 条作插条，深度以芽露出土面为宜。

6. 栽培技术

因转子莲是攀援性藤本植物，应用前根据需要搭好棚架。注意栽培地最好选在夏季通风凉爽并有散射光的地方种植，栽培土壤深厚、肥沃、排水良好且通透性好。栽植前需在土壤中添加充足腐熟的堆肥作基肥并混加腐叶土，适当添加消石灰、草木灰中和基酸性。每年早春和秋末追施有机肥或复合肥，夏季结合浇水进行叶面施肥。在生长期间适时修整、引导枝条。早春保留 30cm 高的植株进行修剪。转子莲不宜移栽，栽时适于深植，确保有芽的节处于土表下，利于地下芽萌发。

7.7.10 圆叶牵牛［*Pharbitis purpurea*（L.）Voisgt］旋花科 牵牛属（图 7-18）

图 7-18 圆叶牵牛

1. 形态特征

圆叶牵牛为一年生缠绕草本。茎上有倒向的短柔毛杂有倒向或开展的长硬毛。叶片圆心形或宽卵状心形，基部圆，心形，顶端锐尖、骤尖或渐尖，两面疏或密被刚伏毛；花腋生，着生于花序梗顶端成伞形聚伞花序，花序梗比叶柄短或近等长，苞片线形，萼片渐尖，花冠漏斗状，紫红色、红色或白色，花冠管通常白色，花丝基部被柔毛；子房无毛，柱头头状；花盘环状。蒴果近球形，种子卵状三棱形，黑褐色或米黄色，被极短的糠粃状毛。5 ~ 10 月开花，8 ~ 11 月结果。

2. 分布

圆叶牵牛原产热带美洲，世界各地广泛栽培和归化。中国大部分地区有分布，生于平地以至海拔 2800m 的田边、路边、宅旁或山谷林内，栽培或为野生。

3. 生长习性

圆叶牵牛喜阳，喜温暖，不耐寒，耐干旱瘠薄，对土壤无严格要求，微酸性至微碱性土壤都可生长。多年生攀援草本，常生于路边、野地和篱笆旁，栽培供观赏或逸为野生，海拔 2800m 以下。在花期水肥充足有利于花芽分化，可使花繁叶茂，花朵硕大，花期延长。开花时若土壤和空气湿度大，花朵可从早上开到午后。

4. 园林应用

圆叶牵牛花色丰富，在篱垣、棚架旁种植，使其茎蔓攀援生长，可形成良好的垂直绿化效果。

5. 病虫害防治

圆叶牵牛的病害主要是苗期猝倒病和生长期茎腐病（用百菌清、甲基托布津 800 ~ 1000 倍液防治）；主要虫害有菜蛾、蚜虫、卷叶蛾等。

7.7.11 茑萝松（*Quamoclit quamoclit* L.）旋花科 茑萝属（图 7-19）

图 7-19 茑萝松

1. 形态特征

茑萝松为一年生柔弱缠绕草本，花期：4 ~ 11 月茑萝松像牵牛一样，可以绕着支撑物缠绕攀援，会开出无数五角星状小花，颜色深红鲜艳，有深红色的，也有白色的。非常呆萌可爱。

2. 分布

我国各地（如陕西、河北、江苏、福建、湖北、云南）庭院常栽培，原产于南美洲。

3. 生长习性

茑萝松喜光，喜温暖湿润、阳光充足的环境，不耐寒，能自播。茑萝松用种子繁殖。每年可在 11 月初采收种子，翌年春天 4 月播种，一周后可发芽，苗生 3 ~ 4 片叶时定植。要想茑萝松长得好，需要适当疏蔓疏叶，花谢后应及时摘去残花，发展新枝，延长花期。

4. 园林应用

茑萝松可药用，清热消痛。

7.7.12 葫芦［*Lagenaria siceraria*（Uolina）Standl.］葫芦科 葫芦属（图 7-20）

图 7-20 葫芦

1. 形态特征

葫芦为爬藤植物，一年生攀援草本，有软毛，夏秋开白色花，雌雄同株，葫芦的藤可达 15m 长，果子可以从 10cm ~ 1m 不等。一年生攀援草本；茎、枝具沟纹，被黏质长柔毛，老后渐脱落，变近无毛。叶柄纤细，长 16 ~ 20cm，有和茎枝一样的毛被，顶端有 2 腺体；叶片卵状心形或肾状卵形，长、宽均 10 ~ 35cm，不分裂或 3 ~ 5 裂，具 5 ~ 7 掌状脉，先端锐尖，边缘有不规则的齿，基部心形，弯缺开张，半圆形或近圆形，深 1 ~ 3cm，宽 2 ~ 6cm，两面均被微柔毛，叶背及脉上较密。卷须纤细，初时有微柔毛，后渐脱落，变光滑无毛，上部分 2 歧。雌雄同株，雌、雄花均单生。雄花花梗细，比叶柄稍长，花梗、花萼、花冠均被微柔毛；花萼筒漏斗状，长约 2cm，裂片披针形，长 5mm；花冠黄色，裂片皱波状，长 3 ~ 4cm，宽 2 ~ 3cm，先端微缺而顶端有小尖头，5 脉；雄蕊 3，花丝长 3 ~ 4mm，花药长 8 ~ 10mm，长圆形，药室折曲。雌花花梗比叶柄稍短或近等长；花萼和花冠似雄花；花萼筒长 2 ~ 3mm；子房中间缢细，密生黏质长柔毛，花柱粗短，柱头 3，膨大，2 裂。果实初为绿色，后变白色至带黄色，由于长期栽培，果形变异很大，因不同品种或变种而异，有的呈哑铃状，中间缢细，下部和上部膨大，上部大于下部，长数十厘米，有的仅长 10cm（小葫芦），有的呈扁球形、棒状或构状，成熟后果皮变木质。种子白色，倒卵形或三角形，顶端截形或 2 齿裂，稀圆，长约 20mm。花期夏季，果期秋季。

2. 分布

葫芦生长在排水良好、土质肥沃的平川及低洼地和有灌溉条件的山冈，忌西瓜等瓜类重迎茬。中国各地栽培，也广泛栽培于热带到温带地区。

3. 生长习性

葫芦喜欢温暖、避风的环境，种植时需要很多地方。幼苗怕冻，新鲜的葫芦皮嫩绿，果肉白色，果实也被称为葫芦，可以在未成熟的时候收割作为蔬菜食用。

葫芦各栽培类型藤蔓的长短，叶片、花朵的大小，果实的大小形状各不相同。

4. 园林应用

葫芦具有食用价值、药用价值，我国各地都有栽培，果实老熟后经一定处理可作容器，如酒壶，生活用具，如水瓢及观赏品等。

7.7.13 观赏南瓜［*Cucurbita pepo* subsp. *ovifera*（L.）D.S.Decker］葫芦科 南瓜属（图 7-21）

图 7-21 观赏南瓜

1. 形态特征

观赏南瓜是一年生蔓性草本，根系强大；被半透明毛刺，卷须多分叉；叶片大，浓绿色，掌状有浅裂，叶面有茸毛；雌雄同株异花，花色鲜黄或橙黄色，筒状；果形多样，小巧奇特，具有各种斑纹；种子扁平，椭圆形，多为白色、淡黄色或淡褐色。

2. 分布

观赏南瓜原产于北美墨西哥一带，现在我国多地引种栽培。

3. 生长习性

观赏南瓜对土壤要求不严，但以肥沃、湿润、排水良好的壤土为好。喜光，光照充足，生长良好，果实发育快且品质好。喜温，耐高温能力较强。种子发芽适温为 25℃~30℃，生长发育适温为 18℃~32℃，开花和果实生长要求温度高于 15℃，果实发育的适温为 22℃~27℃，在低温条件下有利于雌花的形成，但长期低于 10℃或高于 35℃时则发育不良。根系发达，吸水和抗旱能力强，但不耐涝。

4. 园林应用

观赏南瓜的植株可作棚架立体栽培，果实具有较高的观赏价值，同时还有食用和药用价值。

7.7.14 丝瓜（*Luffa aegyptiaca* Miller）葫芦科 丝瓜属（图 7-22）

图 7-22 丝瓜

1. 形态特征

丝瓜是葫芦科一年生攀援藤本；茎、枝粗糙，有棱沟，被微柔毛。卷须稍粗壮，被短柔毛，通常 2 ~ 4 歧。叶柄粗糙，近无毛；叶片三角形或近圆形，通常掌状 5 ~ 7 裂，裂片三角形上面深绿色，粗糙，有疣点，下面浅绿色，有短柔毛，脉掌状，具白色的短柔毛。雌雄同株。雄花通常 15 ~ 20 朵花，生于总状花序上部；雄蕊通常 5，花初开放时稍靠合，最后完全分离。雌花单生，花梗长 2 ~ 10cm；子房长圆柱状，有柔毛，柱头膨大。果实圆柱状，直或稍弯，表面平滑，通常有深色纵条纹，未熟时肉质，成熟后干燥，里面呈网状纤维。种子多数，黑色，卵形，平滑，边缘狭翼状。花果期夏、秋季。

2. 分布

丝瓜在中国南、北各地普遍栽培。也广泛栽培于温带、热带地区。

3. 生长习性

丝瓜为短日照作物，喜较强阳光，而且较耐弱光。在幼苗期，以短日照大温差处理之，利于雌花芽分化，可提早结果和丰产。整个生育期当中较短的日照、较高的温度、有利于茎叶生长发育，能维持营养生长健壮，有利于开花坐果、幼瓜发育和产量的提高。

丝瓜属喜温、耐热性作物，丝瓜生长发育的适宜温度为 20℃ ~ 30℃，丝瓜种子发芽的适宜温度为 28℃ ~ 30℃，30℃ ~ 35℃时发芽迅速。

丝瓜喜湿、怕干旱，土壤湿度较高、含水量在70%以上时生长良好，低于50%时生长缓慢，空气湿度不宜小于60%。75%～85%时，生长速度快、结瓜多，短时间内空气湿度达到饱和时，仍可正常地生长发育。

丝瓜是适应性较强、对土壤要求不严格的蔬菜作物，在各类土壤中，都能栽培。但是为获取高额产量，应选择土层厚、有机质含量高、透气性良好、保水保肥能力强的壤土、砂壤土为好。

4. 园林应用

丝瓜可以食用、药用，有一定的营养价值。

7.7.15 香豌豆（*Lathyrus odoratus* L.）豆科 山黧豆属（图7-23）

图7-23 香豌豆

1. 形态特征

香豌豆是豆科山黧豆属植物，一年生草本，高50～200cm，全株或多或少被毛。茎攀援，多分枝，具翅。叶具1对小叶，托叶半箭形；叶轴具翅，叶轴末端具有分枝的卷须；小叶卵状长圆形或椭圆形，长2～6cm，宽0.7～3cm。总状花序长于叶，具1～3朵花，长于叶。荚果线形有时稍弯曲，长5～7cm，宽1～1.2cm，棕黄色，被短柔毛。种子平滑，种脐为周圆的1/4。花果期6～9月。

2. 分布

香豌豆原产于意大利西西里岛，我国各地均有栽培。

3. 生长习性

香豌豆喜冬暖夏凉、阳光充足、空气潮湿的环境，最忌干热风吹袭。根具有直根性，要求土层深厚、肥沃、排水良好的湿润黏质壤土。

4. 园林应用

香豌豆的茎和叶可作家畜饲料或绿肥。香豌豆花形独特，一枝条细长柔软，即可作冬春切花材料制作花篮、花环，也可盆栽供室内陈设欣赏，春夏还可移植到户外任其攀援作垂直绿化材料，或为地被植物。

7.7.16 蝙蝠葛（*Menispermum dauricum* DC.）防己科 蝙蝠葛属（图 7-24）

图 7-24 蝙蝠葛

1. 形态特征

蝙蝠葛为防己科蝙蝠葛属植物，草质、落叶藤本，根状茎褐色，垂直生，茎自位于近顶部的侧芽生出，一年生茎纤细，有条纹，无毛。叶纸质或近膜质，长和宽均 3 ~ 12cm；叶柄长 3 ~ 10cm 或稍长，有条纹。圆锥花序单生或有时双生，有细长的总梗，有花数朵至 20 余朵，花密集呈稍疏散。核果紫黑色；果核宽约 10mm，高约 8mm，基部弯缺深约 3mm。花期 6 ~ 7 月，果期 8 ~ 9 月。

2. 分布

蝙蝠葛分布于中国东北、华北和华东；湖北（保康）也发现过；朝鲜、日本和俄罗斯西伯利亚等国家和地区也有分布。常生长于路边灌丛或疏林中。

3. 生长习性

蝙蝠葛生长于山坡林缘、灌丛中、田边、路旁及石砾滩地，或攀援于岩石上，喜温暖、凉爽的环境，25℃ ~ 30℃最适宜生长。5℃时生长停滞。对土壤要求不严格，但以土层深厚，排水良好的山坡下的壤土或砂壤土为宜。

蝙蝠葛用种子和根茎均可繁殖。

种子繁殖：一般于秋季采集种子晾晒后，秋季未上冻前条播或穴播，穴播每穴 4 ~ 8 粒，覆土 2 ~ 3cm，镇压保墒，山区无水浇条件的，应适当覆盖树叶、碎草或秸秆，以便保墒。

根茎繁殖：在春天幼芽萌动前把根茎挖出，剪成 10cm 的段，沟栽或穴栽，覆土 5 ~ 6cm，随后镇压。有水浇条件的，栽后浇水；无水浇条件的地块，应适当覆盖树叶、碎草或秸秆，以便保墒，促进出苗。

4. 园林应用

蝙蝠葛以根茎入药，主治急性咽喉炎、扁桃体炎、牙龈肿痛、肺热咳嗽、湿热、黄疸、便秘等症；也可以作为观赏植物。

第 8 章

草坪养护

草坪是由草坪草构成的经过人工干预而形成的，具有绿化美化、观赏和护坡等作用的，或可供人们游憩、活动或运动的坪状草地。构成草坪的草坪草是指那些质地纤细、耐一定修剪和践踏的禾本科植物。草坪不仅包括草坪草，而且还包括草坪草生长的环境部分。俗话说“草坪三分种，七分管”，草坪一旦建成，为保证草坪的坪用状态与持续利用，定期的养护管理十分必要，主要包括修剪、打孔覆沙、施肥、灌水、补植、除草等内容。

8.1 修剪

1. 准备工作

（1）草坪修剪应在灌水前进行，地表未干不宜修剪。

（2）修剪前应清除草坪上的砖头瓦块、铁丝等硬杂物。

（3）根据修剪高度要求调整机具高度，使草坪修剪后坪面平整。因草坪内难免有起伏，修剪高度调整需在平地进行。

2. 修剪过程

（1）草坪修剪应循序渐进，不宜在同一地点或沿同一方向重复修剪，修剪后应及时清除残留在坪面上的草屑，保持坪面清洁。

（2）大面积草坪选用割草机；草坪边缘选用割灌机；修剪量小或苗木根茎部附近的草坪应人工手剪修剪，避免割灌机割草时打到乔灌木根茎部分，从而影响景观也影响树木长势（图 8-1）。

（3）草坪修剪应遵照 1/3 原则，即每次修剪时，剪掉的部分应少于草坪自然高度的 1/3。

（4）干旱、半干旱地区适当提高修剪高度。

图 8-1 割草机

3. 修剪频率

冷季型草坪根据现场景观效果要求，春季萌芽后 7 ~ 10 天剪一次，4 ~ 6 月每 5 ~ 10 天修剪一次；在夏季 7 ~ 8 月每 5 ~ 7 天修剪一次；在秋季 9 ~ 10 月 7 ~ 10 天修剪一次；沈阳地区在枯黄后应进行整平修剪，留茬 6cm 左右，以利于防火及草坪越冬。

4. 常用混合草坪修剪

常用作草坪的草种有 3 种：草地早熟禾草坪、草地早熟禾 + 高羊茅 + 黑麦草混播草坪、高羊茅 + 黑麦草混播草坪。不同季节 3 种类型的草坪修剪高度遵循规律如下：

春季解除休眠后 4cm，气温超过 30℃时 5 ~ 6cm，秋季最高气温 30℃以下时 4cm。秋季最后一次观赏性修剪时 5cm；生长季节根据生长速度，主要节点每 5 ~ 7 天修剪一次，其他位置 7 ~ 10 天修剪一次，每次修剪时草高不超过 12cm。

8.2 打孔覆沙

1. 打孔

春秋草坪旺长时期，可使用铁叉、草坪打孔机或钉齿滚（带有粗钉的滚筒，不常用）对草坪打孔，起到改善土壤透气透水性，利于养分吸收，提供草坪根茎生长空间，起到防止草坪退化的作用。

2. 覆沙

草坪打孔后及时覆沙，起到防止草坪徒长，改善草坪土壤结构，提高草坪平面光滑度、平整度，维持良好的透气、透水性及养分状况，促进根部发育，减少枯草层，提高草坪抗逆性的作用。打孔后覆沙厚度以 0.4 ~ 0.6cm 为宜，土质过于黏重孔洞裸露明显时，可考虑多次覆沙。未打孔单独覆沙时的覆沙厚度为 0.3 ~ 0.4cm/ 次，为改良表层土壤或过冬防寒而进行的覆沙厚度为 0.5 ~ 0.8cm/ 次。

8.3 疏草

在早春或解除休眠前宜对草坪疏草，冷季型草坪在夏末也应疏草，以去除草坪中过厚的枯草层。疏草应在土壤和枯草层干燥时进行，并及时清理梳理下的碎屑。大面积草坪疏除枯草层时使用梳草机，小面积草坪疏除枯草层时可使用搂草耙子。

1. 疏草作用

疏草可改善草坪透气性、渗水性，提高草坪光合作用和肥料、农药作用效果，降低病虫害的发生概率，防止草坪根系上移，提高草坪抗逆性的作用。

2. 注意事项

（1）疏草作业时，无论用何种设备，都应该及时将清除物移出草坪，不能长时间在草坪上堆放，否则将对草坪造成危害。

（2）进行疏草作业时，土壤与枯草层应该保持干燥，这样便于作业。

（3）疏草作业后，应该及时给草坪补充水分，因为疏草时对草根草茎的切割、拉断会造成草坪草脱水，而且草坪枯草层清除后，通风条件得到改善，也使地表水分散失加快，必须及时实施灌溉。

（4）草坪疏草后，由于草坪密度的降低给杂草地入侵提供了机会，因此在大面积草坪疏草时，最好能避开杂草易于萌生的时期。不能避开时，要特别注意杂草的萌生情况，及时通过喷洒选择性除草剂，修剪等措施清除，避免造成危害。

8.4 灌水

1. 水源

浇灌水源宜选择清洁的地下水、地表水、市政自来水，不得使用未经处理的污水或含盐量较高的水源灌溉草坪。

2. 浇水时间

（1）根据天气情况，当降雨充沛时，可延迟浇水时间。

（2）盛夏高温季节以早晨凉爽之时为宜，寒冷冬季以中午稍暖之时为好。

（3）春季返青前后和冬季草坪休眠前须及时浇透水。

（4）10 月下旬~ 12 月上旬，土壤日化夜冻时，灌透根系分布层约 20cm，在冬季土壤化冻时需及时补浇水。

3. 浇水量

草坪浇水量依草种、土壤、气候的不同而不同：

（1）一般草坪生长季每周灌水 2 ~ 3 次，每次灌水以 5 ~ 10cm 土层饱和为宜，干旱高温季节可适当增加灌水次数，以补充草坪对水分的需求。

（2）坡地浇灌要小水、多次，即反复用水管浇几次，每次少量补充浇透为止。有自动喷灌的可通过几次开关，直至浇透为止。

（3）黏土地需通过几次开关自动喷灌或用水管来回进行浅浇才能浇透；沙土地水分下渗及蒸发速度快，需要适当减少单水浇水量，增加浇水次数来满足草坪的生长需求；盐碱地浇水应该严格掌握，见干则浇、浇则浇透。

（4）下面有垫层或管道的区域如果未做其他增湿处理，如在土中增施保水剂等措施；干旱高温季节浇水频率与时花相近，无有效降雨时每天浇水 1 ~ 2 次。

4. 其他注意事项

（1）水压较大的项目可选择安排固定或半自动喷头，提高浇水效率。

（2）在干旱、半干旱地区，浇水频率因主要位置与次要位置区别对待。施工与补植时可考虑在土壤里掺入保水剂。

8.5 补植补播及收边收口

草坪斑秃或坏损的，应及时采用补植或补播措施，选用与原草坪相同的草种，适当密植，尽快恢复草坪景观。

1. 补植方式

一般选用植草块的补植方式，即将死亡草坪切块起出，然后铺上新草块。补植时，草皮与草皮之间紧贴密铺，但切忌重叠铺植。铺植完毕需用平锹拍击或踩踏新植草皮以使草皮根部与土壤密接，以保证草皮成活率，拍击时由中间向四周逐块铺开，铺完后及时浇水，并保持土壤湿润直至新叶开始生长。

2. 补播方式

（1）播前种子处理

播种前种子处理能够加快发芽速度、提高发芽率、消毒种子，达到早出苗、多出苗、出好苗、出齐苗的目的。

1）选种：播种前要对种子进行精选，把种子中的夹杂物捡出去以提高种子的纯度，常用的精选方法有水选、筛选。利用水选将种子用 10℃ ~ 25℃温水浸泡，除去漂浮在水面上的秕种，捞出放在阴处摊晾。

2）催芽：草坪种子催芽法有 2 种。一是高温催芽，在气温偏低情况下采用，可使播种期提前 10 ~ 15 天；二是常温催芽，在正常播种期内采用。

3）种子消毒：播种前要对种子进行消毒，因为种子表面、土壤中均有病菌存在，播种前对种子进行消毒，能起到消毒和防护双重作用。常用消毒拌种药剂有多菌灵、敌克松、甲基托布津、福美双、代森锌、纹枯利等粉剂，药量为种子重量的 0.2% ~ 0.5%。具体做法为将消毒拌种粉剂混合 10 倍左右的细土，配成药土后进行拌种。

（2）补播施工

1）播前修剪：播前先进行一次修剪，降低草坪高度，以利于施工。

2）搂除枯草：搂除枯草层可防止种子、幼苗感染病菌，降低虫害发生概率，利于种子与土壤良好结合。

3）松土：小面积补植区域，先用二齿耙子或钢钎将斑秃或露土位置地表土层划破约

5～10cm，并将土块打碎、疏松整平土壤；秃斑略大的地方可先用铁锹翻一下土，然后再将土块打碎。土中枯草、翻土斩落的草坪茎叶、根茎及砖石等要拣出。

4）撒改良土、播种：播种前先将表土耙平、耙细，再将过筛的改良土（壤土：过筛泥炭：细沙 =1 ：3 ：1 体积比）在补播区域的表土层薄撒 0.5～0.6cm；播种前适量浇水湿润土壤，然后均匀撒上草种，以保证草种落地后能够固着于坪床。

5）压实、铺草帘、浇水：播种后用滚轮碾压，以利于种子与土壤良好地结合。表面盖薄草帘，当天浇水维护，不可漫灌，以防种子流失。在出苗前应保持土壤湿润，出苗时间在 7～15 天，长至 2～4cm 时，可撤去草帘，根据天气情况适时浇水维护。当气温降至 15℃以下时需覆盖薄膜保暖。设置防护警示标志，严禁踩踏。

（3）幼坪管理

补播草坪幼苗期对水分特别敏感，干旱不利于种子萌发，故务必及时灌水。发现幼苗颜色变浅、泛黄、生长发育缓慢，则表明缺肥，可薄薄施一次尿素，追完马上浇水，15～20 天后再追施高氮低磷中钾的速效复混肥一次。当补播幼苗长到 8～10cm 时，即要进行修剪，新建植的草坪应勤修剪，保持坪面整齐美观，增加枝条分蘖。夏季补播草坪，应做好病虫害防治工作。

3. 草坪收边

（1）园路与草皮之间挖 5～10cm 宽的水沟，铺放卵石缓冲。

（2）园路与地被交接处露土的，可使用玉簪、马蔺、草皮等收边。

4. 防护

为避免外来因素对新植草坪的破坏，可在新植草坪处摆放“养护进行中”标识，提醒人员不得进入养护期间的草坪，必要时可设置警戒带或其他方法对补植、补播区域进行隔离，以保证新植草皮的成活率和平整度。

8.6 除杂草

1. 人工除杂草

人工除杂草要彻底，不留草根，除草后形成一些局部斑块，应尽快补植。

2. 化学除草剂

化学药剂，如 2，4-D 酸，二甲四氯类等可去除杂草，但须严格按使用程序和施用剂量，控制使用范围。

8.7 施肥

1. 草皮常用肥料

（1）无机复合肥

常用硫酸钾复合肥、氯化钾复合肥、硝酸钾复合肥等，能均衡供应草坪需要的营养元素，增加草坪的抗逆性。

（2）有机复合肥

常用有机复合肥含黄腐酸类、氨基酸类、腐殖酸类或油菜籽饼或菜籽粕、花生饼或花生粕、豆饼或豆粕、畜禽粪及农作物秸秆等合成的成品袋装颗粒有机复合肥，能帮助增加土壤富含有机质及有益微生物含量，改善土壤结构，提高草坪抗病虫性及品质。

（3）草坪专用肥

草坪专用肥是专业为各种草坪设计的肥料。含有机类、无机类以及有机无机相结合的专用复合肥类型。按型号分为控释型、缓释型、速效型、有机型等，因是专业为各类草坪设计的肥料种类，所以效果更为明显，性价比也更高。

（4）草坪专用叶面肥

治疗草坪缺素病、复壮及日常养护时使用。叶面肥只有与根部追肥配合使用才会起到事半功倍的效果。

（5）氮肥

常用尿素、碳铵等（一般配合其他元素，较少单独使用）。

（6）磷肥

除治疗缺素病外一般很少单独使用，2 ~ 3 年一次，每次春季时撒施 5g/m^2。

（7）磷酸二氢钾

植物缺磷钾时作叶面肥使用，也可按比例稀释后灌根。

（8）有益菌类复合肥

主要作用为改良、疏松土质，将生土层中不利于被植物吸收到大中微量元素转变成利于植物的元素（施用在富含有机质的黏性土质中效果明显）。

（9）微肥

如钙、镁、硫、铁、锌、锰、钼、硼等元素缺失在养护中较为少见，可通过叶面喷施及灌根来解除缺素病，如使用螯合铁、螯合钙、螯合锌、螯合硼、螯合锰、硫酸亚铁等。

（10）土壤改良剂

如各种有机或无机松土肥、土壤疏松剂主要针对黏性土使用。另外还有酸性土改良剂、碱性土改良剂用于改良土壤酸碱度（图 8-2）。

图 8-2 施肥

2. 肥料施用

（1）根据气候、气温施肥

1）3～5 月（15℃～25℃）：当草坪解除休眠后，施一次高氮、中钾、低磷复合肥或有机复合肥，有机质含量高的黏土施用有益菌类复合肥，一般无机肥 15g/m^2，有机复合肥 30～40g/m^2。

2）9～11 月：温度转凉的秋季，施一次高钾、高磷复合肥或有机复合肥，一般无机肥 15～25g/m^2，有机复合肥 30～40g/m^2。

3）12～次年 2 月：低温寒冷时不施肥。

（2）根据土壤情况施肥

1）有机质含量较高的黏性土（特别是黑黏土）草坪铺植：两年内可使用有益菌类复合肥与土壤疏松剂改良土壤；两年后根据长势进行常规施肥。

2）碱性土与酸性土：当草坪出现不适应时使用酸性土改良剂或碱性土改良剂用于改良土壤酸碱度，同时结合追施有机复合肥效果会较好。

（3）根据景观效果施肥

1）常规施肥时，恢复期使用无机肥，景观效果恢复较快。

2）景观效果恢复后使用有机肥，有利于增强土壤活性，提高草坪抗逆性，使草坪较长时间保持良好的景观效果。

3. 施肥注意事项

（1）在草坪生长季节，草坪色泽发黄且生长稀疏，需增加施肥次数。

（2）施肥前杂草过多时需除草，以免杂草抑制草坪，影响草坪品质；施肥前需对过高的草坪进行修剪，修剪后不应立即施肥，以免伤口感染，5 天左右剪口愈合后可施肥。

（3）施肥采用表施的方法，施肥要均匀，施肥后要马上浇水；为了避免肥料气味影响环境，原则上禁止使用散发强烈气味的肥料；重点区域为达到较高的景观效果，可考虑使用专业控释肥。

（4）秋季最后一次追肥施用高氮、低磷、中钾（氮超过 20%、磷超过 5%、钾超过 10%）类复合肥可延长草坪绿期（观赏期）。

（5）干旱、半干旱地区减少氮肥使用量，注意磷钾肥的补充，强壮根系、提高抗逆性。

（6）10 ~ 11 月，结合平整草坪，填小坑洼是对草坪施有机肥（腐熟或加工的鸡粪、牛粪等粪肥；豆粕等）、覆细土或沙。

4. 日常养护复配配方（表 8-1）

日常养护复配配方 表 8-1

配方	成分及用法	病害	虫害	叶面肥
配方一	吡虫啉 3000 倍、磷酸二氢钾 500 倍\尿素 500 倍、50% 多菌灵可湿性粉剂 800 倍、25% 戊唑醇乳油 800 倍	此配方广谱性防治多种真菌、细菌性病害	防治多种危害，地表以上草坪叶片的针吸性与咀嚼性害虫	同时补充氮、磷、钾肥料有利于草坪长势及复壮
配方二	80% 代森锰锌可湿性粉剂、600 倍或 70% 百菌清可湿性粉剂 500 倍\4.5% 高效氯氰菊酯乳油 1000 倍\1% 阿维菌素乳油 2000 倍	此配方广谱性预防多种真菌	防治大多数地表以上危害草坪叶片的针吸性与咀嚼性害虫	同时预防多种缺素病有利于草坪长势及复壮
配方三	磷酸二氢钾 1000 倍、4.5% 高效氯氰菊酯 1000 倍、1% 阿维菌素 2000 倍、70% 甲托可湿性粉剂 800 倍	防治多种真菌	防治多数地表以上危害草坪叶片的针吸性与咀嚼性害虫	同时补充草坪大量元素有利于草坪长势及复壮并且提高草坪叶片观赏性
配方四	吡虫啉 2000 倍、磷酸二氢 500 倍、三唑酮 1500 倍、戊唑醇 800 倍	防治多种真菌特别是白粉病、锈病	防治多数地表以上危害草坪叶片的针吸性与咀嚼性害虫	补充磷钾肥有利于草坪长势及复壮
配方五	吡虫啉 3000 倍、磷酸二氢钾 500 倍、55% 、液体百菌清 500 倍	预防多种真菌	防治多数地表以上危害草坪叶片的针吸性与咀嚼性害虫	补充磷钾肥有利于草坪长势及复壮，不污染叶片

8.8 草坪养护标准

1. 草坪生长季节颜色纯正翠绿无枯黄现象。

2. 长势良好，无斑秃，无病虫害或病虫害得到及时控制不影响景观。

3. 及时修剪，修剪平整，边角修剪到位，与地被、与园建交界处切边到位、线条美观。

4. 地形平整、无 $3m^2$ 以下的小坑洼，与园建衔接顺畅（边沿土面略低于园建 1 ~ 2cm）。

5. 草坪清洁、无垃圾杂物。

6. 及时拔除杂草，杂草率不影响景观。

7. 无黄土裸露。

8.9 常见草坪草养护管理特性

根据草坪草适于生长的气候条件和栽种地域，可将草坪草分为冷季（地）型草坪草和暖季（地）型草坪草两大类。由于暖季型草坪草的最适生长温度为25℃～35℃，在冬季极端寒冷地区露地种植无法越冬，目前在东北地区应用的主要为冷季型草坪草。

冷季型草坪草的最适生长温度为15℃～25℃，此类草种大多原产于北欧和亚洲的森林边缘地区，广泛分布于凉爽温润、凉爽半温润、凉爽半干旱及过渡带地区。其生长主要受到高温的胁迫，极端气温的持续时间以及干旱环境的制约。就我国的气候条件而言，冷季型草坪草主要分布在我国的东北、西北、华北以及华东、华中等长江以北的广大地区及长江以南的部分高海拔冷凉地区。它的主要特点是绿色期长，色泽浓绿，管理精细等。可供选择的种类较多，包括早熟禾属、羊茅属、黑麦草属、剪股颖属、雀麦属和碱茅属等十几个属40多个种的数百个品种。

8.9.1 草地早熟禾（*Poa pratensis* L.）禾本科 早熟禾属（图8-3）

a

b

图8-3 草地早熟禾

a 草地早熟禾形态特征；b 草地早熟禾草坪

1. 形态特征

草地早熟禾为冷季型草坪草。秆直立或倾斜，质软，高可达30cm，平滑无毛。叶鞘稍压扁，叶片扁平或对折，质地柔软，常有横脉纹，顶端急尖呈船形，边缘微粗糙。圆锥花序宽卵形，小穗卵形，含小花，绿色；颖质薄，外稃卵圆形，顶端与边缘宽膜质，花药黄色，颖果纺锤形，4～5月开花，6～7月结果。

2. 分布

草地早熟禾分布于中国南北各省，欧洲、亚洲及北美均有分布。

3. 园林应用

草地早熟禾是温带广泛利用的优质冷季草坪草，草坪绿化在北方有巨大的发展空间。绿期达 9 个月，是北方草地草坪的最主要草种。可铺建绿化运动场、高尔夫球场、公园、路旁、水坝等。

4. 主要病虫害

夏季斑枯病、褐斑病、腐霉枯萎病、镰刀菌枯萎病、币斑病、锈病、白粉病等。

5. 其他早熟禾

加拿大早熟禾、林地早熟禾、日本结缕草。

8.9.2　紫羊茅（*Festuca rubra* L.）禾本科 羊茅属（图 8-4）

图 8-4　紫羊茅

1. 形态特征

紫羊茅为冷季型草坪草，多年生，秆多数丛生，高 45 ~ 70cm，基部红色或紫色；叶鞘基部红棕色并破碎，呈纤维状，叶片对折或内卷，长 5 ~ 15cm，宽 1 ~ 2mm。圆锥花序狭窄，稍下垂。颖狭窄披针形，第一颖具 1 脉，长 2 ~ 3mm；第二颖 3.5 ~ 4mm，具 3 脉；外稃长圆形，第一外稃长 4.5 ~ 5.5mm，内稃与外稃等长。

2. 分布

紫羊茅分布于我国东北、华北，西南、西北、华中诸省及北半球温寒地区。

3. 生态习性

紫羊茅为喜冷凉湿润气候，生长势、适应性、耐寒性均强，较耐阴。

4. 园林应用

紫羊茅应用于公园、风景区、庭园草坪，或与其他冷季型草坪草混植成运动场草坪以及地被绿地。

5. 其他羊茅

高羊茅、羊茅、草地羊茅。

8.9.3 黑麦草（*Lolium perenne* L.）禾本科 黑麦草属（图 8-5）

1. 形态特征

黑麦草为一年生或短期多年生草。高可达 130cm 以上。分蘖较少，幼苗旋转状；叶片扁平，宽 3 ~ 5mm，色泽较淡；有芒小穗构成扁平穗状花序。

图 8-5 黑麦草

2. 分布

黑麦草原产欧洲，我国引种栽培。

3. 生态习性

黑麦草适宜温暖湿润的暖温带气候，不耐寒和高温。在长江流域地区生长良好，尤其初夏生长旺盛。

4. 园林应用

黑麦草应用于公园、风景区、庭园草坪和运动场草坪，以及其他绿地，也可作短期地被植物。

5. 主要病虫害

腐霉属病斑，黑粉病，褐斑病，冠柄锈病。

8.9.4 西伯利亚剪股颖（*Agrostis stolonifera* Linnaeus）禾本科 剪股颖属（图 8-6）

1. 形态特征

西伯利亚剪股颖为多年生。秆基部常卧地面长达 8cm，节着土生根。叶鞘无毛，稍带紫色；叶片扁平，线形长 5.5 ~ 8.5cm，宽 3 ~ 4mm，圆锥花序，卵状长圆形，绿紫色，老熟后紫铜色，每节具 5 枚分枝，小穗长 2 ~ 2.2mm，两颖等长或第一颖稍长，外稃长 1.6 ~ 2.0mm，顶端钝圆、无芒，内稃长为外稃的 2/3，具 2 脉。花果期 6 ~ 8 月。

图 8-6 西伯利亚剪股颖

2. 分布

西伯利亚剪股颖分布于中国甘肃、河北、河南、浙江、江西等地。欧亚大陆的温带和北美也有分布。模式标本产于欧洲。

3. 生态习性

西伯利亚剪股颖喜冷凉湿润气候，耐寒性强，耐趋低修剪，多生于潮湿草地。

4. 园林应用

西伯利亚剪股颖应用于公园、风景区、庭园及运动场草坪。条件较好地方可作水土保持地被。

5. 其他剪股颖

细弱剪股颖、小糠草。

8.9.5 偃麦草［*Elytrigia repens*（L.）Nevski］禾本科 偃麦草属（图 8-7）

1. 形态特征

偃麦草为禾本科多年生禾草。须根坚韧，具短根茎。秆直立，具 3 ~ 5 节，高 100 ~ 120cm，在良好的栽培条件下可达 130 ~ 150cm。叶鞘通常短于节间，边缘膜质；叶舌长约 0.5mm，顶具细毛；叶耳膜质，褐色；叶片灰绿色，长 15 ~ 40cm，宽 6 ~ 15mm。穗状花序直立，长 10 ~ 30cm，小穗长 1.4 ~ 3cm，含 5 ~ 11 花；颖矩圆形，顶端稍平截，具 5 脉；外稃宽彼针形，先端钝或具短尖头，具 5 脉；内稃稍短于外稃。

2. 分布

偃麦草在我国北方分布广泛，主要分布于新疆、青海、甘肃等省区，东北、内蒙古、西藏等地也有分布。国外主要分布于蒙古国、俄罗斯中亚和西伯利亚、日本、朝鲜等国家和地区。

图 8-7 偃麦草

3. 生态特性

偃麦草抗寒性较强，在北方高寒地区能安全越冬，春季解冻不久即可返青，能耐受 -40℃的低温，越冬率达 100%。春秋生长旺，刚返青的幼苗遇 -8℃的低温也能成活；不耐夏季高温，在北京高温的夏季常生长不良。偃麦草适宜冷凉较干旱的气候，抗旱性较强，在年降雨量为 360 ~ 400mm 的地区生长旺盛。有极强的耐阴性，在灌丛、疏林乃至终日不见阳光的高楼之下均生长良好。它也较耐湿，可在地下水位较高的地带生长。耐盐碱能力强，能在 pH6.0 ~ 8.5 土壤中正常生长，在新疆的伊犁河谷地带、天山北坡中低山带作为草地群落的建群种和优势种生长，也常生长在盐碱化草甸和滨海盐碱地上，它最突出的优点是能够在其他作物不能忍耐的中度和重度盐碱地上生长。在吉林和新疆乌鲁木齐种植表现为春季返青早（ 4 月初 ），5 月下旬至 6 月上旬拔节抽穗，6 月中旬至 7 月开花，8 月中旬种子成熟，种子成熟后易脱落且具有后熟期，10 月下旬停止生长，绿期为 210 天。

4. 园林应用

偃麦草是建立人工草地和改良天然草地的优良草种，也是庭院绿化、运动场草坪坪用理想植物，偃麦草因其十分发达的根茎系统，极强的竞争与侵占能力，以及极强的抗旱和固土能力，是理想的水土保持和固土护坡的植物。

8.9.6 无芒雀麦（*Bromus inermis* Layss）禾本科 雀麦属（图 8-8）

1. 形态特征

无芒雀麦为多年生，具短横走根状茎。秆直立，高 50 ~ 100cm。节无毛或稀于节下具倒毛。叶鞘通常无毛，紧密包住茎秆，呈闭合状，但在近鞘口处裂开。叶舌质硬，长

1～2mm；叶片披针形，向上渐尖，质地较硬，长5～25cm，宽5～10mm，通常无毛。圆锥花序开展，长10～20cm，每节具2～5分枝，分枝细而较硬，颖果种子宽披针形，先端渐尖，边缘膜质，长7～9mm，褐色。花期7～8月，果期8～9月。

图8-8　无芒雀麦

2. 分布

无芒雀麦原产于欧洲、西伯利亚和中国北部地区，多分布于山坡、道旁、河岸。在亚洲、欧洲和美洲的温带地区也有野生分布。在我国东北、西北、华北地区有野生分布，在内蒙古高原多生长于草甸的暗栗钙土地带，形成自然群落。

3. 生态习性

无芒雀麦广泛分布于世界各地寒冷潮湿地区和过渡地区，喜冷凉干燥的气候，适应性强，耐干旱，在年降水量400mm的干燥地区也能正常生长。耐寒冷能力很强，在–30℃低温下仍能顺利越冬。也能在瘠薄的沙质土壤上生长，在肥沃的壤土或黏壤土上生长茂盛。耐高温炎热能力稍差。耐碱能力强，在pH值7.5～8.2的碱性土壤上仍能生长。它的耐践踏能力强，这与它具有粗壮的根状茎有密切的关系。适应于深厚、排水好的、肥沃的细壤上，但若有足够的氮肥也可生长在粗沙壤上。它较耐碱性土壤，也较耐潮湿，能在有淤泥、洪水的地块中生长一小段时间。无芒雀麦春季返青早，秋季枯黄晚，在我国北京地区，3月中旬返青，11月下旬枯黄，全年绿色期可达250天左右。

4. 应用特点

无芒雀麦由于粗质、植株密度小，可用它作为绿化和水土保持和管理粗放的草坪。

8.9.7　碱茅［*Puccinellia distans*（L.）Parl.］禾本科 碱茅属（图8-9）

1. 形态特征

碱茅秆丛生，直立，或基部稍呈偃卧状，高20～30cm，径约1mm，略扁，具3节，有时基部的节着地生根或分枝。叶鞘平滑无毛，叶舌干膜质，长1～2mm，叶片扁平或对折，长 2 ~ 6cm，宽 1 ~ 2mm。圆锥花序，幼时为叶鞘所包藏，后逐渐开展，长 5 ~ 15cm，宽约 6cm，绿色或草黄色，每节 2 ~ 6 个分枝，分枝细长，平展或下垂，下部裸露。小穗长 4 ~ 6mm，具 5 ~ 7 个小花，小穗轴节间长 0.5mm，平滑无毛，颖片质地膜质，先端钝。颖果种子纺锤形，长约 1.2mm。

图 8-9　碱茅

2. 分布

碱茅分布于欧亚大陆及北美温带地区，中国河北、山东、山西、内蒙古及甘肃、宁夏、青海、新疆等省区沿海盐碱滩地及河流、湖泊岸边均有成片野生资源。

3. 生态习性

碱茅喜冷凉湿润气候，它的耐寒冷能力很强，能耐严寒，并能顺利越冬。耐盐碱能力也很强，在 pH 值 8.6 ~ 8.8 的碱土上它仍能生长，而禾本科其他草类都很难正常生长。它既是改良碱土的植物，又是碱土上的一种指示植物。能耐干旱，每当干旱时其叶卷成筒状，以减少水分蒸发。对土壤条件要求不严，沙土、壤土至黏土都能生长，特别是在潮湿的黏土上，其他草本植物都无法生存，而它仍能正常生长。能耐贫瘠土壤，在有机质十分缺乏的土壤上也能生长，但在肥沃的土壤上生长较为茂盛，分蘖数大量增多，如果土壤既肥沃又湿润，分蘖数可比一般情况下增加 1 ~ 2 倍，而且叶片色泽浓绿。碱茅在阳光充足处生长健壮，在阴处则长势变弱。

4. 应用特点

由于碱茅具有耐潮湿、耐盐碱的能力，园林中多用作潮湿处和盐碱地的保土植物，或园林绿地一般盐碱地的粗放管理草坪种植，但仍需要控制其高度，否则会完全成为野草。地处盐碱地的高尔夫球场院和飞机场可分别用碱茅作障碍区及跑道两侧粗放管理的绿化材料。

8.10 草坪病虫害防治

草坪是特殊的园林植物应用形式，它以一种单一植物的高密度种群的形式存在，是一种在人工强烈干预（修剪、施肥、灌溉）条件下才能够存在的一种形态，因此，病虫害发生种类与其他园林植物的病虫害有很大不同。

8.10.1 草坪虫害防治

草坪害虫种类较多，它们都以各自的方式危害草坪，造成叶残根枯，影响草坪景观。害虫的类别不同，其防治措施也有所差异，概括起来便是“以综合治理为核心，实现对草坪虫害的可持续控制”。草坪虫害防治的基本方法归纳起来有五种：植物检疫、栽培措施防治、物理机械防治、生物防治、化学防治。

1. 食叶害虫

食叶害虫是指用咀嚼式口器危害草坪茎叶等地上部分器官的一类害虫，主要包括黏虫、斜纹夜蛾、草地螟、蝗虫、软体动物等。危害方式为咬食草坪草茎叶，造成残缺，严重时形成大面积的“光秃”。

（1）斜纹夜蛾

1）分布及危害

斜纹夜蛾属世界性害虫，国内分布广泛，是一种多食性害虫。具暴发性，虫口密度大时，能在短期内将草坪吃成“光秆”。可危害黑麦草、早熟禾、剪股颖、结缕草、高羊茅等多种草坪草。

2）防治措施

① 诱杀成虫。利用成虫的趋光性，用黑光灯诱杀。利用成虫的趋光性配制糖醋液、杨树枝以及甘薯、豆饼发酵液诱杀成虫，糖醋液可按糖、酒、醋、水以 2：1：2：2 的比例混合，加少量敌敌畏。

② 清洁草坪，加强田间管理，同时结合日常管理采摘卵块，消灭幼虫。

③ 药剂防治。喷药宜在暴食期以前并在午后或傍晚幼虫出来活动后进行。可供选择的药剂有：40.7% 乐斯本乳油 1000 ~ 2000 倍液、30% 伏杀硫磷乳油 2000 ~ 3000 倍液、20% 哒嗪硫磷乳油 500 ~ 1000 倍液、50% 辛硫磷乳油 1000 倍液，或用每克菌粉含 100 亿活孢子的杀螟杆菌菌粉或青虫菌菌粉 2000 ~ 3000 倍液喷雾。

（2）黏虫

1）分布及危害

黏虫是世界性分布的、对禾本科植物危害极大的害虫，在我国分布也较广。该虫幼虫危害较大，是一种暴食性害虫，大量发生时常把叶片吃光，甚至整片地吃成光秃。能危害黑麦草、早熟禾、剪股颖、结缕草、高羊茅等多种草坪草。

2）防治措施

① 清除草坪周围杂草或于清晨在草丛中捕杀幼虫。

② 诱杀成虫。参考对斜纹夜蛾的诱杀方法。

③ 初孵幼虫期及时喷药。喷洒 25% 爱卡士乳油 800 ~ 1200 倍液、40.7% 乐斯本乳油 1000 ~ 2000 倍液，其他药剂参考斜纹夜蛾防治药剂。

④ 人工摘除卵块、初孵幼虫及蛹。

（3）草地螟

1）分布及危害

在我国北方普遍发生。食性广，可危害多种草坪禾草，初孵幼虫取食幼叶的叶肉，残留表皮，并常在植株上结网躲藏，在草坪上称为“草皮网虫”。3 龄后食量大增，可将叶片吃成缺刻、孔洞。使草坪失去应有的色泽、质地、密度和均匀性，甚至造成光秃，降低了观赏和使用价值。

2）防治措施

① 人工防治。利用成虫白天不远飞的习性，用拉网法捕捉。

② 药剂防治。参考斜纹夜蛾防治药剂。

2. 吸汁害虫

吸汁害虫是指用刺吸式口器（也有少数其他的类型）危害草坪草茎叶的一类害虫，主要包括盲蝽、叶蝉、蚜虫、飞虱、螨类等。这类害虫吸取茎叶的汁液，使得叶片表面出现大量失绿斑点，严重时草坪枯黄，有时会发生煤污病。其中危害最重的为蚜虫。

（1）蚜虫危害状

危害草坪草的主要种类有麦长管蚜，麦二叉蚜、禾谷缢管蚜等。每年的春季与秋季可出现蚜量高峰。以成蚜与若蚜群集于植物叶片上刺吸危害，严重时导致生长停滞，植株发黄、枯萎。蚜虫排出的蜜露，会引发煤污病，污染植株，并招来蚂蚁，造成进一步危害。

（2）防治蚜虫的措施

1）冬灌

可降低地面温度，对蚜虫越冬不利，能大量杀死蚜虫。有翅蚜大量出现时及时喷灌可抑制蚜虫发生、繁殖及迁飞扩散。趁有翅蚜尚未出现时，将无翅蚜碾压而死，减轻受害。

2）药剂防治

喷洒 10% 吡虫琳可湿性粉剂 3000 ~ 4000 倍液、50% 辟蚜雾可湿性粉剂 3000 ~ 4000 倍液、25% 爱卡士乳油 800 ~ 1200 倍液、40.7% 乐斯本乳油 1000 ~ 2000 倍液、30% 伏杀硫磷乳油 2000 ~ 3000 倍液、20% 哒嗪硫磷乳油 500 ~ 1000 倍液。

3）生物防治

利用瓢虫、草蛉、食蚜蝇、蚜茧蜂、蚜小蜂等天敌控制蚜虫。

3. 钻蛀害虫

钻蛀害虫是一类以幼虫危害草坪草茎秆或叶片的害虫，主要包括秆蝇及潜叶蝇两类，在茎秆或叶片内钻蛀危害，造成大量“枯心苗”或“烂穗”，严重时草坪枯黄。

（1）潜叶蝇危害状

潜叶蝇为小型蝇类，包括美洲斑潜蝇、豌豆潜叶蝇、稻小潜叶蝇等，能危害多种草坪草。

该类主要以幼虫蛀入寄主植物的叶片内部潜食叶肉危害，被害处仅剩上、下表皮，内有该虫排下的细小黑色虫粪，在被害的叶片上可见迂回曲折的灰白色蛇形隧道。当叶内幼虫较多时，会使得整个叶片发白、腐烂，并引起全株死亡。

（2）防治潜叶蝇措施

1）适时灌溉，清除杂草，消灭越冬、越夏虫源，降低虫口基数。

2）掌握成虫发生期，及时喷药防治，防止成虫产卵。

3）幼虫危害初期，喷洒 1.8% 阿巴丁乳油 3000 倍液、40% 斑潜净乳油 1000 倍液、48% 乐斯本乳油 1000 倍液、5% 锐劲特悬浮剂 2000 倍液，上述药剂添加“效力增”水剂 1000 倍液，可提高防治效果。

8.10.2　草坪病害防治

1. 夏季斑枯病

夏季斑枯病是由于夏季持续高温引起的一种严重的真菌性病害，可以侵染冷季型草坪，如细羊茅、西伯利亚剪股颖、早熟禾等，其中以草地早熟禾受害最严重。

（1）发生时期：6 月中旬~ 10 月上旬。

（2）症状：夏初开始表现症状，病叶颜色从灰绿色变成枯黄色，形成圆形小斑块（直径 3 ~ 8cm）。在持续高温天气（白天高温达 28℃~ 35℃，夜间超过 20℃）或大雨、大暴雨过后的高温下，病情会迅速发展，多个枯草斑块愈合成片，呈圆形或马蹄形枯草圈，一般最大直径不超过 40cm。病株根部、根冠部和根块茎呈黑褐色，后期维管束也变成褐色，外皮层腐烂，整株死亡。

（3）病害防治：

1）科学养护促进根系生长是防治的基础，因为夏季斑是一种根部病害，凡能促进根部生长的措施都可以减轻病害。

2）避免低修剪，特别是在高温季节。

3）最好使用 LEGR 缓释肥，深灌水，减少灌溉次数。

4）打孔、梳草、通风、改善排水条件，减轻土壤紧实等均有利于控制病害。

5）成坪草坪茎叶喷雾或灌根的首次施药，最好选择在春末或夏初，选择的药剂有：

劳恩格润菌杀、根病全除、杀毒矾、灭霉灵、代森锰锌、甲基托布津、乙膦铝等。

2. 褐斑病

草坪褐斑病是对草坪危害较为严重的病害之一，由立枯丝核菌侵染引起发病，病菌主要从伤口侵入（如修剪过的草的顶端），病害一般发生在植株的叶、叶鞘和茎，根部受害较轻或不受害，但病害严重或反复流行时，也会导致根茎的死亡。

（1）发生时间：5 月下旬~ 9 月中旬。

（2）症状：在发病部位有梭形病斑，边缘红褐色，中心灰白色。草坪呈现大小不一近似烟圈状、蛙眼状枯草圈。在清晨有露水或湿度较高时，褐斑病发展非常迅速，在枯草斑的边缘，可观察到由病菌菌丝（白色）体形成的“烟圈”。病害发生时可闻到发霉味道，病害发展的后期，可在病部形成菌核，最终导致根系受损。

（3）病害防治：

1）加强草坪管理，清除病残体，平衡使用氮、磷、钾肥及 LEGR 氨基酸缓释肥。

2）避免炎热高湿时施肥、剪草。

3）改善通风条件，板结践踏严重的区域应适当打孔，避免草坪积水。

4）在 5 月上旬至 8 月下旬，夜间温度达到 19℃~ 21℃时，就应对草坪进行药剂菌杀喷洒以预防褐斑病。

5）结合使用劳恩格润树先生生根粉、灌根宝营养植株，促发根系，健壮植株，提高草坪抗逆性。

3. 腐霉枯萎病

腐霉枯萎病是由腐霉菌引起的，危害极其严重，能在数天内将一片漂亮的草坪毁坏殆尽。堪称草坪“癌症”“瘟疫”。

（1）发生时期：6 ~ 9 月。

（2）症状：病害随水流、机械设备传播，在球道上常呈条状出现。受害叶片呈明显的水渍状，用手摸有油腻感（故又称油斑病），病斑多出现在近叶鞘处或叶尖部。草坪上最初出现直径数厘米至数十厘米的圆形黄褐色枯草圈而后迅速扩展，在湿度较高的清晨，可见到明显的白色棉絮状菌丝。草坪受害后，迅速由小的枯死斑点扩展为不规则形的枯草斑，当条件适合时（白天 30℃以上、夜间低温高于 20℃、降雨或空气相对湿度持续大于 90%），病害发展很快，甚至一夜之间就可毁掉整块草坪。

（3）病害防治：

1）少施氮肥，增施磷肥。

2）改善草坪的立地条件，加强修剪，增强通风透光性。

3）避免清晨和傍晚灌水。

4）前期预防喷施菌杀，杀死病菌，病害发生严重期喷施菌杀 + 恶霉灵，效果更迅速。

4. 镰刀菌枯萎病

镰刀菌枯萎病主要发生在三年以上的老龄草坪上，新草坪很少受害。是由镰孢菌（属真菌）引起。它是专一引起观赏植物维管束病害的病原，主要是可危害草株的各个部位，造成烂芽苗枯，根腐、根茎腐、匍匐茎、根状茎和茎基腐烂，叶片或腐烂或枯萎。它可以在土壤中越冬和越夏。

（1）发生时期：5 月中旬~ 10 月中旬。

（2）症状：开始时出现淡绿色的小斑块，随后迅速变成枯黄色，在高温干旱的气候条件下，病草枯死变成枯黄色。枯草斑形状多长条形、月牙形或近环形，直径 1cm ~ 30cm 不等。边缘红褐色，中间生有没发病的绿色草株，整个病斑呈“蛙眼状”。病区内几乎全部草株发生根部、冠部根状茎和匍匐茎黑褐色的干腐，有时发生或出现叶斑或不出现叶斑。当温度较高时，病草的茎低部和冠部可出现白色至粉红色的菌丝体和大量的分生孢子团。在温暖潮湿的天气条件下，可造成大面积的草坪均匀的发生叶斑，枯草斑边缘多为红褐色。

（3）病害防治：

1）应及时清理枯草层使其厚度不超过 2cm。

2）剪草高度不宜过低，一般保持在 5 ~ 8cm。

3）科学施肥，增施有机肥和磷肥、钾肥，控制氮肥用量。

4）夏季草坪病害发生多，危害大，可在病害发生前打药预防，即 4 月、5 月、6 月开始喷杀菌剂戊唑醇 + 多菌灵（夏季草坪长势弱，若忽视病害存在，以肥代药这样会加重一些病害的蔓延）。

5. 币斑病

草坪币斑病是由真菌导致的病害。是一种叶部病害，可侵染绝大部分草坪草，尤其在西伯利亚剪股颖和草地早熟禾上。因其具有反复性，大大增加了防治难度。

（1）发生时期：早春到晚秋。

（2）症状：单株叶片受害，开始产生水侵状褪绿斑，逐渐从叶片的边缘向外扩展，当叶片变干后，形成漂白色或稻草色，并有红褐色边缘的病斑，呈漏斗状。从叶尖开始枯萎的症状也常见。单株草坪上出现凹陷、圆形、漂白色或稻草色的枯草斑，大小从 5 分硬币到 1 元硬币不等。清晨有露水时，在枯草斑上可以看到白色絮状或蜘蛛网状的菌丝，干燥时菌丝消失。

（3）病害防治：

1）科学施肥，以复合的肥料为主，并配以适量的微量稀有元素，以提高草坪的健康指数。

2）合理灌溉，避免在傍晚浇水或长时间浇水，致使土壤湿度大，易感染病菌。

3）通过打孔覆沙等作业降低枯草层厚度，缓解土壤紧实状况，促进草坪表层通风，减少遮荫，提高修剪高度等措施有利于减少币斑病的发生。

4）在发现并确诊币斑病害后，首要的策略是喷施杀菌剂菌杀进行控制，有较好的治疗效果。严重情况下复配使用三唑酮、甲托、恶霉灵对币斑病均效果显著。

5）温暖而潮湿的天气、形成重露凉爽的夜温、土壤干旱瘠薄、氮素缺乏等因素都可以加重病虫害的流行。

6. 锈病

锈病又叫黄粉病，可以浸染多种冷季型草坪，主要危害草地早熟禾、多年生黑麦草、狗牙根、高羊茅等，尤以草地早熟禾、黑麦草受害严重。

（1）发生时期：南方：4 ~ 6 月、秋末冬初；北方：9 月初~ 11 月底。

（2）症状：锈病主要发生在叶片和叶鞘，同时也侵染基部和穗部。发病初期病部形成黄褐色菌落，散出铁锈状物质。危害严重时会造成成片草坪枯黄的现象。

（3）病害防治：参考白粉病。

7. 白粉病

（1）发生时期：白粉病多发生于 4 ~ 5 月，7 月中旬~ 8 中旬出现白色菌斑，在 8 月底~ 10 月上旬达到盛期，主要侵染叶片和叶鞘，也危害茎秆。

（2）症状：叶片出现白色霉点，受害草株呈灰白色，仿佛罩上了一层白粉，后逐渐扩大成近圆形、椭圆形霉斑，变成污灰色、灰褐色。病情出现前期，草坪长势良好。发病初期叶片上出现 1 ~ 2 mm 大小的褪绿斑点，以后病斑逐渐扩大成近圆形或椭圆形绒絮状霉斑。初期白色，后变为灰白色或灰褐色，细观又如白色丝状物粘于叶子两面，极为明显。随着时间的延长（10 天左右），大面积相邻的草坪开始出现类似现象，远观似把白色涂料洒于草坪叶面上。霉斑表面着生一层粉状的分生孢子，后期出现黑色的小颗粒，即病原菌的闭囊壳。老叶发病通常比新叶严重。随着病情的发展，叶片变黄，干枯死亡。

（3）防治：参考 11.1.1 白粉病。

第 9 章

地被的养护

地被植物是指那些株丛密集、低矮，经简单管理即可覆盖在地表、防止水土流失，能吸附尘土、净化空气、减弱噪声、消除污染并具有一定观赏和经济价值的植物。它不仅包括多年生低矮草本植物，还有一些适应性较强的低矮、匍匐型的灌木和藤本植物。地被植物养护主要内容有浇水、修剪、施肥、病虫害防治、除草、补植、防寒等。

9.1 浇水

1. 浇水原则

（1）一般地被的浇水原则是“土不干不浇，浇则一次性浇透”。

（2）应根据地区气候特点、土壤保水、植物需水、根系喜气等情况，适时适量进行浇水。

（3）缺水地区多浇、高温时多浇、土壤干旱时多浇、喜水植物多浇。

（4）浇水时尽量保持小水慢浇，以防大水猛浇造成水土流失。

2. 浇水时间

（1）当年 12 月 ~ 次年 2 月：土壤封冻，不必浇水。若设防寒棚的苗木需定期掀开棚布，检查水分情况，若有脱水情况，需适当补水。

（2）3 ~ 5 月：东北地区根据土壤解冻情况浇足返青水；为防止春旱，每月浇水 4 ~ 5 次，浇水在 9 ： 00 ~ 16 ： 00 进行。

（3）6 ~ 9 月：连续有效降雨前后 3 天左右不必浇水。如遇持续半个月以上无有效降雨天气，每隔 3 ~ 5 天浇水 1 次，浇水在 10：00 以前或 16：00 以后进行。

（4）10 ~ 11 月：北方地区，浇足封冻水后，休眠期不必浇水。

3. 注意事项

（1）由于地被植物根系浅，易发生缺水死亡，在生长季均需补充足够的水分。新植苗木在种植后需及时充足灌溉，保持墒情。

（2）无论是人工水管浇水、汽油机抽水浇水、水车高炮浇水，水流都不应过急，应洒成散雾状，严禁用高压水流冲刷。

（3）使用喷灌设施和移动喷灌时应开关定时、专人看管，喷灌量以地面刚刚产生径流为准。

（4）浇灌时水管不能从地被植物上拖拉及搁放，以免损坏地被。

（5）使用喷灌时注意周围植物是否喜水，若周围有需要控水的植物，停止喷灌改用水管定点浇水。

（6）关注天气变化，在有效降雨前无须浇灌，节约人力和水资源。

（7）根据土壤干湿度进行浇水，浇灌必须浇透根系层，但不允许积水造成苗木萎缩烂根。

（8）在使用再生水浇灌时，水质必须符合园林植物灌溉水质要求。

9.2 修剪

由于地被植物景观表现在下层，需要在生长季控制在一定高度，表现出层次、轮廓、线形、模纹等景观要求，因此修剪的频次较高，是绿化养护重点内容之一。

1. 修剪质量要求

（1）修剪工作必须按规定的造型进行修剪，不允许随意改变造型。

（2）地被小灌木及亚灌木每年留取部分新枝作为更新枝，不要每年都修剪在同一高度，几年后当高度超出设计要求时，在春季芽苞刚刚开始膨大时一次性回缩到位。

（3）两片相邻地被之间要留有缝隙，大叶植物留缝 10cm，小叶植物留缝 5cm。

（4）地被植物上不能存在枯枝落叶、残留修剪枝条等杂物。

2. 修剪时间

（1）地被小灌木及亚灌木常规 4 ~ 5 月每月修剪一次。

（2）6 ~ 10 月每月修剪两次。

（3）当年 12 月~次年 3 月处于休眠期的地被禁止修剪，实际情况按当地气候、苗木生长状况掌握修剪次数。

3. 修剪方法

（1）按照所确定的绿篱（色块）高度进行修剪，一般先用线绳定形，再以线为界进行修剪（经验丰富的可不必定线，直接修剪）。

（2）在生长期内对所有新梢进行多次修剪，以降低植株的分枝高度、多发分支，提早郁闭。

（3）在绿篱（色块）定形以后，适时地剪去超出轮廓的新梢，以保证绿篱（色块）的整齐美观（图 9-1）。

图 9-1 绿篱修剪

4. 修剪类别

（1）在 4 ~ 10 月生长季用手剪或绿篱机将新生枝修剪至合适高度，一般每月 2 ~ 3 次，新生枝达到 5 ~ 10cm 即需要修剪，每年整形修剪不少于 3 次。

（2）修剪应使绿篱及色带轮廓清晰、顶面平整、高度一致、层次分明、曲面平顺、线型流畅整齐、侧面上下垂直或上窄下宽。

（3）修剪后要及时清理碎枝、碎叶。

（4）开花植物花前慎剪（如木芙蓉）。

（5）对枝条较粗、叶片较大的要用小枝剪修剪。

（6）绿篱及色带每次修剪高度较前一次修剪应提高 1cm。

5. 注意事项

（1）地被植物在雨天及有露水时，忌修剪。

（2）以观花为主的地被，在花期后修剪。

（3）同一块地被应在当天工作日内修剪完毕，以免影响美观。

（4）边修剪边清理干净修剪后的枝叶。

（5）必须按规定的造型进行修剪，不允许随意改动造型。

9.3 施肥

常用肥料有：有机肥、速溶性复合肥、有机复合肥、无机复合肥、长效有机肥、磷肥、钾肥、磷钾肥、控释肥、缓释肥、中微量元素肥、叶面肥等。需根据苗木实际情况灵活应用。

1. 施肥原则

（1）施用的肥料种类应视树种、生长期及观赏特性等不同要求而定，常规施肥除治疗一些缺素病外，施用无机肥主要以适于植物生长及易于长时间维持景观效果的复合配方为主，有机肥与无机肥根据植物现实需要交替使用。

（2）观花地被在孕蕾期前及花期后可进行肥料补充，主要是磷钾肥或有机类肥料。

（3）施肥后用扫把等拍打叶片，将易留存肥料的植物轻轻拍下残留的肥料（叶腋接住肥料后不易掉下的植物需要蹲下单棵追肥），并马上浇水以避免造成肥害。

2. 施肥时间

应根据土质、天气、生长情况、植物特性、特殊区域及栽植环境等因素合理安排施肥时间。

（1）地被植物在当年 12 月~次年 3 月内可施有机肥一次，每次施肥 15 ~ 30g/m^2；在 4 ~ 10 月生长期，每两个月施肥一次，每次 10 ~ 15g/m^2；观花的地被植物在花期前施一次营养肥，花期后施一次复壮肥，以有机、无机复合肥为宜，每次 15 ~ 25g/m^2；10 月可对生长旺盛的植物施用一次磷钾肥，以促进新枝木质化增强抗逆性，防止在冬季发生冻害。

（2）在春季解除休眠后追施高氮、低磷、中钾类复合肥有利于及早恢复景观效果，景观效果恢复之后以撒施成品有机肥为主。

（3）夏季至中秋主要撒施成品有机肥。晚秋休眠前施用有机肥或高磷钾复合肥增强冬季抗逆性，以利于春季景观效果的更好体现。地被生长期施肥每月一次。

（4）休眠期禁止施肥。

3. 注意事项

（1）施肥宜在晴天撒施，施完后马上浇水以溶解肥料。如选择降雨前追肥，当天未降雨或降雨量较少时要马上补水。

（2）在根部施肥结合喷施叶面肥，叶面肥喷施除缺乏一些中微量元素单独喷施外，另外可与很多中性或酸性杀虫杀菌药混合喷施；对不了解的配方喷施前须先做各植物品种实验，15 ~ 20 天以后经观察无不良反应再使用。

（3）施肥时间应在每日的 15 ： 00 时以后进行施肥，并同时浇水以避免造成灼伤。

（4）施肥一般在修剪后 2 ~ 3 天进行，一般不在修剪前和刚修剪完施肥。

（5）施肥方法为撒施，施肥要均匀适量，无烧苗现象。

9.4 除杂草

1. 地被中有杂草时需及时人工除草。

2. 除杂草要除早、除小、除了。还可以利用除草剂化学除草，阔叶草用阔叶除草剂，针叶草用针叶草除草剂，在使用除草剂时要注意药物对地被植物的影响。建议在小草期用合适的剂量，无露水时，小范围试验安全后再使用。

3. 地被植物每平方米杂草在 5 根以下，没有高出地被植物的杂草。

9.5 补植

1. 地被植物出现缺株或死苗要及时补植。

2. 补植地被植物来源：一是从市场上采购同品种、同规格的苗木；二是就近从绿地内同品种、同规格的地方间苗；三是重新拼植。

3. 地被苗到场 24 小时内补种完毕，并及时浇透水。

9.6 防寒

1. 防寒修剪

落叶后或入冬防寒前，进行适当修剪。

2. 防寒灌水

10 月下旬~ 12 月上旬，土壤日化夜冻时，灌透根系分布层 30 ~ 40cm。

3. 根部培土

灌完冻水并且表土不粘后，用细土、泥炭土、腐熟有机肥进行撒施 3 ~ 5cm。

4. 搭防寒障

10 月下旬至 11 月下旬，夜间温度在 0℃以上，或早霜来临前，用宽约 3cm 柔韧性较好的竹片，将两头削尖，交叉插于地被两侧成拱形，拱顶距植株约 20cm，侧面距植株约 15cm，竹条插入土中约 15cm（插入部位也可用小木桩加固），上覆盖绿色无纺布（绿色无纺布先根据面积裁剪缝接好）做成小拱棚，覆盖物与竹片用细绳绑扎，撑平整，下部留约 15cm 用土压实。一般两三年后的地被可不搭防寒障，或只在受风面搭防寒障。

5. 冬季防寒其他注意事项

（1）光照强或升温的天气需注意观察风障内的温度，高于 15℃要透气降温，进行适时适度开通风口（一般在背风向阳面打开），以免高温危害树木。

（2）检查防寒材料是否有破损及露苗，做好恢复。

（3）对特殊天气及时采取临时加盖防寒材料。

（4）及时清理树上和防寒架上积雪、挂冰等。

（5）冬季若出现土壤干旱现象时按“见干见湿”原则及时浇水。

（6）冬季风较大，需做好防风加固工作。

9.7 地被养护质量标准

1. 植物长势良好，同一品种整齐一致，枝叶紧凑。

2. 地被线条整齐、流畅、美观，随机抽查单位面积内无 10% 超过平整面 5cm 的徒长枝。

3. 不同地被植物间交界、地被与草坪交界线条分明，间隙约 5cm。

4. 无缺株、断层、无枯死株。

5. 无病虫害，或病虫害得到及时控制，不影响景观。

6. 与园建交界处土面不高于石材表面、不“光脚”（下部脚叶不空缺）。

7. 绿化带内无垃圾杂物，能见到土面的部位要求土壤平整无垃圾。

8. 地被植物上不能存在缺水萎缩和水涝萎缩现象。

9. 施肥适当，没有肥害现象。

10. 修剪下的枝叶及时清除。

9.8　低矮地被植物

9.8.1　马蔺（*Iris Lactea* Pall.）鸢尾科　鸢尾属（图 9-2）

1. 形态特征

马蔺为多年生草本。高 15 ~ 40cm，根状茎短而粗壮，下生坚韧细根，常聚集成团，基部残存纤维状的老叶叶鞘，红褐色或深褐色。叶线形，微扭转，先端渐尖，全缘，淡绿色，平行脉两面凸起。叶全部基生，成丛。花大，蓝紫色，1 ~ 3 朵。蒴果纺锤形，种子多数，近球形，红褐色，具不规则的棱。花期 4 ~ 6 月，果期 5 ~ 7 月。

图 9-2　马蔺

2. 分布

马蔺原产于我国，分布于黑龙江、吉林、辽宁、内蒙古、河北、山西、山东、河南、安徽、江苏、浙江、湖北、湖南、陕西、甘肃、宁夏、青海、新疆、四川、西藏。也分布于中亚细亚、朝鲜、俄罗斯、蒙古、阿富汗、土耳其及印度。

3. 生态习性

马蔺为喜温、喜光、耐寒和抗热植物，但有一定的耐阴性，在疏林下仍能生长良好，其植被一旦形成，几乎无需后期养护管理，也很少发生病害、虫害。马蔺适应性广，抗逆性强。在 5℃~35℃的积温期内都能良好生长发育，一般由北向南，其生育期随纬度降低和无霜期的增加而延长。较抗寒，刚返青的幼苗遇 -10℃霜冻也不会死亡。在华北和西北，夏季气候酷热，在持续 35℃以上的高温中仍能微弱生长。耐盐碱强，其种子在含盐量 0.44% 条件下正常发芽；在含盐量达 7%，pH 值达 7.9 ~ 8.8 的条件下仍能正常生长并开花结实，是难得的盐碱地绿化和改良的好材料。耐各种贫瘠土壤，但最喜黑土。马蔺在北方地区一般 3 月底返青，4 月下旬始花，5 月中旬至 5 月底进入盛花期，6 月中旬终花，11 月上旬枯黄，绿期长达 280 天以上。马蔺色泽青绿，花淡雅美丽，花蜜清香，花期长达 50 天以上。

4. 应用特点

马蔺适应性广，抗逆性强，马蔺的抗盐碱性和抗寒、抗旱能力已使其成为荒漠草原和盐生草甸的主要植被，也比较适合干燥、土壤沙化地区的水土保持和盐碱地的绿化改造。马蔺顽强的生命力及其耐粗放管理，使其非常适合我国北方和西部的城乡绿化及水土保持，在绿地，道路两侧，绿化隔离带现应用也较多。

9.8.2 垂盆草（*Sedum sarmentosum* Bunge）景天科 景天属（图 9-3）

1. 形态特征

垂盆草为多年生肉质草本。不育枝细弱，匍匐，节上生根。高 9 ~ 18cm，茎平卧或上部直立，匍匐状延伸，整株光滑无毛，长达 70cm，叶为三轮生，倒披针形至长圆形，长 15 ~ 25mm，宽 3 ~ 6mm，先端近急尖，基部有距，全缘。花茎高 10 ~ 30cm；花序聚伞状，顶生，花瓣 5，淡黄色或黄色，披针形至长圆形，花期 5 ~ 6 月，果期 7 ~ 8 月。

图 9-3 垂盆草

2. 分布

垂盆草分布于中国吉林、辽宁、华北、华东等地。辽宁省的辽南、辽西地区常生于山坡岩石缝隙中。朝鲜、日本也有分布。

3. 生态习性

垂盆草喜欢温暖湿润的气候条件，在温带、暖温带及亚热带都有广泛的分布。垂盆草耐干旱，耐高温，在45℃左右的高温，也能旺盛生长；抗寒性强，在沈阳最低气温达 –32℃时，能安全越冬，毫无冻害。对早霜和晚霜袭击也无不良反应；耐湿、耐阴、更耐瘠薄，能常年生长在山坡岩石缝隙之间；绿期长，观赏价值高，在沈阳绿叶观赏期达8～9个月，一般3月底返青，11月底枯黄。草姿美，色绿如翡翠，颇为整齐壮观；花色金黄鲜艳，观赏价值高。无病虫害、可粗放管理。

4. 园林应用

垂盆草常被用于草坪、地被、建植花坛、假山石缝，吊盆观赏，更适用于环境条件相对较为恶劣且粗放型管理的屋顶绿化，是一种价值很高的植物材料。

9.8.3 白车轴草（*Trifolium repens* L.）豆科 车轴草属（图9-4）

图9-4 白车轴草

1. 形态特征

白车轴草为多年生草本，叶层一般高15～25cm。主根较短，但侧根和不定根发育旺盛。株丛基部分枝较多，通常可分枝5～10个，茎匍匐，多节，无毛。掌状复叶，叶互生，具长10～25cm的叶柄，三出复叶，小叶宽椭圆形、倒卵形至近倒心脏形，长1.2～3cm，宽0.4～1.5cm，先端圆或凹，基部楔形，边缘具钢锯齿，两面几乎无毛；小叶无柄或极短；叶面具"V"字形斑纹或无；托叶椭圆形，抱茎。全株光滑无毛；花多数，密集成头状花序，生于叶腋，有较长的总花梗，高出叶面，含花40～100余朵，总花梗长；花萼筒状，花冠蝶形，白色，有时带粉红色。荚果倒卵状长形，含种子1～7粒，常为3～4粒；种子肾形，黄色或棕色。花期5月。

2. 分布

白车轴草原产欧洲，并广泛分布于亚、非、澳、美各洲。在俄罗斯、英国、澳大利亚、新西兰、荷兰、日本、美国等均有大面积栽培。白车轴草在我国中亚热带及暖温带地区分布较广泛。在四川、贵州、云南、湖南、湖北、广西、福建、吉林、黑龙江等省区均有野生种发现。在东北、华北、华中、西南、华南各省区均有栽培种。

3. 生态习性

白车轴草性喜温暖湿润的气候，不耐干旱和长期积水。耐热耐寒性比红车轴草、杂车轴草强，也耐阴，在部分遮荫的条件下生长良好。种子在1℃~5℃时开始萌发，最适气温为19℃~24℃在冬季积雪厚度达20cm，积雪时间长达1个月，气温在-15℃的条件下，能安全过冬。在短暂极端高温达39℃时，仍能安全越夏。喜阳光充足的旷地，在荫蔽条件下，叶小而少，开花亦不多，其产草量及种子产量均低。白车轴草适应的pH值在4.5~8.0。pH值在6~6.5时，对根瘤形成有利。白车轴草为簇生草坪草，靠匍匐茎蔓延，它也常表现为温暖潮湿气候的冬季一年生草。对土壤要求不严，耐贫瘠，耐酸，最适排水良好、富含钙质及腐殖质的黏质土壤，不耐盐碱。

白车轴草需水量和需肥量均较大，不仅生长盛期要供给充足的水肥，在越冬和种子发芽时也需要充足的水肥。水肥不足，生长缓慢，叶小而稀疏，匍匐枝减少，颜色不绿。

4. 园林应用

白车轴草管理简便粗放，繁殖快，造价低，可栽种在公园、绿地、道路两侧、机关单位、居住区、林荫下。因其与杂草有很强的竞争力，因而被广泛地应用运动场，飞机场的草皮植物及美化环境铺设草坪等、高速公路、铁路沿线、江堤湖岸等固土护坡园林绿化中，起到良好的地面覆盖和绿化美化效果，是防止水土流失的良好草种。

5. 其他车轴草

红车轴草、杂车轴草等。

9.8.4 羊胡子草（*Eriophorum scheuchzeri* Hoppe）莎草科 羊胡子草属（图9-5）

图9-5 羊胡子草

1. 形态特征

羊胡子草为多年生草本植物，丛生或近于散生，具根状茎，有时兼具匍匐根状茎。秆钝三棱柱状，具基生叶和秆生叶，秆生叶有时只有鞘而无叶片。苞片叶状、佛焰苞状或鳞片状；长侧枝聚伞花序简单或复出，顶生，具几个至多数小穗，或只一个小穗；花两性；鳞片螺旋状排列，通常下面几个鳞片内无花；下位刚毛多数，丝状，极少只有6条，开花后延长为鳞片的许多倍；雄蕊2～3个；花柱单一，基部不膨大，柱头3。小坚果三棱形。

2. 分布

羊胡子草广泛分布于北半球温带的沼泽地带。中国云南、四川、贵州、西藏、广西、湖北、甘肃等省区分布；印度、越南、缅甸、印度尼西亚也有。

3. 生态习性

羊胡子草稍耐阴，耐寒，耐干旱瘠薄，耐踏性差。

4. 园林应用

羊胡子草可用于园林观赏或人流较少的庭园草坪。

9.8.5 尖叶石竹（*Dianthus spiculifolius* Schur）石竹科 石竹属（图9-6）

1. 形态特征

尖叶石竹为多年生草本花卉，植株丛生，茎匍匐状，株高自然控制在8～10cm以内，叶茎较其他石竹为细。叶长5cm、宽0.2cm，簇生，长线型，端部尖。花朵5瓣，多朵顶生。

图9-6 尖叶石竹

2. 分布

尖叶石竹产于东北、内蒙古、河北（西北部）。生于草原、草甸草原、山地草甸、林缘沙地、山坡灌丛及石砬子上。俄罗斯、蒙古也有分布。

3. 生态习性

尖叶石竹耐寒、耐旱性极强且节水。具有较强的抗盐碱耐贫瘠的特点，对土壤的要求不高，在排水良好的沙质半沙质土壤中生长最好。

4. 应用特点

尖叶石竹适用于大型绿地、公园、地下设施的地面绿化，以及道路两侧、公路两侧和庭院绿化，也适合河道护坡、起伏土丘和山坡的绿化。

9.8.6 寸草（*Carex duriuscula* C.A.Mey.）莎草科 薹草属（图 9-7）

1. 形态特征

寸草为多年生草本。根状茎细长而匍匐。秆疏丛生，高 5 ~ 20cm，纤细，平滑，基部具灰黑色呈纤维状分裂的旧叶鞘，植株淡黄绿色。叶短于秆，宽 2 ~ 3mm，内卷成针状。穗状花序，卵形或宽卵形，长 7 ~ 12mm，直径 5 ~ 8mm，褐色；小穗 3 ~ 6 个，密生，卵形，长约 5mm，雄雌顺序，具少数花；苞片鳞片状；雌花鳞片宽卵形，长 3 ~ 3.2mm，褐色，具狭的白色膜质边缘，顶端锐尖，具短尖；花柱短，基部稍增大，柱头 2；果囊宽卵形或近圆形，稍长于鳞片，长约 3.5mm，平凸状，革质，褐色或暗褐色，基部具海绵状组织，边缘无翅，上部急缩为短喙，喙口斜形。小坚果，宽卵形，长约 2mm。花期 4 ~ 5 月，果期 6 ~ 7 月。

图 9-7　寸草

2. 分布

寸草主要分布在温带草原区。如俄罗斯，我国黑龙江、吉林、辽宁、河北、内蒙古、甘肃、陕西、山西、宁夏、新疆等省（区）均有分布。

3. 生态习性

寸草茎秆纤细，低矮，具有匍匐茎，竞争力强。适于寒冷潮湿区、寒冷半干旱区及过渡地带，喜生于干草原和山地草原的路旁、沙地、干山坡，为表层沙质化土壤上的植物，并经常混生在以禾草为主的干草原草群间。对土壤肥力的要求较低，适宜的土壤 pH 值为 6.0 ~ 7.5，具有耐旱，耐寒，耐阴等特点，适应性强，返青较早，绿期约 190 天。生长低矮，营养繁殖能力强，丛生，耐践踏。

4. 应用特点

寸草生长低矮，营养繁殖能力强，丛生，耐践踏，因此，是北方绿化城市的草皮植物，在干旱地区是良好的细叶型观赏草坪，也是干旱坡地理想的护坡植物。耐阴性极佳。

5. 其他薹草

异穗薹草、白颖薹草、针叶薹草等。

9.8.7　路边青（*Geum aleppicum* Jacq.）蔷薇科 路边青属（图 9-8）

1. 形态特征

路边青为多年生草本，叶片羽裂；花深红色。多年生草本，高 40 ~ 80cm。全株有长刚毛，基生叶羽状全裂或近羽状复叶，先端急尖，基部楔形或近心形，边缘大锯齿，两面疏生长刚毛，侧裂片小，1 ~ 3 对，宽卵形；茎生叶有 3 ~ 5 叶片，卵形，3 浅裂或羽状分裂，花果期 7 ~ 10 月。

图 9-8　路边青

2. 分布

路边青在全国各地均有分布。

3. 生态习性

路边青半耐寒，喜光，耐半阴，不择土壤，在疏松湿润的土壤上生长更为良好。

4. 应用特点

路边青极具自然气息，可与其他耐阴植被混合植于林下与林缘。

9.8.8　匍匐委陵菜（*Potentilla reptans* L.）蔷薇科 委陵菜属（图 9-9）

1. 形态特征

匍匐委陵菜为多年生匍匐草本。具纺锤状块根。茎匍匐长 10 ~ 50cm，节上生不定根。

基生叶为掌状复叶，小叶 5 枚，小叶倒卵形或长圆状倒卵形。叶缘具钝圆齿，叶背伏生绢状疏柔毛。花单生叶腋，花冠黄色，花期 5 ~ 7 月。

图 9-9　匍匐委陵菜

2. 分布

匍匐委陵菜广泛分布于欧洲至西伯利亚和中亚地区，中国内蒙古至云南的大部分地域都有分布。

3. 生态习性

匍匐委陵菜耐阴性强，抗旱耐寒，耐瘠薄，自然生长速度快。

4. 应用特点

匍匐委陵菜适于林下栽植。

第 10 章

园林机械使用

园林机械对提高园林养护效率、减少人力资源投入、节约经费具有重要作用。在园林养护中，日常使用的园林绿化机械有绿篱机、油锯、电动链锯；草坪机、割灌机；汽油水泵、潜水泵；打药机、背负式喷药喷粉机、背负式手动喷雾器等。

10.1 绿篱机

绿篱机又称绿篱剪，其依靠小汽油机为动力带动刀片切割转动，按刀刃种类可分单刃绿篱机（图 10-1）、双刃绿篱机（图 10-2）两种类型，适用于庭院、路旁树篱的专业修剪。

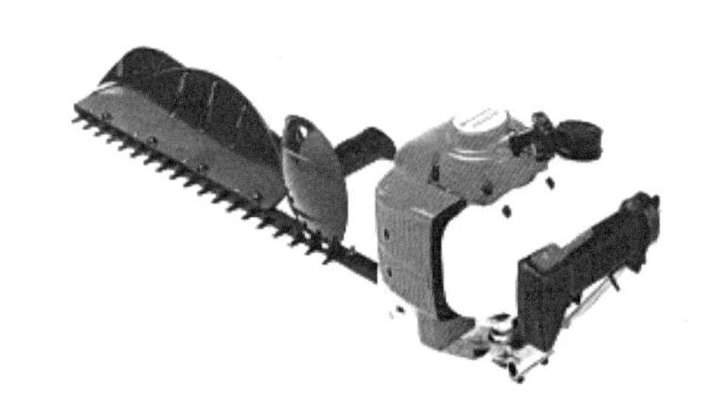

图 10-1 单刃绿篱机

图 10-2 双刃绿篱机

10.1.1 设备状况检查

1. 机器部件连接是否紧固。

2. 刀片是否出现崩刃、裂口、弯曲等情况。

3. 油箱油位是否过低，否则需补充燃料（燃料为机油、汽油按 1∶35 配制的混合油，配制比例不得超过 1∶50 或低于 1∶25；机油必须是 2 冲程的专用机油，汽油必须在 92 号以上，在 8 小时内配制完成，严禁使用配置好且久置不用的混合油），以不超过油箱的 3/4 为宜。

10.1.2 作业前准备

1. 进行修剪作业前，应在工作区域放置工作标识牌，半径 10m 内为危险区，行人等不得靠近。

2. 操作人员应穿戴合身的工作服、防滑鞋，戴防护眼镜、纱手套、安全帽等劳动保护品（图 10-3）。

图 10-3 劳动保护品

10.1.3 启动

首先扳动风门控制钮，使风门处于打开状态，接着把燃油开关及电子开关扳到打开位置，油门调至低速位置，抓住上把手，轻轻拉动传动引绳直至拉满，在顺着回弹力的方向慢慢回放，而后快速拉动引绳，启动机器（在拉引绳回放时，不得直接放开手柄，以免撞坏启动器）。启动时需注意以下事项：

1. 启动时，机体要放在地上按住，勿使加油柄碰到地面或周围障碍物；

2. 启动后，如调解阀安全退回但刀片仍旋转不停，则须停机对加油门以及其他部位进行检查；

3. 工作前，先怠速运转 1 ~ 2 分钟，使发动机预热后再进行下一步操作。如预热或实际工作过程中发现发动机冒黑烟，应立即停止机器，观察混合油配比是否正确，如混合油配比有问题，应导出机器油缸内的混合油重新配置；如混合油无问题又不确定真正原因，应立即停机，并进行检测维修。

10.1.4 作业

1. 作业时须集中精神，行走要稳，注意左右及前方人员情况，未观察确定背后情况下不得直接转身，不得闲聊、抽烟。

2. 作业时紧握机体握把，保持转速稳定，按水平面向前推进修剪，每工作一箱油或连续运行 2 小时，休息 10 分钟，中断作业时须将加油柄扳回到“启动速度”位置后再松开把手。

3. 每工作 25 小时，需给刀片、离合补充润滑油，用铁片或钢丝除去火花塞电极上的污尘，采用汽油或洗涤液清洗空气滤清器并浸上机油。

4. 石块、钢筋等坚硬物品应事先清理，若刀片碰到坚硬的东西时，应立即将引擎关闭，检查刀片是否磨损，发现有异常时，要中止作业并更换刀片。

5. 修剪时应及时去除缠绕在刀片上的枝叶，清除枝叶、机体检查或加油时，必须先关闭引擎，待刀片完全停止转动后再进行上述作业。

6. 碰到较大的杂苗或枝条时，应用手锯进行清理，不得强行使用绿篱机进行修剪。

10.1.5 停机

1. 停机时，发动机应怠速运转 1 ~ 2 分钟，然后关闭引擎，待机器冷却后检查与保养，禁止冷却前用手触摸消音器或火花塞，以免高温烫伤。

2. 完成工作后，应对机器机身及刀片进行清洁，并用稀释后的杀菌剂对刀片进行喷洒消毒，擦拭干净，防止下次使用时有病菌感染其他苗木，禁止用水冲洗。

10.1.6 储存

1. 到仓库归还机器时，在检查机器状况无误后，方可签字入库。

2. 机器存放时应将发动机和消音器上的油污、枝叶清理干净，燃油系统内的油应放净，确保刀片干净并涂防锈油。

10.1.7 保养及维护

1. 按产品使用说明书定期保养，清除草屑、土粒、杂物，清洁刀片并涂防锈油，检查是否有紧固件松动、零件丢失等现象，检查是否漏油。

2. 出现零部件严重变形、断裂、过量磨损或机件失灵均属大故障，需经彻底修复后方可继续使用。

3. 出现发动机启动不着或启动困难、输出功率不足、齿轮箱过热等情况时，应按机器说明书规定检查并修理。

4. 出现紧固件松动，电器接触不良等小故障时，在不影响工作质量及工作安全时，允许作业完成后再修理或调整。

10.2 油锯

油锯用于胸径在 15cm 以上死树伐除、树木修剪、松木干等支架切割、防寒设施中木质材料切割（图 10-4）。

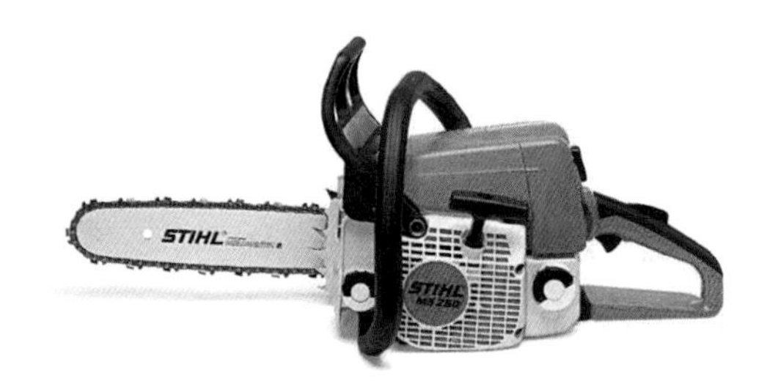

图 10-4 油锯

10.2.1 作业前准备

1. 按规定穿工作服和戴相应劳保用品，如头盔、防护眼镜、手套等，严禁佩戴其他装饰物品。

2. 启动前检查高枝锯的操作安全状况，不要在密闭的房间使用油锯。

3. 启动油锯时，必须与加油地点保持 3m 以上的距离。

4. 油品使用：

（1）汽油只能使用 90 号以上的无铅汽油，不能把油箱灌得太满，加油后拧紧油箱盖。

（2）机油只能使用优质的二冲程发动机机油，最好使用油锯发动机专用的二冲程发动机机油，以保证发动机有较长使用寿命。

10.2.2 启动

1. 启动方法

打开油开关，提上阻风阀按钮，打开电路开关，先慢慢拉开启动把手，当感觉到启动轴爪已勾上拨块后猛地拉启动绳启动（在未装减速箱时，不要启动油锯，以防离合块飞出，发生危险）。启动着火后，按上阻风阀拉杆使其处于全开状态。热机启动时，可少许提起阻风阀拉杆，启动后，压下该按钮。

2. 怠速的调整

怠速由化油器的怠速油针和锯把上（油门扳手）的怠速限位螺钉配合调整。怠速时锯链不应转动，怠速油针的开度一般在 3/4 圈左右。若转速较高，松限位螺钉也降不下来，说明供油太稀，应增大怠速油针的开度，转速会下降，应相应拧限位螺钉；若怠速不能长时间运转，速度慢慢下降，消音器排出的烟越来越浓直至灭火，表明供油太浓，应关小油针，转速会升高，应相应地松限位螺钉。

3. 高速的调整

高速由化油器的高速油针调整。高速油针的开度在一圈左右。若听起来转速很高，但工作起来感到力量不够，而且发动机温度较高，这说明供油太稀，应开大油针；若高速时发动机声音较闷、排烟较浓、猛松油门扳手发动机突然从高速回到怠速时，有灭火，停顿现象，表明供油太浓，应关小油针。

10.2.3 作业

1. 锯木

（1）将插木齿的最下面一个齿插入树干，使锯平稳，然后慢慢加大油门，进行切削。

（2）油锯马达比较大，一般情况开中等油门即可，锯链刚搭上树木时要轻而慢，切进去数厘米后再加大进给速度。

（3）锯木时，施加在锯把上的力量要与发动机的功率相适应，一发现卡锯现象，就应迅速减小油门并同时退锯，严禁在锯链被卡的情况下仍开大油门，这样会产生高温，使离合器弹簧失效，或大大降低离合器的使用寿命。

（4）锯木时应注意锯木机构的正确移动，严禁导板扭曲偏斜。

（5）在树木快要被切断时应拨出插木齿，不然容易折断插木齿，甚至造成事故。

2. 转移或加油

（1）在作业中短时间转移，油锯不应熄火，而应是怠速运转，但锯链不允许转动，以免造成事故。

（2）在中间加油时发动机应熄火，并关掉油路开关，待停机 15 分钟、发动机冷却后方可加油，发动机运转时加油容易发生火灾。

10.2.4 停机

1. 停机时，发动机应在怠速运转 1 ~ 2 分钟，然后再关掉电路开关停机，停机后再关油路开关。

2. 在使用过程中应随时观察油锯的工作状态，发现有不正常的情况时，应立即停机检查，不要带病作业。

10.2.5 保养及维护

1. 小时保养（即油锯每运转 50 小时后保养）

（1）拆下气缸，清除气缸燃烧室和排气口的积炭、散热片处的脏物，清除活塞顶部、活塞环、消声器口处积炭，注意不得损坏零件。

（2）清洗并检查曲轴箱、曲轴、连杆；清除飞轮、风扇、缸罩、启动器等零件表面的脏物，并检查是否有不正常现象。

（3）拆下化油器，清洗泵油室和平衡室。

（4）卸下离合块座和离合块，清洗并擦干离合器表面的油污，清洗被动盘的内表面。

（5）卸下减速油盖，用汽油清洗减速箱、油箱和滤清器，在轴承和齿轮上涂上黄油。

（6）在清洗过程中，应检查气缸、活塞、活塞环、连杆、大小头轴承付、减速箱齿轮、链轮等重要零件是否有严重磨损或损坏，及时修理或更换零件。

（7）清洗组装后，发动机应低速运转 10 分钟后才可以锯木；若更换过气缸、活塞、活塞环、曲轴杆总成等，应磨合 1 个小时方可锯木。

2. 每日保养

（1）卸下油锯导板，并用汽油或混合油洗净，将锯链泡入机油中，第二天再装上用。

（2）擦净外表所有锯屑、泥土等脏物。

（3）拆下空滤器滤网用汽油或混合油洗净。

（4）检查所有的螺母、螺钉是否紧固。

10.2.6 故障排除（表 10-1）

机械故障排除及解决方法 表 10-1

故障	排除方法
冷启动困难	（1）检查油箱是否有油； （2）油路开关与电路开关是否打开； （3）检查火花塞，若有油珠，表明供油太多，火花塞被淹死，须将气缸中的燃油排除，将火花塞擦干，再启动；若火花塞很干，应检查油针开度是否合适； （4）化油器是否堵塞或漏油，寒冷地区检查在化油器油路中是否结冰，若火花塞火弱或无火，先检查磁电机，若油路和电路都无故障，应检查油封、运动件是否有损坏
作业时停机后不易启动	（1）若在工作时发动机突然飞车后停机，再也不易启动，可能是油路系统的故障，无油、化油器堵塞、油管破裂、燃油中含水多等； （2）若在工作时突然“啪”的一声响后停机，再也不易启动，则可能是电路系统的故障，火花塞粘连、接头松脱等； （3）若正常的停机后不易再启动，应先检查火花是否弱，再检查油封、运动件等是否有损坏
发动机无力	（1）虽然无力但不过热，多半是由于油封破裂，单向阀片破裂，气缸、曲轴箱有漏气现象所造成； （2）若消音器排烟很稀、温度很高，可能是化油器供油太稀、混合油的混合比不对，燃油中含水、气缸壁和活塞、活塞环磨损等造成； （3）若感到发动机工作明显地变得“粗暴”无力的同时有过热现象，首先查看消音器排烟的浓度和温度，若浓度和温度正常，可能是气缸散热片堵塞、空气滤清器堵塞造成
油锯功率不足	先检查锯链润滑是否良好，离合器是否打滑，然后再检查发动机
锯切跑偏和不吃锯	（1）左右切齿锉磨角度不一致，导板头部两侧磨损不易都造成跑偏； （2）切齿的角度锉磨不对、限位齿太高，都造成吃不进锯

长期存放保养：

（1）使油锯发动机怠速运转，关闭油门开关，让化油器中的燃油用完。

（2）倒尽燃油，机油。

（3）油锯全部擦净。

（4）锯链、导板浸黄油后用塑料布包好。

（5）向气缸中倒入 10ml 机油，转动曲轴，以防内部零件生锈。

（6）卸下减速箱的前盖，放入少许黄油，转动链轮，以防内部零件生锈。

（7）在所有裸露在外部的钢制零件表面涂上黄油，以防生锈。

（8）封存的油锯应装入木箱中，放在干燥处。

10.3 割草机

割草机又称除草机、剪草机、草坪修剪机，可用于修剪草坪、植被。由刀盘、发动机、行走轮、行走机构、刀片、扶手、控制部分组成（图 10-5）。

图 10-5 手推式割草机

10.3.1 作业前准备

1. 调试草坪机，将集草袋从设备上拿开，折叠把手锁紧，检查停机装置是否可靠，带有离合器或紧急制动的设备应使离合处于分离状态。

2. 拣掉石头、树枝、电线、骨头和其他异物，规划好修剪路线，防止异物伤人或草屑向道路处排出。

3. 在防护罩、挡板和其他保护装备安装好前，不许开机。

10.3.2 启动

1. 将油门朝前扳到底，按压油帽，压下刀片控制手柄，将上扶手握紧。

2. 握紧动绳手柄，缓慢拉出绳子至汽油机的压缩行程开始点，将绳子回放少许，快速、连续拉动启动绳，启动后轻轻地将启动手柄放回止挡圈。

3. 汽油机启动后，油门扳手可以扳到所需的位置进行工作。

4. 离合空档调试：松开离合时，前后推动割草机，活动自如；压下离合，朝后拖动，割草机后轮应咬死。

10.3.3 作业

1. 剪草

（1）坡地剪草不许拖着割草机剪草，只能横向修剪，原则上不允许顺坡上下修剪，避免草皮露白茬，若作业场地确实狭窄，则小心顺坡修剪。

（2）在坡地或凹凸不平的草坪上作业时，应适当降低行驶速度，以防意外。

2. 草屑收集

（1）将紧固碎草挡板或侧管的翼型螺母拧下，取下碎草嵌块或者侧排管。

（2）放上集草袋适配管，用翼型螺母拧紧。

3. 发动机注意事项

（1）发动机不得超速运转。

（2）发动机过热时，应经怠速运转后才可停机。

（3）操作者中途远离剪草机时，发动机应熄火停机。

（4）发动机正在运转或发动机过热时禁止加油，等机械休息 5 ~ 10 分钟后方可加油。

10.3.4 停机

1. 发动机停止运转前，严禁检查和搬动剪草机，当心被排气管烫伤。

2. 转移作业场地时，应使割草机停止转动。

3. 当天工作完后，在作业现场彻底对机械各部件进行清洁，将机械上的油污、残渣等清理干净。

10.3.5 保养

1. 应按产品制造厂家规定的机器使用说明书正确维护保养。

2. 刀片不平衡、震动严重、操作者耳旁噪声超标、剪草抛出不理想、发动机启动困难、传动系统有严重响声及紧急制动系统失灵等故障，均属严重缺陷。一旦发生上述严重缺陷，必须彻底修复后，才允许工作。

3. 工作过程中发现紧固件松动等现象时，在不影响剪草质量及安全情况下，方可允许在作业暂告一段落，在工作现场停机修理，然后继续使用。

4. 剪草机储存时，燃油系统内的油应放净，将发动机和消声器上的油污、草屑等清理干净，储存在干燥、通风的屋内。

10.3.6 故障处理

1. 维修前

（1）进行任何修理之前都应拔掉火花塞线并接地。

（2）前后翻动机器时，应先将燃油倒尽，草坪机前后翻动不能超过 90° ，翻动时间也不能太长，因为机油可能进入汽油机顶部，造成启动困难。

2. 草坪机的故障检测与排除（表 10-2）

草坪机的故障检测与排除　　表 10-2

故障类型	原因	解决办法
汽油机没有反应	刀片离合手杆没有拉下	压下手杆
	火花塞线没有插下	将火花塞线插入火花塞
	油门扳手没有放在启动位置	将扳手扳到相应位置
	燃油箱油位很低或者燃油过期	向燃油箱加入新鲜干净的燃油
	油管不通	通油管
	火花塞故障	清洁火花塞，检查火花塞间距，或更换火花塞
	化油器呛油	油门扳到最大位置，连续拉动汽油机
汽油机熄火	机器在阻风或者启动状态运行	将油门扳到最大
	火花塞线松了	火花塞线插紧
	燃油管路堵塞	进行清洗，然后重新新鲜干净的汽油
	油箱盖的透气孔堵塞	清理通气孔
	燃油中混入了雨水或者尘土	将旧油放干净，换上新鲜干净的汽油
	空气滤清器脏了	清洗或者更换空气滤清器
	化油器配器不正常	进行必要的检测和调试
汽油机过热	机油太少	向曲轴箱加注必要的润滑油
	空气循环受阻	拆开导风罩并清洗
	化油器没有调校好	进行必要的检测和调试
高速运转时汽油机振歇	火花塞间隙不对	调校火花塞间距到 0.03″
	化油器怠速比没有调好	进行必要的检测与调试
过度震颤	刀片松了、弯了或失去平衡	立即停机！紧固刀片和连刀器；平衡打磨刀片；更换新的原厂提供的刀片
怠速运转时熄火频繁	火花塞太旧或点火间隙太长	调校点火频率或更换火花塞
	化油器没有调	进行必要的检测和调试
	空气滤清器脏了	进行清洗或更换
草坪机不能碎草	汽油机转速太低	把风门放到最大到 3/4 之间
	草坪湿度过大	等草干一些再剪草
	草坪过长	将刀盘高度调高，一次只剪草叶的三分之一。或者一次只剪半幅草
剪草质量不好	刀片钝了	磨刀或者更换新刀片
	轮子高度不一	把四个轮子高度调为一致

10.4 割灌机

割灌机（背负式割草机），实际操作时可以背负也可以手拎，它主要是用于大面积草坪的扫边或者修剪枯草灌木。在割灌机上配备一些可更换的附加装置或设备，还可用于除草、打穴钻孔、喷施农药等作业（图 10-6）。

图 10-6 割灌机

10.4.1 设备状况检查

1. 检查机体各部，在确认没有螺丝的松动、漏油、损伤或变形等情况后方可作业，特别是刀片和刀片连接的部位更要仔细检查。

2. 查看油箱油位，如果油位过低，则补充燃料，加油时禁止吸烟。

10.4.2 作业前准备

1. 作业地点须应先放置工作告示牌，15m 范围内为危险区。

2. 在开始作业前，弄清地形，清除可以移动的障碍物与草皮内的石块。

3. 加油时如燃料喷洒，一定要将机体上附着的燃料擦净方可启动引擎。

10.4.3 启动

1. 调节打草绳长 15cm 左右，打开风门，油门调至怠速或小油门位置。

2. 找处平缓地面，放稳机器，抓住上把手，轻轻拉动传动引绳直至拉满，在顺着回弹力的方向慢慢回放，而后快速拉动引绳，启动机器。

10.4.4 作业

1. 用吊带把机器背起，紧握机体把手，速度均匀，沿地面轻压草皮，开始割草，割草动作要一致，左右来回，保持草皮的平整（在割草时要避免传动器经常性撞击地面），中断作业时，将加油柄扳回到"启动速度"位置后再松开手。

2. 当刀片碰到石块等坚硬的东西时，应立即将引擎关闭，检查刀片是否磨损，发现有异常时，要中止作业并更换刀片。

3. 修剪时应及时去除缠绕在刀片上的枝叶，清除枝叶、机体检查或加油时，须先关闭引擎，待刀片完全停止转动后再进行上述作业。

4. 在开动机器进行修剪时，要注意左右及前方人员情况，不允许在未观察确定背后情况下直接转身，禁止吸烟、打闹。

5. 作业时如果割刀搅进的草过多，转速会降低，这时应使割刀暂离开草面，待提高转速以后再次吃进，每次吃进的深度可调浅一些。

10.4.5 停机

1. 停机前发动机应怠速运转 1 ~ 2 分钟，然后关闭引擎开关，待设备冷却后方可检查与保养，严禁未冷却后用手触摸消音器火花塞。

2. 工作完毕后应将刀片固定座打开，将草渣清理干净，并用干布擦拭齿轮盒及操作杆。

10.4.6 保养

1. 按产品制造厂家规定的机器使用说明书，正确维护保养。

2. 进行修理、调整时，应关掉引擎，并将火花塞拔掉后方可进行。

3. 长期放置时，应将燃料放掉，并启动发动机耗尽燃油系统中的汽油;将化油器放空。彻底清洁整台设备，特别是汽缸散热片和空气滤清器。

4. 清除机体的脏污，检查各部位有无损伤、松动，发现异常应彻底调整。

5. 机器放置在通风、干燥、安全处保管。

10.5 汽油水泵

常见的汽油水泵是一种离心泵，即在泵内充满水的情况下，发动机带动叶轮旋转产生离心力，叶轮槽道中的水在离心力的作用下流进泵壳，叶轮中心压力降低，与进水管产生压力差，使水由吸水池流入叶轮，从而不断地吸水、供水（图 10-7）。

图 10-7 汽油水泵

10.5.1 设备状况检查

1. 是否存在汽油或机油漏油。

2. 各接连部件是否紧固。

3. 油位是否过低，否则需补充燃油，油位不要超过过滤网顶部。

4. 检查机油油位是否过低，否则需加油至油口。

5. 空气滤清器滤芯是否干净、完好，如有必要进行清洗或更换。

10.5.2 作业前准备

1. 仓库领取汽油水泵需配进水管、皮管。

2. 到工作现场后，水泵整机应水平固定于地面，在进水口处接连进水管并拧紧，在出水口处接上皮管拧紧，进出水应防止漏气。

3. 拧开进水箱加注引水，加满拧紧，泵内无水，严禁启动。

4. 泵启动前应检查各连接部件，不得松动。

10.5.3 启动

1. 将燃油开关扳到打开位置。

2. 将阻风门拨到关闭位置（如发动机温度较高，阻风门无须关闭）。

3. 将发动机开关调至打开的位置，油门调至低速状态。

4. 轻轻将发动引绳拉满，再顺着回弹力的方向慢慢回放，而后快速拉动引绳，启动发动机（拉引绳回放时，不得直接放开手柄，以免撞伤启动器）。

5. 在发动机怠速运转 3 ~ 5 分钟后，逐渐把阻风门开关扳至打开位置，如设备阻风门已开，则此步骤省略。

6. 将调速手柄调至机器所需转速的位置。

10.5.4 作业

1. 水流量不宜过大，防止大流量时轴功率增大，使泵长期重负荷工作。

2. 正常运转后，注意检查，保证各部位处于正常工作状态。

10.5.5 停机

1. 在浇水结束后，将调速手柄按减小方向扳到底，依次将发动机开关、燃油开关扳到关闭的位置。

2. 卸下进水管、皮管倒出管内余留水并盘好。

3. 当天使用完毕，应将泵内水放尽，防止进水箱生锈。

4. 清洁皮管、进水管、机器。

5. 为了避免烫伤或者发生火灾，待发动机冷却后方能搬运或储存。

10.5.6 保养及维护

3 个月以上不使用的，按以下步骤进行保养。

1. 将油箱和化油器中的汽油放净。

2. 将曲轴箱中的机油放净，加注新机油到机油尺的油位上限。

3. 关闭阻风门，并将启动器手把拉起到感到有阻力的地方。

4. 将机组擦拭干净，用纸箱或塑料罩罩住，防止灰尘。

10.5.7 机械故障排除（表 10-3）

机械故障排除　　表 10-3

故障	原因	解决方法
发动机不能启动	火花塞被淹或火花塞表面有较多污垢	更换火花塞
	发动机是否处于打开位置	将开关打开
	润滑油是否充足	补充润滑油
启动后不出水或出水量小	没有灌引水或灌引水不足	排尽空气加满引灌水
	进水管探头堵塞	清除堵塞物、检查底阀
	进水管探头露出水面	重新压入水中

10.5.8　储存

设备使用完毕后，由机修检查正常后归还仓库，并签字确认。

10.6　潜水泵

潜水泵是潜入水中工作的提水机具，适用于从深井提取地下水，也可用于人工湖等提水工程。

10.6.1　设备状况检查

申领前须检查设备状况，确认正常后方可签字领取。

1. 机壳是否有裂纹，若有裂纹则不可使用。

2. 放气眼、放水孔、放油孔和电缆接头处的封口是否松弛。

3. 电缆线不要有接头，无破损、攀折、漏电现象，若有接头应绑扎好，破损、攀折的应改易新电缆。

4. 潜水泵应装设保护接零或漏电保护装置，若未装设则需更换。

5. 配用的橡胶管或帆管内径符合要求，无裂缝，出水管不要屈曲。

6. 仔细检查水管结扎是否牢固，放气、放水、注油等螺塞是否旋紧，叶轮和进水节无杂物。

10.6.2　作业前准备

1. 启动前对供电线路、开关施行各个方面检查，并在地面通电空转 3 ~ 5 分钟，若运行正常，再放入水中投入使用。

2. 潜水泵宜先装在坚固的篮筐里再放入水中，也可在水中将泵的四周设立坚固的防护围网。

3. 潜水泵放入水中或提出水面时，应先切断电源，严禁拉拽电缆或出水管。

10.6.3　作业

1. 泵应直立于水中，避免在含泥沙的水中使用，电缆不得与井壁、池壁相擦，若发觉漏电现象，应迅疾截断电源，检查处置。

2. 潜水泵不适宜过于频繁地开、停，停机后应间隔 3 ~ 5 分钟再启动。

3. 潜水泵不宜脱水运转，当池中水位降低时，应避免泵体露出水面。

4. 潜水泵每工作 50 小时后，应将其提出地面，对严密封闭件施行检查，以保证运用安全。

5. 当水泵运转后显露出来叶轮倒转时，应迅即停机，检查线路。

10.6.4 保养

1. 工作一年时间后，应换新马达腔内的机油（一般为 5 号机油或 10 号机油，不同牌号的机油不可以混合运用）。

2. 新泵或新换密封圈，在使用 50 小时后，应旋开放水封口塞，检查水、油的泄露量，检查后应换上规定的润滑油。

3. 潜水泵每用一年，对锈蚀情况检查，并去掉铁锈，涂防锈漆。

4. 潜水泵每使用两年，应施行各个方面检查，拆开全部的器件，施行检查、清洗、润滑油后，从新装配。

5. 潜水泵长时期不用时，应将其提出水面，擦干水渍。

10.6.5 故障排除

1. 无法启动

（1）原因

电源电压太低、电路某处断路、泵叶轮被异物卡住、电缆线断开、电缆线插头毁坏、三相电缆线中有一相不通、马达烧坏。

（2）排除办法

查出断电端由，并除尽杂物，改用较粗的电缆，改易新插头，检查开关出线头及电缆线，大修马达。

2. 泵启动后不出水，出水少或间歇出水

（1）原因

马达无法启动、管路拥塞、管路出现裂缝、吸水口露出水面、叶轮毁坏或反转、扬程超过潜水泵扬程定额值过多。

（2）排除办法

排除电路故障、除尽拥塞物、补焊或换管、重新安装、调换电源线接线位置、更换新件。

3. 马达无法启动并伴有声音

（1）原因

一相断路、轴承抱轴、叶轮内有异物与泵体卡死。

（2）排除办法

修复线路、修复或更换轴承、除尽异物。

4. 泵出水忽然中断，马达停转

（1）原因

空气开关跳开或断电丝烧断，电源断电，定子绕组烧坏，叶轮卡死，湿式潜水泵电机内缺水，充油式湿式潜水泵电机内缺油。

（2）排除办法

检查线路故障，检查断电端由，去除杂物，修理电机。

5. 电流过大，安培表指针来回摇动

（1）原因

轴屈曲，叶轮漫过深度不够，叶轮压紧螺丝松弛。

（2）排除办法

更换或修理轴承，送厂修理，调试油门儿，紧固螺丝帽。

6. 机组运行时猛烈振荡

（1）原因

马达转子不平衡、水泵叶轮不平衡、马达或泵轴弯曲。

（2）排除办法

更换马达转子、水泵叶轮或泵轴。

10.7 植保无人机（图 10-8）

图 10-8 植保无人机

10.7.1 作业前准备

1. 作业场地不得选择在禁飞区域内进行飞行作业。
2. 选择一处距离飞防作业区域相对较近、平整空旷的地块作为起飞降落地点。
3. 飞手应做好相应的安全防护（口罩、防护衣、护目镜、安全帽、胶皮手套）。
4. 检查无人机各部位零件是否松动；折叠机翼、是否稳定。
5. 检查无人机喷药系统是否正常。
6. 检查无人机电池电量、GPS、RTK、无线网卡、遥控器电量等。

10.7.2 启动

1. 无人机水箱内加注药液。
2. 启动遥控器、无人机电源开关。
3. 遥控器与无人机对频链接。
4. 喷药系统排气。
5. 启动无人机并检查各项指标。
6. 指标正常后起飞无人机。
7. 起飞后检查左右旋转、上升、下降、前进、后退是否正常。

10.7.3 作业

1. 将需要喷药地块进行圈地打点、标注障碍物、规划飞行作业轨迹。
2. 根据规划轨迹进行喷洒作业。

10.7.4 停机

1. 手动操控无人机飞回起降点，平稳降落。
2. 将药箱内剩余药业放掉。
3. 使用清水反复进行清洗水箱、管道、喷头。
4. 将无人机外部擦拭干净防止药液腐蚀。

10.7.5 保养

1. 每次飞防作业结束后立即进行清洗防止药液腐蚀。
2. 长时间不使用时应当将电池卸下，每月进行充电一次。
3. 机器及电池存放在干燥、通风地方，严禁在暴晒和潮湿的环境下存放。
4. 每年飞防结束后应当做进行一次专业保养。

10.7.6 注意安全事项

1. 操作人员须持有植保无人机系统初级操作手合格证方可作业。
2. 应在无风、晴朗的天气条件下进行喷药作业，雷雨天、大风天气禁止飞行作业。
3. 无人机 5m 区域内不得站立行人，飞手与飞机之间保证在 5m 以上的间距。
4. 无人机起飞降落应该选择在平整无障碍物的空旷地带。
5. 设定自动返航时应该具备在绝对空旷的地块。
6. 螺旋桨、机翼等部位要定期检查。
7. 在喷洒作业时合理的设定高度、飞行速度等相关参数。

8. 在障碍物较多的地块飞行时应该进行手动飞行。
9. 远离高压电线等强干扰、强磁场的区域。
10. 作业区域应当远离鱼塘、蜂场等抗药性差的养殖区域。
11. 在风力大于 3 级时应立即停止飞防作业。

10.8 打药机

打药机适用于园林病虫害的防治，用于公共设施的消毒与杀菌，还可配上推车用于城市绿化、公园和小区草坪等的喷雾（图 10-9）。

图 10-9　打药机

10.8.1 设备状况检查

检查设备的油量、吸水头、加压器、水枪、喷管等是否正常，加足汽油，确认设备完好。

10.8.2 作业前准备

1. 每次打药提前 2 ~ 3 天张贴打药通知，提醒市民注意安全，带好小孩，管好宠物等。
2. 严格按使用说明调配好肥料或农药，将工作区域内的无关人员劝离。
3. 操作人员须戴好口罩、胶手套，穿长衣长裤，戴防风眼镜，以防中毒。
4. 在无风的天气进行，以保证喷药的效果，避免用药浪费。

10.8.3 启动

1. 冷机启动时先关闭风门，将开关打向“ON”、油门调好、加压阀置于低压档，关闭喷枪。
2. 拉启动绳启动后打开风门，将喷枪拉到喷施点，开枪喷药或肥。

10.8.4 作业

1. 喷药时注意喷植物的叶背，避免药雾飘到旁边的植物上。

2. 喷药或喷肥过程中有人走过时要将枪头压低。

10.8.5 停机

1. 喷完药或肥后将开关打向“OFF”关机，收好高压管。

2. 将手、脸洗干净，漱口，更换衣服。

10.8.6 保养

1. 打药机保养

（1）喷雾后，应将各部位擦洗干净，药箱内不留残液。

（2）喷粉后，应将粉门药箱内外清扫干净。

（3）不使用时，应将药箱盖松开。

（4）清扫干净后，将清水加入药桶，低速运转 2 ~ 3 分钟，清洗药管药箱。

2. 燃油系统保养

（1）清灰：燃油里混有灰尘是发动机工作失调的主要原因，应经常清理。

（2）清油：油箱及化油器内如留有残油，一周不使用设备时，一定要将燃油放干净，并启动发动机自行把燃油耗尽。

（3）每天作业完成后都要清洗滤清器；海绵体需用汽油清洗，待汽油挤干后再装入。

3. 长期保存

（1）将机械外表面擦洗干净，在金属表面上涂上防锈油。

（2）拆下火花塞，向汽缸内注入 15 ~ 20g 二冲程汽油机专用机油，用手转动 4 ~ 5 转，将活塞转到上火点，再装上火花塞。

（3）旋下两个螺母取下药箱，将风门处及药箱内外表面清洗干净，特别是粉门部位，然后装入药箱，拧松药箱盖。

（4）取下喷洒部件清洗干净，另外存放。

（5）油箱内和化油器内的燃油应全部放干净。

10.9 背负式喷药喷粉机

背负式喷药喷粉机广泛用于较大面积的病虫害防治工作，以及化学除草、叶面施肥、喷洒植物生长调节剂、卫生防疫、消灭仓储害虫及家畜体外寄生虫、喷洒颗粒等工作（图 10-10）。

图 10-10 背负式喷药喷粉机

10.9.1 作业前准备

1. 检查各连接部分、密封部分和开关控制等是否妥当，以防出现松脱、泄漏等现象。

2. 严格按照要求的混合比配制燃料，保证润滑油足量。

3. 使用的药物、粉剂要干燥过筛，液剂要过滤，防止结块杂物堵塞开关、管道或喷嘴。

4. 喷药前首先校正背机人的行走速度，并按行进速度和喷量大小核算施液量，喷药时严格按预定的喷量大小和行走速度进行。

5. 背机人必须佩戴口罩，口罩应经常洗换。作业时携带毛巾、肥皂，随时洗脸、洗手，漱口。

6. 加药前，应将控制药物的开关闭合；加药后，应旋紧药箱盖。

10.9.2 作业

1. 作业时先将汽油机油门操纵把手徐徐提到所需转速的位置，待稳定运转片刻，才能打开控制药物开关进行喷洒；停止喷洒时，先关闭药物开关，再关闭汽油机油门。

2. 一般允许不停机加药，但汽油机应处于低速状态，并注意不让药物溢出，以免浸湿发动机、磁电机和风机壳，腐蚀机体；

3. 弥雾作业使用的药液浓度较大，喷出的雾点细而密，当打开手把开关后，应随即左右摆动喷管进行均匀喷洒，切不可停在一处，以防引起药害；

4. 使用长薄膜喷粉时，先将薄膜管从绞车上放出所需长度，然后逐渐加大油门，并调整粉门进行喷洒，同时上下轻微摆动绞车，使撒粉均匀；

5. 喷烟时，汽油机先低速运转预热喷烟器，然后徐徐打开喷烟开关，调节烟雾剂供量至适当烟化浓度，喷烟时汽油机控制在中速运转，停止时先关闭喷烟开关，后停机。

6. 喷洒较高的作物时，转速可偏高些，但要尽量避免发动机长时间连续高速运转；喷洒灌木丛时将弯管口朝下，防止雾粒向上飞扬。

7. 背机时间不要过长，应以 3 ~ 4 人组成一组，轮流背负，相互交替，避免背机人长期处于药雾中吸不到新鲜空气。

8. 避免顶风作业，禁止喷管在作业者前方以“8”字形交叉方式喷洒。

9. 本机工作药液浓度大，喷洒雾粒细，除人身要安全外，还应注意植物中毒，产生药害，操作人员有中毒症状时，应立即停止背机，求医诊治。

10.9.3 保养

1. 机具部分日保养

（1）药箱内不得残存粉剂和液剂。

（2）用清水洗刷药箱，尤其是橡胶件。汽油机切勿用水洗刷。

（3）检查各连接处是否漏水、漏油，并及时排除。

（4）检查各部件螺钉是否松动、丢失，若有，应及时旋紧或补齐。

（5）喷粉作业时，要每天清理化油器。

（6）保养后的机器应放在干燥通风处，勿近火源，避免日晒。

（7）喷管内不得存粉，拆卸之前空机运转 1 ~ 3 分钟，将残粉吹净。

2. 汽油机部分日常保养

（1）清理汽油机表面油污和灰尘。

（2）拆除空气滤清器，用汽油清洗滤网。

（3）检查油管接头是否漏油，结合面是否漏气，压缩是否正常。

（4）检查汽油机外部禁锢螺钉，如松动要旋紧，如脱落要补齐。

（5）保养后将汽油机放在干燥阴凉处用塑料布或纸罩盖好，防止灰尘油污弄脏，防止磁电机受潮受热，导致汽油机启动困难。

3. 长期存放

（1）将机器全部拆开，仔细清洗各部件油污灰尘。

（2）用碱水或肥皂水清洗药箱、风机、输液管，之后再用清水清洗。

（3）各种塑料件不要长期暴晒、不得磕碰、挤压。

（4）整机采用塑料罩盖好，放于干燥通风处。

10.10　背负式喷雾器

背负式喷雾器适用于小面积园林、农作物病虫害的防治，用于公共设施的消毒与杀菌，还可配上推车用于小区草坪等的喷雾（图 10-11）。

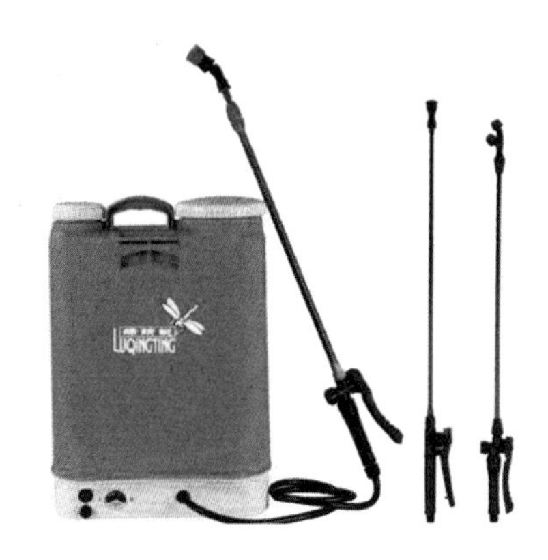

图 10-11　背负式喷雾器

10.10.1　使用

1. 使用时，要先加药剂后再加水，药液的液面不能超过安全水位线；喷药前，先扳动摇杆 10 余次，扳动摇杆时不能过分用力，以免气室爆炸。

2. 初次装药液时，由于气室及喷杆内含有清水，在喷雾起初的 2 ~ 3 分钟内所喷出的药液浓度较低，所以应注意补喷，以免影响病虫害的防治效果。

3. 工作完毕，应及时倒出桶内残留的药液，并用清水洗净倒干，同时，检查气室内有无积水，如有积水，要拆下水接头放出积水。

4. 若短期内不使用喷雾器，应将主要零部件清洗干净，擦干装好，置于阴凉干燥处存放；若长期不用，则要将各个金属零部件涂上黄油，防止生锈。

10.10.2　故障排除

1. 喷雾压力不足，雾化不良

（1）若因进水球阀被污物搁起，可拆下进水阀，用布清除污物。

（2）若因皮碗破损，可更换新皮碗。

（3）若因连接部位未装密封圈或密封圈损坏，可加装或更换密封圈。

2. 喷不成雾

（1）若因喷头体的斜孔被污物堵塞，可疏通斜孔。

（2）若因喷孔堵塞可拆开清洗喷孔，但不可使用铁丝或铜针等硬物捅喷孔，防止孔眼扩大，使喷雾质量变差。

（3）若因套管内滤网堵塞或过水阀小球搁起，应清洗滤网及清洗搁起小球的污物。

3. 开关漏水或拧不动

（1）若因开关帽未拧紧，应旋紧开关帽。

（2）若因开关芯上的垫圈磨损，应更换垫圈。

（3）开关拧不动，原因是放置较久，或使用过久，开关芯因药剂的浸蚀而粘结住，应拆下零件在煤油或柴油中清洗。

（4）拆下有困难时，可在煤油中浸泡一段时间，再拆卸即可拆下，不可用硬物敲打。

4. 各连接部位漏水

（1）若因接头松动，应旋紧螺母。

（2）若因垫圈未放平或破损，应将垫圈放平或更换垫圈。

（3）若因垫圈干缩硬化，可在动物油中浸软后再使用。

第 11 章

园林植物病虫害的防治

园林植物病虫害是一种较为常见的自然灾害，给园林植物造成的危害十分普遍，目前，世界各国对加强防治病虫害工作的意义都有充分的认识，把防治病虫害作为一项重要而长久的工作，采取各种措施保护园林植物资源。

病虫害会对一个地区或国家的园林植物及生态带来巨大的破坏，影响和干扰着园林植物资源的健康可持续发展。积极地了解病虫害，是解决病虫害的必要保证，其次加强防治病虫害能够把追求经济和社会效益和生态效益统一起来。通过病虫害治理来保护园林植物资源可谓利在千秋。

加强防治病虫害能够实现生态环境的平衡发展。常发性、高发性和危险性是世界范围内森林病虫害的共有特征。东北地区发生的多数病虫害，一旦出现发病之后其传播速度快、面积大，形成的危害较为重大。单一的病虫害治理手段，只能对某一种病虫害有效，但却会给其他物种或人类带来副作用或二次伤害。因此，科学的、综合的病虫害防治，一定是综合了多种技术手段和各种管理办法，做到了科学计划、步骤实施、突出重点、综合治理，不是杀鸡取卵，也不是竭泽而渔，更不是为了杀害病虫而全然不顾其他物种的存在，它能够最大限度地利用自然达到最科学的防治，真正实现和维护生态平衡，把因治理病虫灾害而产生的不良影响和次生灾害减少到最低。病虫害的防治能够实现园林植物资源的健康发展。

11.1 园林植物病害防治

11.1.1 白粉病类

由真菌中的白粉菌引起，多发生在叶片、幼果和嫩枝。病斑常近圆形，其上出现很薄的白色粉层，后期白粉层上散生许多针头大小的黄褐色颗粒，即病症；除去白粉层，可看到受害植物组织的黄色斑点即病状，如月季白粉病等（图 11-1）。

图 11-1 白粉病

该病菌适宜生长气温为 17℃~22℃、相对湿度在 80%以上。当温度在 20℃~30℃时，有利于孢子的形成，尤其是叶片长时湿润利于夏孢子的萌发和侵入。防治方法如下：

（1）加强科学的养护管理，不可过量施入氮肥，保持正常的磷、钾肥比例。

（2）合理浇水，避免湿度过大或过于干燥，要见干见湿，避免傍晚浇水。

（3）保证植物通风透光，以便抑制锈菌的萌发和侵入。

（4）前期预防可喷施戊唑醇 + 多菌灵，杀死病菌，病害发生严重期喷施三唑铜 + 甲基硫菌灵，效果更迅速。

11.1.2 锈病类

由真菌中的锈菌引起，发生于花卉的枝、叶、果等部位。病部可见锈黄色粉状病症，花卉受其危害多形成斑块、须状物或痛肿，如松叶锈病、月季锈病及梨、桧柏锈病等（图 11-2）。

病害防治参考白粉病。

图 11-2　月季锈病

11.1.3　斑点病类

由真菌、细菌等引起，多发生于植物的叶和果实上，是最常见的一类病害。斑点有大小、形状、色泽不同。常见的有角斑、福斑、漆斑、黑斑轮纹等。发病初期般塑绿变黄，后期病部坏死。外围边缘有明显的轮廓，斑点上常出现霉层或黑色小粒点，如月季花褐斑病等（图 11-3）。

图 11-3　月季花褐斑病

防治措施：斑点病应采取以加强和改善栽培控病措施为主，配合杀菌农药保护的综防措施。

1. 忌连作

因病残体是主要的初侵染源，故播前应彻底搞好清园工作以及避免连作。与水稻轮作一年效果较好。

2. 整地施肥

结合整地晒土起高畦，施足优质有机肥料，整平畦面以利灌排；避免单独或过量施速效氮肥，适当增施磷钾肥有增强抗性作用。

3. 喷药保护

发病初期可选喷：

（1）甲基托布津可湿性粉剂或氟硅唑咪鲜胺。

（2）百菌清可湿性粉剂或高科嘧菌酯百菌清倍液。

（3）氧氯化铜悬浮剂，隔 7 ~ 8 天喷一次，连续喷 3 ~ 4 次。

11.1.4　腐烂病类

为植物受真菌或细菌侵染后细胞坏死，组织解体所致。按发病部位的不同，可分为果腐、茎腐、根腐、花腐；按腐烂质地不同，可分为溃疡、流胶等，如杨、柳、苹果的腐烂病，桃的褐腐病等（图 11-4）。

防治措施：

在发病前，用护树大将军全面喷涂树体和地面消毒。15 天用药一次。

（1）加强经营管理，及时修枝间伐，通风透光，提高植株抗逆性。

（2）及时砍除病株烧毁，减少病原。

（3）选择当地抗逆性强的树种，营造混交林。

图 11-4　腐烂病

11.1.5　花叶或变色病类

花叶或变色病类多数由病毒、类菌质体及生理原因等引起。通常是整株性发病，病株叶色深浅浓淡夹杂，有的出现红、紫或黄化等症状，如美人蕉花叶病等（图 11-5）。

防治方法：

该病是由蚜虫传播，使用杀虫剂防治蚜虫，减少传病媒介。用氧化乐果或马拉硫磷、味衣、丙蚜松各喷施。用西维因、马拉松等农药防治传毒蚜虫；黄瓜花叶病毒有很多毒源植物，应及时清除。

图 11-5 美人蕉花叶病

11.1.6 肿瘤病类

常由真菌、细菌、线虫等引起。病株的枝干、叶和根部发生局部瘤状突起，如月季根癌病、樱花根瘤病等（图 11-6）。

图 11-6 肿瘤病

防治方法：枝干肿瘤病的防治应以预防为主。加强肥水管理，增强树势。冬季进行严格的清园消毒是樱花枝干肿瘤病防治的关键。尽量减少樱花树体伤口的产生，特别是大伤口。如产生伤口，应进行严格消毒和保护。早春发芽前可刮除病部，对伤口进行消毒和保护。

树体伤口处理：先用利刀仔细刮净老朽物或伤口，使之露出新组织，然后用 5 ~ 10 波美度的石硫合剂或 1% ~ 2% 的硫酸铜液进行消毒，最后涂抹伤口保护剂促其愈合。常见的伤口保护剂有桐油、液体接蜡、松香清油合剂等。也可用掺加杀菌剂的墨汁进行简单消毒保护，墨汁中可掺加的杀菌剂有甲基托布津、多菌灵等。现在市面上有很多成品果树伤口涂敷剂，其中大多数添加了促进伤口愈合的成分，这些涂敷剂也可在樱花伤口上使用。如果涂敷剂涂抹后颜色比较鲜艳，与周边的环境不相协调，可在涂敷剂中掺入适量墨汁后再涂敷。

11.1.7 丛枝病类

由真菌、病毒、类菌质体等病原引起。病株顶芽生长被抑制，枝条节间缩短成簇，如枣疯病等（图 11-7）。

物理防治：栽培防治选用抗（耐）病品种，适当调节播期、移栽期，使烟草幼嫩感病期避开叶蝉迁飞高峰期。清除田间周围杂草，消灭野生寄主。及时拔除田间早期病株，减少传染源。对发病的植株，可适当增施肥料，能减轻危害。

药剂防治：用氧乐果防治叶蝉。发病后，可喷洒 1000 倍液的四环素或土霉素药液进行防治，具有一定的防治效果。

图 11-7 枣疯病

11.1.8 萎蔫病类

由真菌、细菌引起。病株输导组织受侵害，细胞膨压下降，叶片萎蔫，一般为整株性发病。但常随发病部位和病状的不同分为枯萎、立枯、猝倒等，如：花卉立枯病（图 11-8）。

防治措施：

1. 将聚砹·嘧霉胺按比例稀释，在播种前或播种后及栽前早 10：00 前或下午 17：00 后苗床浇灌。

2. 在定植时或定植后和预期病害常发期前，将聚砹·嘧霉胺按比例稀释，进行灌根，每 7 天用药一次，用药次数视病情而定。

3. 药剂治疗：

叶面喷施：聚砹·嘧霉胺稀释均匀喷洒使用，病害严重时，可适当加大用药量。

灌根：对病株稀释进行灌根；若病原菌同时危害地上部分，应在根部灌药的同时，地上部分同时进行喷雾，每 7 天左右用药一次。

图 11-8 立枯病

11.1.9 畸形类

包括株形和器官各部位的变形，如叶片皱缩、肿大、矮化、徒长、花器变形等。常由真菌、病毒、生理因素所引起，如桃缩叶病、杜鹃叶肿病等（图 11-9）。

防治措施：

1. 初现病状而在病部未形成白色粉状物时，立即摘除感病组织，集中烧毁。不要将带病苗木引入无病区。

2. 发芽前喷 2 ~ 5 波美度石硫合剂。

3. 发病前，尤其在抽梢展叶时可喷洒波尔多液或代森锌。发病时喷洒代森锌，或 0.3 ~ 0.5 波美度石硫合剂 3 ~ 5 次。

图 11-9 蟥象危害幼果形成泪点及畸形

11.1.10 煤污病类

指果实和种子表面出现绿色、黑色、灰色霉状物，使种子、果实霉烂。爆污病多发生于果实和枝上，病部为层煤烟状物，影响植物呼吸和光合作用，常伴随蚧壳虫、蚜虫发生，如含笑煤污病（图 11-10）。

防治方法：一旦发现植株叶片上出现斑点，可剪除病叶，然后用清水冲洗，然后喷洒多菌灵水溶液进行防治。

图 11-10 煤污病类

11.2 园林植物虫害防治

园林植物害虫主要分为地上害虫和地下害虫。

地上害虫主要包括食叶类害虫、刺吸式害虫、蛀食性害虫。蚜虫、蚧虫、粉虱、蓟马和叶螨等刺吸式害虫，虫体小、繁殖力强、扩散蔓延快、危害初期症状不易发现，长期以来一直都是破坏园林植物生长的重要害虫。这些小生物往往会对人类的生活、生产产生负面影响，甚至会给植物带来死亡与严重灾害。

地下害虫是指生活史的全部或大部分时间在土壤中生活，主要危害植物的地下部分和近地面部分的一类害虫，又称根部害虫。地下害虫种类多、适应性强、分布广。常见的有地老虎、蛴螬、蝼蛄、金针虫、白蚁等。地下害虫长期生活于土壤中，形成了一些不同于其他害虫的危害特点：

（1）寄主范围广。各种蔬菜、果树、林木等的幼苗和播下的种子都可受害。

（2）生活周期长。主要地下害虫如金龟子、叩头甲、蝼蛄等，一般少则 1 年 1 代，多数种类 2 ~ 3 年发生 1 代。

（3）与土壤关系密切。土壤为地下害虫提供了栖居、保护、食物、温度、空气等必不可少的生活条件和环境条件，土壤的理化性状对地下害虫的分布和生命活动有直接的影响，是地下害虫种群数量消长的决定性因素之一。

（4）危害时间长，防治比较困难。地下害虫从春季到秋季，从播种到收获，危害持续在整个生长期，而且在土壤中潜伏，不易及时发现，因而增加了防治上的困难。

11.2.1　蚜虫类

在园林植物生产及栽培应用过程中，对于某些花卉植物来说，蚜虫是一种最难防除的害虫（图 11-11）。

1. 危害

蚜虫用它刺吸式的口器吸取植物体内的汁液，对植物造成直接的伤害。蚜虫在取食植物新生的部分时会使新生的叶片卷曲、变形，同时也会影响、阻碍植物的发育。此外，蚜虫会产生一种透明的、黏稠的、甜的液态物质，这种物质是烟霉存在的生长介质。它们会破坏或者降低植物的观赏价值。由于蚜虫蜕皮而产生的白色外皮，也会影响植物的观赏价值。此外，蚜虫也会传播有害的病毒。

图 11-11　蚜虫

2. 管理防治

清除杂草是减少蚜虫的一个预防手段。蚜虫以一些在温室常见的阔叶杂草为食。温室中的杂草为蚜虫提供了生存的场所，会使蚜虫大量地繁殖。此外，避免过量的施肥，因为过量的施肥会引起植株柔嫩多汁，吸引大量的蚜虫来取食。同时还会增强蚜虫的繁殖能力。

菊花、甘薯以及一些其他植物品种对不同种类的蚜虫的感受能力不同。为了阻止蚜虫大规模地发生，应该经常监测那些对蚜虫敏感的植物。在木本植物上的蚜虫，可在早春刮除老皮，修剪发病枝条，消灭越冬卵。

（1）生物防治

蚜虫常见天敌主要有瓢虫、草蛉、食蚜蝇、蚜茧蜂、蚜小蜂等。真菌天敌有蚜霉菌属，它在蚜虫的体外寄生。适当栽培一定数量的开花植物，有利于促进蚜虫天敌的活动。

在使用生物防除方法时，要先辨别蚜虫的种类，因为不同拟生物性昆虫有自己专一针对的蚜虫类型。此外，要保证在蚜虫群体数量变大和还未对植物体产生伤害之前释放拟寄生类昆虫和捕食性昆虫。

（2）药剂防治

蚜虫大量发生时，可喷施 40% 的氧化乐果、乐果、50% 马拉硫磷乳剂和喷鱼藤精

1000 ~ 2000 倍液。可以防治蚜虫的杀虫剂还有杀虫灵、丙二醇 - 丁基醚、石蜡油硫丹、川栋素。大多数杀虫剂是通过接触起作用，所以对植物充分喷施杀虫剂是很重要的。在使用内吸型杀虫剂（颗粒状或者液态）时，要确保对每一个装植物体的容器都要使用，如果遗漏会为蚜虫提供生存的场所。此外，循环使用不同作用方式的杀虫剂可以抑制蚜虫群体数量的增加。应注意，施用农药应在天敌昆虫数量较少，且不足以控制蚜虫数量的时期。

（3）物理防治

利用色板诱杀，在花卉栽培的温室内，可放置黄色粘板，诱粘有翅蚜虫，还可采用银白锡纸反光，防除迁飞的蚜虫。

11.2.2 螨类

俗称红蜘蛛，一般在植物的叶片上取食，直接破坏叶片组织。螨类不是昆虫，是属于蜘蛛类的节肢动物，和英妹、壁虱类同属纲。与昆虫不同，螨类没有触角、分节的身体和翅（图 11-12）。

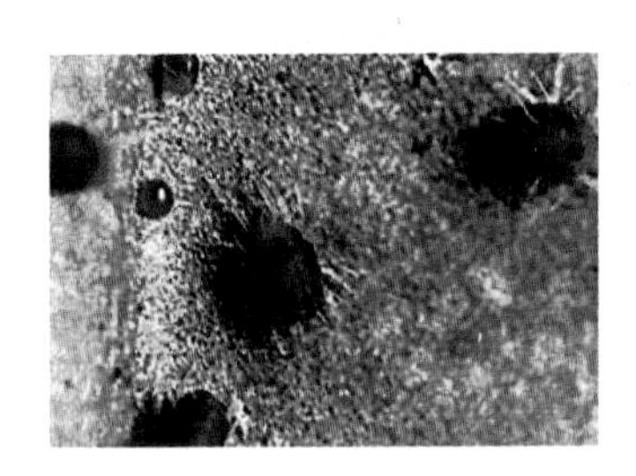

图 11-12 螨类

1. 危害

螨类危害很普遍，无论是草本、木本、阔叶、针叶、果树、花灌木等均受其危害，使叶片失绿，呈现斑点、斑块，或叶片卷曲、皱缩，严重时整个叶片枯焦，似火烤，顾其又被称为“大龙”。有些螨类可使树叶脱落。

2. 管理防治

螨类很容易通过风力、受感染的植物、器械、人工传播。控制植物材料的来源、良好卫生设施条件可以避免螨类的传播。定量使用杀虫剂也可减少病害的发作。在一些地区释放虫的天敌会有很好的效果。

（1）药剂防治

Abamictn，cinnamaldehyde，以及 pyidaben、IGPR 控制螨类很有效。窄谱杀虫乳油或皂剂等低毒性的杀虫剂，施用后防治效果很好。据报道，窄谱杀虫乳油对于食肉螨类几乎没有影响，所以当此类天敌出现时它是一个很好的选择。考虑到毒性对于农作物生长情况的影响，要适当减少使用的频率。更多具有持久性的杀螨剂是可利用的，包括氨基甲酸盐、有机磷酸盐和合成除虫菊酯。然而，这些物质能导致螨类、植物、天敌的生理变化，有时会增加螨类的数量。

（2）生物防治

螨类天敌种类很多，包括寄生性的病原微生物和捕食性天敌。在病原微生物方面如虫生藻菌和芽枝霉感染柑橘全叶螨，对该螨的种群数量有一定的抑制作用。在捕食性天敌方面，有捕食性民虫及捕食性螨类，如瓢虫科动的食螨瓢属，花蝽科的小花蝽，均可不同程度地捕食各种螨类。对于上述天敌，应注意保护。进行药剂防治时，要合理、适时地使用选择性杀虫剂。

11.2.3　蚧壳虫类（图 11-13）

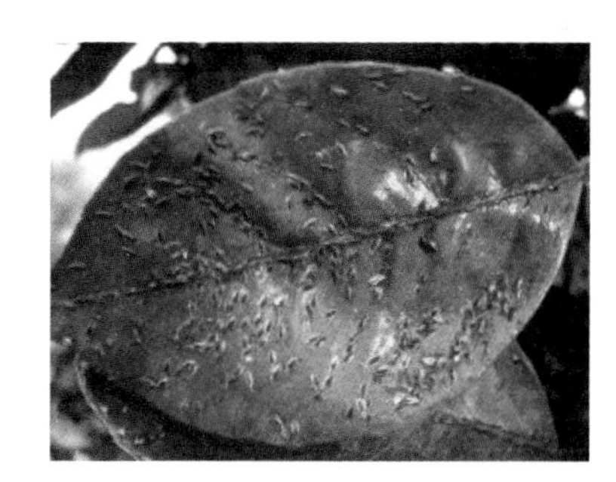
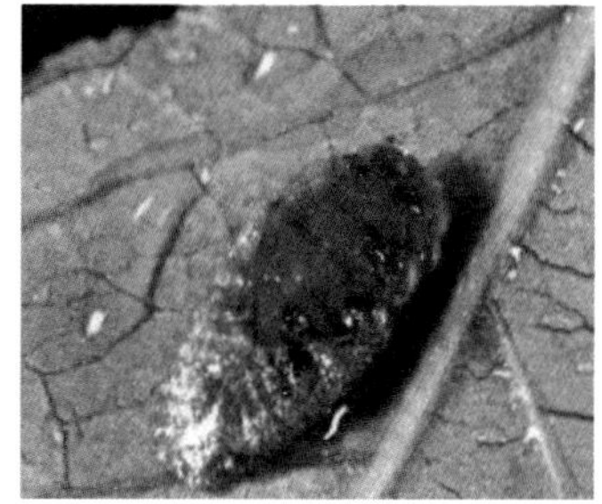

图 11-13　蚧壳虫

1. 危害

蚧壳虫类属于同翅目蚧总科。本类昆虫外观奇特，雌雄异形，雄虫具 1 对前翅，雌虫、若虫均无翅，口器发达，触角、复眼和足通常消失；体壁柔软，但多数具有蜡粉、蜡块、蚧壳等被覆物，药剂难以透入，防治困难。危害园林植物的蚧壳虫种类很多，其中以吹绵蚧、草履蚧、桑白蚧、朝鲜球坚蚧、松突园蚧的危害较重。

桑白盾蚧又称桑白蚧、桃白蚧、桑蚧壳虫，全国分布，主要危害桑、桃、李、油桐、青桐、榆、丁香、山茶、梅、杨、柳、苏铁、柑橘、桂花、葡萄、银杏等花木植物。桑白蚧 1 年发生 2 ~ 5 代，2 代区以受精的雌成虫在 2 年生以上的枝干缝隙内越冬。翌年春季树液流动时继续危害，至 4 月下旬开始产卵于介壳下，雌成虫随即干缩死亡，仅留蚧壳。卵期 7 ~ 14 天，5 月中旬孵化。小若虫先群集幼嫩枝条刺吸汁液，只需 8 ~ 10 天即可产生蜡粉，蜕皮后开始形成介壳，雌虫形成圆形蚧壳，雄虫蚧壳细长。6 月中下旬雄成虫羽化，交尾后随即死亡。雌成虫于 7 月中下旬产卵，平均每雌产卵 120 粒左右，卵产于雌虫身体后面，堆积于蚧壳下方，相连呈念珠状。8 ~ 9 月为第二代若虫危害期。3 代区若虫危害期分别是 5 月至 6 月上中旬、6 月下旬至 7 月中旬、8 月下旬至 9 月中旬。9 月下旬至 10 月，雌成虫受精后寻找隐蔽处越冬。

桑白蚧喜好荫蔽多湿的小气候，通风不良、透光不足的园林中发生较重。以 2 ~ 5 年生枝条受害最多。不同植株上若虫的性比不同，一般新感染枝条上雌虫数量较多，时间较久后雄虫逐渐增多，严重时蚧壳层层叠叠覆满枝条，远望呈灰白色，导致树木发育不良，甚至整株枯死。自然天敌有桑盾蚧褐黄蚜小蜂和红点唇瓢虫等。

朝鲜球坚蚧又称朝鲜毛球蚧、朝鲜球坚蜡蚧、杏毛球蚧，危害李、杏、桃、海棠、山楂、苹果、樱桃等，在山桃及杏树上发生普遍。上述蚧壳虫对园林植物的危害症状比较类似，均以雌成虫和若虫群栖在叶片、嫩芽、枝梢上吮吸汁液为害，造成植株树势衰弱，生长不良，叶色发黄、枝梢枯萎，引起大量落叶，严重时全株枯死。虫体排泄蜜露引发煤污病，阻碍植物光合作用和观赏。

朝鲜球坚蚧 1 年发生 1 代，以 2 龄若虫固着在枝条上越冬，外覆有蜡被。3 月中旬开始从蜡被里爬出另找固着点，以群居在枝条上危害植物，而后雌雄分化。4 月下旬至 5 月上旬雄若虫开始分泌蜡茧化蛹，5 月中旬羽化，交尾后雌成虫迅速膨大、硬化，腹面与树枝贴接处有白色蜡粉。5 月中旬前后为产卵盛期，雌虫产卵于虫体下面，每雌产卵 1000 粒左右，卵期约 7 天。5 月下旬至 6 月上旬为孵化盛期。初孵若虫分散到枝、时背为害，以叶痕和缝隙处居多，并分泌白色丝状蜡质物，覆盖虫体背面，6 月中旬后蜡丝逐渐溶化成白色蜡层，包在虫体四周。此时若虫发育极慢，越冬前蜕皮 1 次，10 月后以 2 龄若虫在蜡堆中进入越冬。

2. 管理防治

（1）加强检疫

引进和调运各种苗木，要严格执行检疫制度，防止松突园蚧等检疫性害虫的传入传出。带虫的植物材料应立即进行消毒处理。

（2）园林技术措施

结合修剪，剪除虫枝。松林应适当进行修枝间伐，保持植株生长地通风透光，增强树势，可减轻虫口危害。对草履蚧可于秋冬季节在树下挖除卵囊，集中销毁。早春在若虫上树前，树干上缠绕光滑的塑料薄膜，或涂以 20cm 宽的黏虫胶，可阻止若虫上树。虫量较少时，可以人工刷除或直接捏杀虫体。

（3）药剂防治

花木休眠期喷洒 3 ~ 5 波美度石硫合剂或 45% 晶体石硫合剂 20 ~ 30 倍液、含油量 95% 的机油乳剂 80 倍液或 10 倍液的松脂合剂。若虫活动期，可喷施 50% 杀螟松乳油或 10% 吡虫啉乳油、40% 杀扑磷浮油、25% 喹硫磷乳油、30% 蜡蚧灵乳油各 1000 倍液，48% 毒死蜱乳油、20% 甲氰菊酯乳油、3% 啶虫脒乳油各 1500 倍液。0.9% 爱福丁乳油 40 ~ 600 倍液等，药剂应轮换使用，以免产生抗药性。也可用 10% 吡虫啉乳油 5 ~ 10 倍液树干打孔注药，或地下埋施 15% 涕灭威颗粒剂。

（4）生物防治

蚧壳虫天敌种类多，数量大，是抑制其大量发生的主要因素，保护和利用天敌昆虫是控制蚧壳虫的有效方法。例如澳洲瓢虫、大红瓢虫等，因其捕食作用大，可以达到有效的抑制作用。其次，其他天敌还有小红瓢虫、黑缘红瓢虫、红环瓢虫和花角蚜小蜂等寄生蜂。

11.2.4 刺蛾类（图 11-14）

图 11-14 刺蛾类

1. 危害

刺蛾属于鳞翅目刺蛾科。幼虫多有鲜艳色斑和毒毛、枝刺，不慎接触可引起皮肤和黏膜中毒。园林中常见种类很多，危害严重的有黄刺蛾、扁刺蛾、褐边绿刺蛾等。几种刺蛾在全国各省区几乎都有分布，均为杂食性食叶害虫。

黄刺蛾又称痒辣子、洋辣子、八角等，可危害 120 余种树木，主要有杨、柳、悬铃木、樱花、核桃及蔷薇科果树等。

褐边绿刺蛾又称青刺蛾，分布广泛，但不及黄刺蛾发生数量多。

两种刺蛾均以幼虫食叶，严重发生时能将叶片吃光，影响树木生长。幼虫体被毒毛，刺人疼痒，是城市园林树木中极扰民的一类害虫。

黄刺蛾每年 1 ~ 2 代，以老熟幼虫在枝条上结茧越冬。翌年 5 ~ 6 月化蛹，6 月上、中旬成虫羽化。成虫白天多静伏在叶背，晚间活动，有趋光性但不强。产卵于叶背，散产或数粒聚在一起。卵期 5 ~ 7 天，初孵幼虫先食卵壳，再群集叶背啃食叶肉，残留上表皮成透明筛网状，3 龄后逐渐分散，4 龄后取食全叶，5 ~ 7 龄进入暴食期，危害严重。幼虫期 20 ~ 30 天，7 月开始老熟幼虫寻找适宜枝杈处固着，吐丝分泌黏液，硬化后做茧化蛹越冬。黄刺蛾的天敌主要有上海青蜂、螳螂、姬蜂、黄刺蛾核型多角体病毒等。

褐边绿刺蛾 1 年 1 ~ 2 代，以老熟幼虫在土层中结茧越冬，部分在落叶或树皮缝内。5 月上旬开始化蛹，5 月下旬可见成虫，成虫具趋光性，产卵于叶背主脉处，排列成鱼鳞状卵块，卵期 5 ~ 7 天。初孵幼虫群集叶背取食卵壳，后啃食叶肉，4 龄后分散危害。10

月上旬幼虫老熟入土结茧越冬。天敌有刺蛾紫姬蜂、核型多角体病毒等。

2. 管理防治

（1）物理防治

可用黑光灯或高压杀虫灯诱杀成虫。结合冬春剪枝，疏除黄刺蛾带茧枝条；冬春季组织人力挖茧，消灭土中和周围杂草中扁刺蛾、褐边绿刺蛾越冬幼虫；利用小幼虫群集性，在叶片开始出现白色网眼时，及时摘除有虫叶片。

（2）药剂防治

大量发生时，可选用 90% 晶体敌百虫 1000 ~ 1500 倍液，1% 杀虫素 2000 倍液，20% 菊杀乳油 1500 ~ 2000 倍液，50% 辛硫磷乳油 2000 倍液，Bt 乳剂 500 ~ 600 倍液等喷雾。

（3）保护利用天敌

如上海青蜂、螳螂、姬蜂、小蜂、蝇蛴、几种核型多角体病毒等。

11.2.5　叶甲类（图 11-15）

图 11-15　叶甲类

1. 危害

叶甲类属鞘翅目叶甲科。成虫体色多亮丽，成虫、幼虫均可取食危害。园林植物的叶甲类害虫主要有柳蓝叶甲、杨叶甲及检疫害虫椰心叶甲等。

柳蓝叶甲又称柳蓝金花虫。分布于华北、东北、西北、华中、华东等地，主要危害各种柳树。成、幼虫群居将叶片食成缺刻或孔洞，猖獗时叶片成网状，仅留叶脉；苗圃受害更为严重。

杨叶甲又称杨金花虫、赤杨金花虫、小叶杨金花虫。分布于东北、华北、西北、华北及西南各省市，成虫和幼虫危害各种杨树，取食芽及嫩叶，常把新芽、嫩叶吃光，使主梢秃顶，影响枝梢正常生长，是杨柳科植物的重要害虫。

柳蓝叶甲 1 年 4 ~ 5 代，以成虫在落叶、杂草、土缝中越冬。翌年 4 月上旬柳树发芽期成虫出蜇，时间较集中，出蛰后即上树取食芽、叶，并产卵于叶片上，卵成堆排列。

每雌虫平均产卵 1000 余粒，卵期 6 ~ 7 天。幼虫孵化后群集剥食叶肉成网状，严重时全树叶片均呈灰白色透明网状，影响树木生长。幼虫期约 10 天，老熟后在叶上化蛹。第一代虫态整齐，自第二代后有世代重叠现象，同一叶片可同时见到各种虫态。成虫具有假死性。柳蓝叶甲易在柳树较多或较集中的地方大量发生。

杨叶甲 1 年发生 1 ~ 2 代，以成虫在落叶、草丛里或土中越冬。翌春杨、柳发芽时成虫开始出蛰，上树取食芽和新叶。成虫白天活动，具假死性，喜爬行，经一段时间取食后开始交尾产卵，卵多成块产在叶背或嫩枝叶柄处，成黄色小堆。初孵幼虫先食卵壳，群集叶背啃食叶肉，叶片呈筛网状。2 龄后分散为害，3 龄后可以取食全叶。6 ~ 7 月老熟幼虫在叶片或嫩枝上倒悬化蛹，蛹期约 7 天。第一代成虫有越夏习性，8 月下旬复出为害，9 月可见二代成虫，9 ~ 10 月以成虫下树越冬。

2. 管理防治

（1）加强植物检疫

椰心叶甲是国内重要的检疫害虫，具有繁殖快、破坏性强和防治难度大的特点。应禁止从疫情发生区调入棕榈科植物，并加强对棕榈科植物的调运检疫。

（2）物理防治

柳蓝叶甲和杨叶甲成虫早春上树为害时，利用其假死性，震落捕杀。在树干堆草或绑草绳，诱集成虫越冬，集中杀死。冬、春季节清除墙缝、石砖、落叶、杂草下等处越冬的成虫，减少越冬基数。根据小幼虫的群集特性，生长季节摘除卵块及虫叶。

（3）药剂防治

在柳蓝叶甲和杨叶甲发生初期，选用 50% 辛硫磷乳油 1000 倍液、90% 敌百虫晶体 1000 ~ 1500 倍液、48% 毒死蜱乳油 800 ~ 1000 倍液、20% 菊杀乳油、2.5% 溴氰菊酯乳油 2000 ~ 4000 倍液进行喷雾。被害树木高大，难以喷洒药液时，可用打孔注药的方法。胸径 20cm 以下的打 1 ~ 2 个孔，20cm 以上的打 3 ~ 4 个孔，每孔注入 2 ~ 5 倍液 40% 氧化乐果溶液 5ml 并覆盖伤口；受害严重的，2 ~ 3 天后再往孔内注射一次药液，连用 2 ~ 3 次。

（4）生物防治

保护、利用天敌，如瓢虫、蝎椿、榆卵啮小蜂、椰扁甲、姬小蜂等。对椰心叶甲的生物防治，可以结合药剂防治，施用绿僵菌有较好的防效。

11.2.6 象甲类（图 11-16）

1. 危害

象甲属于鞘翅目象甲科。危害园林植物的象甲科害虫主要是杨干象和臭椿沟眶象甲。

臭椿沟眶象又称椿小象，我国东北、华北，西北、华中、华东等地均有发生。主要蛀食危害臭椿和千头椿，成虫取食嫩梢和叶片，造成树木折枝、皮层损坏。幼虫蛀食树皮和木质部分，严重时树木衰弱以至死亡。

臭椿沟眶象甲1年发生1代，以幼虫和成虫在树干内或土层中越冬。虫态不整齐。翌年5月化蛹，蛹期10～15天，6～7月成虫羽化。成虫有假死性，产卵前需补充营养。危害1个月左右开始产卵，卵多产在植物根际和根部。产卵前雌虫用口器咬破韧皮部，将卵推入树皮缝内。卵期约8天，初孵幼虫先明食皮层，后蛀入本质部内。苗圃幼林、臭椿纯林、行道树和零散栽植的树木受害较重。

图11-16　象甲类

2. 管理防治

（1）加强检疫

严禁带虫苗木及原木外运，发生区调运木材时必须就地剥皮，并用溴甲烷、硫既氟、磷化铝熏案处理，杀除可能隐藏的杨干象卵成幼虫。

（2）人工防治

成虫盛发期利用其假死性、群集性进行人工捕杀。秋季在树干涂白防治天牛成虫产卵。4月中旬开始，逐株搜寻可能有虫的植株，发现树下有新鲜虫粪、木屑，枝干上有虫蛀孔时，即用螺丝刀拨开树皮，此时幼虫在蛀境处附近，极易被发现，用螺丝刀挤杀或用包橡胶皮的锤子敲击，即可杀死刚开始活动的幼虫。有些地区使用小毛刷蘸醇酸调和漆，轻涂在树干有排粪孔的被害部位，阻塞排粪孔，同时油漆强烈的气味，也可使幼虫窒息而死。这项工作简便有效，掌握好时间，应在幼虫刚开始活动，还未蛀入木质部之前进行。

（3）药剂防治

成虫盛发期喷洒40%辛硫磷乳油或80%敌敌畏乳油800～1000倍液，2.5%溴氰菊酯乳油1500倍液，50%杀蜞松乳油100倍液，地面撒施5%辛硫磷颗粒剂，杀灭敌土中越冬的成虫和幼虫。幼虫孵化初期，在枝干被害处涂抹煤油和溴氰菊酯混合液（煤油∶2.5%溴氰菊酯原液=1∶1），毒杀刚注入韧皮部的小幼虫。

（4）注意保护和利用天敌

啄木鸟、蚂蚁等对其有一定的控制作用。

11.2.7 木蠹蛾类（图 11–17）

图 11–17 木蠹蛾类

1. 危害

木蠹蛾类属于鳞翅目木蠹蛾总科。此类昆虫均以幼虫蛀食枝干和树梢。园林中常见的有芳香木蠹蛾和咖啡木蠹蛾。

芳香木蠹蛾又称杨木蠹蛾、蒙古木蠹蛾，分布于华北、东北、华中、西北、山东等地。主要危害杨、柳、榆、丁香、刺槐等树木。幼虫蛀食枝干和根际木质部，形成宽阔的不规则虫道，使木质部和皮层分离，树势衰弱，枯梢风折甚至整株死亡。

芳香木蠹蛾两年完成 1 代，第一年以幼虫在被害树木的木质部内越冬，第二年幼虫入土越冬。第一年 4 ~ 5 月化蛹，5 ~ 6 月成虫羽化外出，成虫有弱趋光性，雌雄交尾后，产卵于 1.5m 以下的树干及根茎部的裂缝等处，每头雌虫平均产卵 200 余粒，卵成块状，每块一般有卵 50 ~ 60 粒。5 ~ 6 月间幼虫孵化，常十余头小幼虫群集钻入树皮蛀食为害，在树皮裂缝处排出细匀松碎深褐色木屑和虫粪，并有褐色树液流出。幼虫在皮层下蛀食，木质部表面形成槽状蛀坑，皮层极易剥离。虫体长大后蛀入木质部。受害严重的树木遍体虫伤，树皮易脱落，常造成死枝或死树，木材失去经济价值。10 月下旬在虫道内越冬。翌年 4 月中旬开始活动，9 月上旬后幼虫老熟，爬出隧道，在根际处或离树干几米处向阳干燥处约 10cm 深的土壤中结茧越冬。老熟幼虫爬行速度较快，遇到惊扰，可分泌出一种有麝香气味的液体，因此而得名。

2. 管理防治

（1）加强栽培管理

及时伐除枯死木、衰弱木，并注意消灭其中的幼虫。在成虫产卵期，树干涂白，以阻止成虫产卵。

（2）人工挖虫

生长期间经常巡查树干，发现树皮翘起，易剥离，内有湿润虫粪时，立即用小刀挖除幼虫，若幼虫已经蛀入木质部，可用铁丝钩杀，或用小刀挖出。

（3）药剂防治

6～7月，在树干1.5m以下至根部喷洒50%倍硫磷乳油400～500倍液，或20%喹硫磷乳油500倍液，20%氰戊浮油菊酯3000～5000倍液，2. 5%溴氰菊酯或40%氧化乐果乳油1500倍液，2.5%高效氯氰菊酯乳油2000倍液等，隔15天左右喷1次，连喷2～3次，以毒杀初孵幼虫。发现有新鲜虫类的排粪孔时，用80%敌敌畏乳油10倍液或40%氧化乐果乳油5～10倍液注入孔内，然后用泥将孔堵死。也可用磷化铝片剂，分成10～15小粒，每蛀洞内塞入一小粒，用湿泥封住洞口，同时兼治天牛等钻蛀害虫。

11.2.8 地老虎（图11-18）

图11-18 地老虎类

1. 危害

地老虎属鳞翅目、夜蛾科。危害重的种类主要有小地老虎和黄地老虎。在北方地区，黄地老虎发生也较为普遍。

黄地老虎1年发生1～5代，发生世代自南向北逐渐减少。主要以老熟幼虫在土中越冬，少数以3～4龄幼虫越冬。

初龄幼虫主要食害植物心叶，2龄以后昼伏夜出，咬断幼苗。老熟幼虫在土中做土室越冬，低龄幼虫越冬只潜入土中不做土室。春、秋两季危害，以春季危害最重。

黄地老虎耐旱，年降雨量低于300mm的西部干旱区适于其生长发育。土壤湿度适中，土质松软的向阳地块，幼虫密度大。灌水对控制各代幼虫危害有重要作用，可大幅度压低越冬代幼虫的基数。

2. 管理防治

（1）除杂草

杂草是地老虎早春产卵的场所，因此要及时清除苗床及圃地杂草，减少虫源。

（2）诱杀成虫

成虫发生期利用糖醋液或黑光灯诱杀成虫。

（3）人工防治

清晨检查，如发现被咬断苗等情况，应及时扒开被害株周围，捕杀幼虫。

（4）毒饵诱杀

在播种前或幼苗出土前，用 50% 辛硫磷 100g 加水 2.5kg，喷在 100kg 切碎的鲜草上，傍晚分成小堆放在田间，每 667m^2 用量 15kg。也可用防治蝼蛄的毒饵诱杀法。

（5）药剂防治

幼虫危害期，喷洒 20% 氰戊菊酯或 40% 毒死蜱乳油 1500 ~ 2000 倍液，或用 50% 辛硫磷乳油 1000 ~ 1500 倍液灌根。

11.2.9　蝼蛄（图 11–19）

图 11–19　蝼蛄

1. 危害

蝼蛄属直翅目、蝼蛄科。危害严重的有东方蝼蛄、华北蝼蛄两种。

东方蝼蛄属于全国性害虫，但以南方为多。华北蝼在北方各省危害较重。蝼蛄食性很杂，成虫、若虫均可为害。咬食各种植物种子和幼苗，尤其喜食刚发芽的种子，造成缺苗断垄；也咬食幼根和嫩茎，扒成乱麻状或丝状，使幼苗生长不良甚至死亡。特别是蝼蛄在表土层善爬行，造成种子架空，幼苗吊根，导致种子不能发芽，幼苗失水枯死。人常说“不怕蝼蛄咬，就怕蝼蛄跑”。

2. 管理防治

（1）减少产卵

施用厩肥、堆肥等有机肥料要充分腐熟，可减少蝼蛄的产卵。

（2）灯光诱杀

成虫在闷热天气、雨前的夜晚用灯光诱杀非常有效。

（3）鲜马粪或鲜草诱杀

在苗床的步道上每隔 20m 挖一小土坑，将马粪、鲜草放入坑内，清晨捕杀，或施药毒杀。

（4）毒饵诱杀

用 40% 毒死蜱乳油或 50% 辛硫磷乳油 0.5kg 拌入 50kg 煮至半熟或炒香的饵料（麦麸、米糠等）中作毒饵，傍晚均匀撒于苗床上。但要注意防止畜、禽误食。

（5）灌药毒杀

在受害植株根际或苗床浇灌 50% 辛硫磷或 40% 毒死蜱乳油 1500 倍液。

11.2.10 蛴螬类（图 11-20）

图 11-20 蛴螬

1. 危害

蛴螬是鞘翅目金龟甲幼虫的统称，是地下害虫中种类最多、分布最广、危害最重的一个类群。它以幼虫取食萌发的种子，咬断幼苗的根、茎，造成缺苗断垄，甚至毁种绝收。许多种类的成虫喜食各种植物叶片、嫩芽、花蕾，造成严重损失。在园林植物上危害较重的有大黑鳃金龟、暗黑鳃金龟、铜绿丽金龟等。

（1）大黑鳃金龟

我国仅华南地区 1 年发生 1 代，以成虫在土壤中越冬。其他地区 2 年完成 1 代，以成虫和幼虫在土壤中越冬。

我国北方属 2 年 1 代区，越冬成虫春季 10cm 土温上升到 14℃时开始出土，10cm 土温达 17℃以上时成虫盛发。6 月下旬至 7 月上旬为产卵盛期，8 月以后幼虫为害夏播作物。10 月中旬以后，幼虫开始向深土层转移，准备越冬。越冬幼虫次年春季气温达 14℃左右时上升危害，6 月开始化蛹，7 月开始羽化成虫，9 月达到成虫羽化盛期，当年羽化的成虫不出土即在土壤中越冬，直到翌年的 5 月下旬才开始出土活动。

（2）暗黑鳃金龟

苏、皖、豫、鲁、冀、陕等地均是 1 年发生 1 代，多数以 3 龄幼虫筑土室越冬。少数以成虫越冬。以成虫越冬的，成为翌年 5 月出土的虫源。以幼虫越冬的，一般春季不危害，于 4 月初至 5 月初开始化蛹，5 月中旬为化蛹盛期。6 月上旬开始羽化，7 月中旬至 8 月上旬为成虫活动高峰期。7 月下旬为卵孵化盛期，初孵幼虫即可害，8 月中、下旬为幼虫危害盛期。

（3）铜绿丽金龟

1 年发生 1 代，以幼虫在土中越冬。越冬幼虫在第二年春季 10cm 土温高于 6℃时开始活动，3 ~ 5 月有短时间危害。5 月开始化蛹，成虫出现在 5 月下旬，6 月下旬至 7 月上旬为产卵盛期。1 ~ 2 龄幼虫多出现在 7 ~ 8 月，食量较小，9 月后大部分变为 3 龄，食量猛增，11 月进入越冬状态。成虫昼伏夜出，有假死性和趋光性。

（4）习性

除丽金龟和花金龟少数种类夜伏昼出外，绝大多数金龟子是昼伏夜出，白天潜伏于土中或杂草与植物根际，傍晚开始出土活动，飞翔、交配、取食。金龟甲夜出种类多具趋光性，特别对黑光灯有趋性。金龟甲有假死性和趋化性，对牲畜粪、腐烂的有机物有趋性。绝大多数成虫取食补充营养，多数喜食榆、杨、桑、胡桃、葡萄、苹果、梨等林木。

2. 管理防治

（1）加强苗圃管理

圃地勿用未腐熟的有机肥，或将杀虫剂与堆肥混合施用。冬季翻耕，将越冬虫体翻至土表冻死。

（2）处理土壤

用 5% 辛硫磷颗粒剂 2.5kg 或 48% 毒死蜱乳油 250ml、拌细土 2.5kg，于犁前撒施，随后翻耕。

（3）落根

苗木出土后，发现蛴螬危害根部，可用 50% 辛硫磷 1000 ~ 1500 倍液灌注苗木根际。灌注效果与药量多少关系很大，如药液被表土吸收而达不到蛴螬活动处，效果就差。

（4）灌水

土壤含水量过大或被水久淹，蛴螬数量会下降，可于 11 月前后冬灌，或于 5 月上、中旬生长期间适时浇灌大水，均可减轻危害。

11.2.11 蝗虫

1. 危害状

危害草坪的蝗虫种类较多，主要有土蝗、稻蝗、菱蝗、中华蚱蜢、短额负蝗、蒙古疣蝗（疣蝗）、笨蝗、东亚飞蝗等。蝗虫食性很广，可取食多种植物，但较嗜好禾本科和莎草科植物，喜食草坪禾草，成虫和若虫（蝗蝻）蚕食叶片和嫩茎，大量发生时可将寄主吃成光秆或全部吃光。

2. 防治措施

一般每年发生 1 ~ 2 代，绝大多数以卵块在土中越冬。一般冬暖或雪多情况下，地温较高，有利于蝗卵越冬。4 ~ 5 月温度偏高，卵发育速度快，孵化早。秋季气温高，有利于成虫繁殖危害。多雨年份、土壤湿度过大，蝗卵和幼蝻死亡率高。干旱年份，在管理粗放的草坪上，土蝗、飞蝗则混合发生危害。蝗虫天敌较多，主要有鸟类、蛙类、益虫、螨类和病原微生物。

（1）药剂喷洒

发生量较多时可采用药剂喷洒防治，常用的药剂有 3.5% 甲敌粉剂、4% 敌马粉剂喷粉，用量 30kg/hm^2。25% 爱卡士乳油 800 ~ 1200 倍液、40.7% 乐斯本乳油 1000 ~ 2000 倍液、30% 伏杀硫磷乳油 2000 ~ 3000 倍液、20% 哒嗪硫磷乳油 500 ~ 1000 倍液喷雾也可防治。

（2）毒饵防治

用麦麸 100 份 + 水 100 份 + 40% 氧化乐果乳油 0.15 份混合拌匀，22.5kg/hm^2；也可用鲜草 100 份切碎加水 30 份拌入 40% 氧化乐果乳油 0.15 份，112.5kg/hm^2。随配随撒，不能过夜。阴雨、大风、温度过高或过低时不宜使用。

（3）人工捕杀。

附表 园林植物养护管理工作月历

月	养护管理措施
1、2月	全年中气温最低的月，重点是防护、防寒及除雪。 1. 防寒设施检查及维护：乔灌木防寒设施已经完成，重点检查防寒设施的完好情况，发现破损立即修补。雪后及时清理防寒设施及乔木上的积雪。清理的积雪需要堆在树穴下保墒。并注意美观。 2. 检查苗木是否缺水，如缺水尽量利用降雪堆雪进行补充水分，检查支撑是否有松动，如有要及时维护，检查是否有风折枝，及时清理，避免对行人产生危险。 3. 除雪 （1）小雪（降水量 0.8 ~ 2.4mm 以下）：主干道路、重点街路、坡路、弯路、桥梁在昼间降雪做到边下边清，其余街路在雪停后 10 小时内除净。 （2）中雪（降水量 2.5 ~ 4.9mm）：主干道路、重点街路、坡路、弯路、桥梁，雪停 20 小时内积雪清理干净；其余街路在雪停 72 小时内运出除净并清运完毕。 （3）大雪（降水量 5 ~ 9.9mm）：雪停后 24 小时内机动车道的积雪除净；非机动车道、人行道雪停后 36 小时内除净；积雪 96h 内运出。 （4）暴雪（降水量 10 ~ 19.9mm）：雪停后 36 小时内机动车道的积雪除净；其他街路在雪停后 72 小时内除净；雪停后一周内运出。 （5）特大暴雪（降雪量 20mm 以上）：根据降雪实际情况，按照除雪指挥部指令时限除净并运出。 （6）除雪标准：A 类做到 100% 露出黑色路面；B、C 类街路达到路面净、边石根净，无积雪堆放。行车道、超车道 90% ~ 95% (B 类 95%，C 类 90%) 以上露出黑色路面，3 条标线露出，没有露出黑色路面的部位应不连续。桥梁加减速车道、匝道露出黑色路面，连接线的积雪应清除干净。A、B、C 类街路人行道开通 1m 宽度以上的行人通道，标准同上。C 类街路积雪可整齐堆放到道路两侧绿化带内，并保持白雪状态。D 类街路硬化路面达到无冰包、冰棱，路面平整、露出 80% 以上路面，人行道开通 1m 宽度的行人通道。积雪整齐堆放道路两侧边石以上，达到无垃圾、黑雪盖帽的标准。路边停车场的积雪应彻底清除干净，露出停车标志线、见边石，不得向车行道抛撒积雪。 4. 计划制定：做好 3、4 月的物料购置计划及养护工作计划。
3 月	气温明显回升，下旬树木开始萌芽，做好春灌。 1. 防寒设施维护、通风及拆除：防寒设施及时维护保持有效美观。视天气情况，月初即可对防寒棚进行顶部通风，逐步加大通风量，保持棚内与外界温度一致。根据天气情况下旬开始拆除部分防寒棚。 2. 乔木支撑检查：春季风大且土壤开始融化，支撑发现松动、摇晃等情况立即对乔木支撑进行加固，春灌前完成。 3. 春灌：视土壤情况（土壤过干，且地温高于 3℃）中旬至下旬开始对乔灌木进行第一次春灌，本月优先保障去年新栽植苗木，保证一次浇透，浇足。 4. 修剪：以整形为主，衰弱树可重剪。对苗木的风折枝、病虫枝、断枝、枯死枝、内膛枝进行修剪并对苗木进行整形修剪，保证乔木树形优美。月底前完成全园区基本修剪。 5. 病虫害防治：在最低气温达到 0℃以上时喷洒 3 ~ 5 波美度的石硫合剂。 6. 枯枝落叶的清除。

续表

月	养护管理措施
4月	树木已经发芽展叶，气温回升明显，空气干燥，大风天气常态化。 1. 环境整改：伐除更换确定死亡的苗木，对沉降地形进行处理。补植乔灌木，月末可补植草皮。 2. 防寒设施拆除：去除缠干包裹物，防寒绷带回收。 3. 灌水施肥：上旬完成上月剩余的苗木第一次返青水浇灌，下旬视干湿情况完成第二次返青水浇灌。原则单次浇水，浇足浇透。避免水过地皮湿。第一次的返青水，延缓苗木发芽，以免遭受晚霜和倒春寒的危害。如果浇水过晚，则起不到防寒、防冻的作用。在4月上旬完毕。结合灌水对草坪乔灌木进行施肥，宜施有机肥复合肥。 4. 病虫害防治：上旬平均气温达到4℃以上，园区所有植物喷洒石硫合剂消杀。本月是防治越冬代病虫害的关键时期。要刮除树体上的各种蚧壳虫，减除天幕毛虫等虫卵，刮除病斑及老、死翘皮，清扫绿地内易藏病虫害的杂物，降低病虫的基数。本月需重点对杨柳、果木腐烂病、锈病等进行防治，害虫重点防治蚜虫、叶甲、天幕毛虫、蚧壳虫等。 5. 苗木修剪：地被去除枯死枝条，做好整形修剪，乔木以调整树势为主，宜轻剪。对苗木的内膛枝、徒长枝、平行枝、下垂枝、病虫枝、萌蘖枝等修剪到位，并要做到剪口平滑，对于较大的剪口要进行防腐处理。视草坪生长情况决定是否修剪。 6. 草坪管理：本月梳理枯草，土壤板结的需打孔松土，重点防除阔叶杂草，对斑秃现象进行及时更换。 7. 灾害预防：东北地区4月大风持续五六级以上，苗木倒伏多数发生在本月。苗木本月月初完成支撑整改，日常对松动支撑及时加固。
5月	气温急骤上升，树木生长迅速，有大风天气，注意防风预警。 1. 浇水：5月气温升高、雨水少，树木展叶盛期，需水量很大，应适时浇水，并进行中耕松土。 2. 修剪：对开花灌木进行花后修剪、对乔木进行适当修剪，除萌蘖。时花摘除败花。 3. 除杂草：及时拔草。 4. 病虫害防治：病虫害本月着重防治炭疽病、白粉病、锈病、叶枯病、叶斑病；食叶害虫：美国白蛾、天幕毛虫、叶甲、舞毒蛾、国槐尺蠖、黏虫、衰蛾、刺蛾、蚜虫、红蜘蛛、大青叶蝉；刺吸害虫：球坚蚧、白蜡蚧、粉蚧、吹棉蚧；钻蛀害虫：白蜡窄吉丁、杨干象、臭椿沟眶象、桃红颈天牛等。注意对金龟子成虫的消杀。重点为蚧壳虫，草坪白粉病，钻蛀害虫。草坪黏虫月末可能会发生。蛴螬、地老虎等地下害虫在往年发病较重的地块注意防治。 5. 树木支撑加固：及时检查，必要时辅助拉线对抗大风，确保苗木成活，5月上旬完毕。 6. 施肥：结合灌水追肥，可在5月上、中旬对弱树、花灌木、果树、草坪、宿根花卉等进行追肥，以有机肥复合肥为主，有条件的可以使用微生物肥料。对开过花的时花进行追肥。 7. 草坪管理：持续修补更换斑秃草坪，销售区高度保持4～6cm。其他区域不高于10cm，做好草坪打边工作。杂草以阔叶为主，伴有少量禾本科杂草。 8. 苗木复壮：根据树木的萌芽情况提前或延后。对贵重苗木进行缠干保湿，打营养液。确定大树健康无误后再撤出吊袋，并将输液孔封死。叶面喷施稀施美等微肥。新种植的苗木同时还要进行抗蒸腾剂喷洒。 9. 灾害预防：本月是4级以上大风多发月，而且土壤解冻疏松，苗木根系容易晃动，注意检查并苗木支架，如有松动及时加固，确保支架稳固。

续表

月	养护管理措施
6月	气温逐渐升高。做好防风工作，全面对排涝设施进行检查。 1. 抗旱排涝：继续抗旱，对绿植等要勤检查，发现旱情及时浇足水。浇水以干透浇透为原则，在干旱时期忌讳浅水勤浇，这样会使根系集中在地表，不利于抗旱。本月偶发暴雨，要注意防涝。同时做好松土工作能有效缓解旱情。 2. 修剪：继续对乔木进行剥芽除蘖工作，对灌木、球类及时修剪，修剪灌木球需要放量修剪。 3. 病虫害防治：要继续做好防治白粉病、叶斑病、锈病等，食叶害虫：铜绿色金龟子，第一代美国白蛾，国槐尺蛾、榆紫叶甲、柳蓝叶甲等，刺吸害虫：蚜虫、白蜡蚧，钻蛀害虫：桃红颈天牛，芳香木蠹蛾、白蜡窄吉丁、光肩星天牛等病虫害防治工作。 4. 施肥：对明显缺肥的植物进行追肥，以轻氮肥重磷钾肥为主。以复合肥为主，本月杜绝使用尿素对草坪追肥。时花可以适当追肥促花。 5. 乔木复壮维护：新种植苗木是养护重点，做好修剪，摘叶，进行生根剂，抗蒸腾剂处理。长势不良的乔木需准确判断原因对症治疗，及时挖开根系检查。杜绝熟视无睹现象发生。乔木支撑做好日常加固，随松随绑。杜绝积水，做好土壤微环境处理。 6. 草皮管理：及时对草坪进行修剪，重点地区高度保持 4 ~ 6cm。其他区域不高于 10cm，做好草坪打边工作；草坪坚持三分之一修剪原则保持美观。避免修剪不及时草皮过高倒伏，捂黄等现象。 7. 杂草防除：本月以防治禾本科杂草为主，草坪可以使用除草剂防治杂草或者人工清理。使用除草剂要注意药害。
7月	气温最高，进入雨季。 1. 灾情处理：做好紧急预案，准备人力机械物资，做好排涝抗风工作，做好日常巡视，加固支撑，发现苗木倒伏立即组织人力机械进行抢险抗灾。 2. 排涝浇水：7 月为雨季，对于因积水导致烂根的苗木，应起挖出来重新种植，并对腐烂根系断根、消毒处理。 3. 病虫害防治：本月为美国白蛾高发期，做好美国白蛾防治的同时做好蚧壳虫、柳毒蛾、叶甲、潜叶蛾、苹黑翅小卷蛾等防治。草坪病害以防治锈病、褐斑病、腐霉枯萎病病为主。地下害虫以防治蛴螬为主。红蜘蛛发生也较重。 4. 修剪：及时对乔木、灌木、绿篱、草坪进行修剪，本月草坪处于休眠期不宜修剪过短，应保持在 6 ~ 10cm。乔木进行剥芽除萌蘖，长势较旺盛乔木进行适当修剪，控制长势。及时去除时花的败花。 5. 草坪管理：重点做好病虫害防治工作，高温高湿有利于病虫害的发生，防治上应以预为主，喷药 2 ~ 3 次。 6. 杂草防除：绿篱、草坪禾本科杂草生长旺盛，人工拔除或喷洒除草剂。
8月	气温最高，有大风大雨情况，偶有短时干旱。 1. 灾害预防及处理：做好防涝、抗风工作，准备充分，发生灾害时能立即响应。日常做好支撑加固工作，将风险降到最低。 2. 反季节种植管理：新种植苗木是养护重点，做好修剪、摘叶，进行生根剂，抗蒸腾剂处理。长势不良的乔木需准确判断原因对症治疗，及时挖开根系检查。 3. 病虫害防治：防治木蠹蛾、蚧壳虫、槐尺蠖等虫害；防治月季黑斑病；注意防治草坪地下害虫。中下旬美国白蛾再次进入高发期。注意淡剑夜蛾对草坪的危害，如未被发觉，草坪有被吃光的危险。 4. 修剪：乔灌木草坪，及时修剪，销售区草坪应保持月修剪 3 ~ 4 次。 5. 浇水：8 月为高温高湿的多雨季节，注意苗木适时浇水，同时也要注意时花的适时浇水。

续表

月	养护管理措施
9月	气温下降，做好植物施肥工作。 1. 防治病虫害：消灭各种成虫和虫卵，特别注意草坪锈病及炭疽病的防治工作。 2. 修剪：乔木、花灌木及草坪生长迅速，要及时对乔木、灌木、草坪进行修剪。 3. 浇水：本月相对干燥少雨，保证苗木水分充足，遵循见干见湿原则。 4. 施肥：对于长势弱的树木施磷钾肥提高抗性，以有机复合肥为主，避免高氮造成抗性下降，草坪做好施肥，保证国庆效果的同时提高越冬能力。 5. 除草：国庆节前彻底消灭杂草，避免种子落到地面。 6. 草坪管理：本月草坪将恢复长势，加强水肥管理可提高草坪密度。月末前可适当修剪，如草坪长势弱，可月末喷施叶面肥催绿。
10月	气温继续下降，乔木逐渐落叶进入休眠期。 1. 修剪：对影响美观的绿篱及小乔木、灌木的轻度修剪。 2. 浇水：注意苗木、时花按需浇水，见干见湿。 3. 冬灌：下旬可开始进行第一次冬灌水浇灌。 4. 越冬前应对绿地进行病虫害消杀，采用晶体石硫合剂均匀喷洒，包括树干。 5. 物料的购置：根据现场的实际情况，申请11、12月的物料购置计划。 6. 进行冬季树木修剪：剪去病枝，枯枝、有虫卵枝及竞争枝、过密枝等，进行修剪行道树时，操作时要严格掌握操作规程和技术要求。注意安全。11月初在防寒设施做完前修剪完成。 7. 防寒保护：在11月下旬开始陆续对乔灌木进行防寒。上旬容易出现温度突降，做好时花防寒。新种植苗木可在灌水后松土，提高抗冻性。
11月	气温继续下降，重点防寒，加强落叶清理。 1. 防寒：继续进行乔灌木防寒工作。当年种植乔木、边缘树种缠干，对不耐寒灌木搭设风障或者防寒棚，要做好防寒、灌封冻水等措施，保证新栽植苗木安全越冬。对于部分怕冻的苗木可在浇冻水后松土、基本培土防寒，加强防寒效果。 2. 灌冻水：在封冻前完成冬灌工作，上中旬完成对草坪乔木的二次灌水。可灌溉时间段，务必准备充分。 3. 支撑：巡查，进行加固。 4. 清理花卉地上部分枯枝。 5. 库房管理：物品摆放整齐，账实相符，分类保管汽油、农药等危险品。园林机械保养、放油、放水、封存。
12月	气温较低，冬季养护工作量较小，保洁工作为重点。 1. 防寒设施维护：如有破损及时修补。 2. 计划制定：总结当年经验，制定下一年度养护保洁计划，根据现场的实际情况，申请下一季度的物料。 3. 库房管理：库房物品整理，物料工具出入库及领用登记统计，注意保管汽油、农药等危险品。

参考文献

[1] 车代弟 . 园林花卉学 [M]. 北京：中国建工出版社，2009.

[2] 刘承焕 . 园林植物病虫害防治技术 [M]. 北京：中国农业出版社，2011.

[3] 彭志源 . 最新园林花木育苗与栽培技术操作规范 [M]. 吉林：银声音像出版社，2004.

[4] 中国植物志编委会 . 中国植物志 [M]. 北京：科学出版社，2004.

[5] 孙吉雄 . 草坪学（第 4 版）[M]. 北京：中国农业出版社，2015.

[6] 陈友民 . 园林树木学（第 2 版）[M]. 北京：中国林业出版社，2011.

[7] 龚束芳 . 草坪栽培与养护管理 [M]. 北京：中国农业科学技术出版社，2008.

[8] 中国植物志［EB/OL］.http：//www.iplant.cn/frps.

[9] PPBC 中国植物图像库［EB/OL］.http：//ppbc.iplant.cn/.

[10] 百度百科［EB/OL］.http：//ppbc.iplant.cn/.

[11] 360 百科［EB/OL］.https：//baike.so.com/.

[12] 中国园林 [EB/OL].http://www.yuan lin.com/flora/.